LA

TENUE DES LIVRES

OU

NOUVEAU COURS

DE COMPTABILITÉ GÉNÉRALE

PAR

EDMOND DEGRANGES

TRENTE-DEUXIÈME ÉDITION

Prix 5. 00

PARIS

LIBRAIRIE HACHETTE ET Cie

79, BOULEVARD SAINT-GERMAIN, 79

D'ÉTUDIER LES PARTIES DOUBLES

ET

CONSIDÉRATIONS GÉNÉRALES SUR LEUR UTILITÉ.

L'étude de la tenue des livres, réduite à ses vrais principes, est d'une extrême facilité.

La lecture attentive d'un bon ouvrage sur les parties doubles suffit à un esprit exercé pour en apprendre la théorie, et quelques semaines d'études, sous la direction d'un auteur ou d'un professeur habile, peuvent en donner une connaissance assez approfondie.

Il y a dans cette étude deux parties bien distinctes, la théorie et son application.

La première comprend les principes fondamentaux de la méthode en partie double, dont l'exposition doit être faite par l'auteur avec la plus grande lucidité, et comprise par l'élève de la manière la plus complète.

La seconde partie, relative à l'application, est principalement destinée à graver dans la mémoire, par la pratique, les principes généraux, qui s'en effaceraient aisément sans ce travail.

Il convient de ne consacrer à cette partie pratique que le temps et l'espace indispensables pour fixer imperturbablement dans l'esprit la théorie; on ne doit donc pas s'arrêter à trop de détails, comme ceux relatifs aux livres auxiliaires, qu'il suffit de voir pour les connaître, ni s'inquiéter de ce qu'on ne concevrait pas certaines circonstances des affaires réelles; car il ne s'agit pas de former un praticien connaissant tous les faits du négoce, mais un teneur de livres à principes généraux, apte à appliquer ceux-ci dans toutes les positions où le hasard le placera; bien comprendre le principe fondamental et le retenir, voilà donc le but essentiel de l'étude qu'on entreprend.

La lecture attentive des 16 premières pages de ce livre, qui sont un résumé complet de la théorie des parties doubles, peut donner à la rigueur des notions suffisantes à ceux qui, ayant à consacrer quelques instants à l'étude de la partie double, veulent seulement y être initiés pour en surveiller au besoin l'application faite par d'autres.

Mais la seconde partie, consacrée à la pratique, s'arrêtant à la page 245, est destinée à ceux qui veulent approfondir les parties doubles et les appliquer eux-mêmes. Dans ce cas :

L'élève devra passer écriture de tous les articles, proposés dans le Mémorial, sur un journal, qu'il rédigera seul, sans s'aider du journal modèle, ni même des raisonnements du livre. — Il corrigera ce journal à la fin des écritures de chaque mois, par la confrontation de ses articles avec ceux du journal modèle, qui tient lieu du maître ; il remonterait aux raisonnements du livre, s'il était nécessaire, pour vérifier d'où proviennent ses erreurs ; il fera la balance de vérification à la fin de chaque mois et terminera par la balance générale.

Cette marche au surplus est indiquée dans le cours du livre.

Quiconque aura persévéré dans ce travail accompli avec intelligence, sera devenu teneur de livre capable de tenir une comptabilité quelconque en partie double. Plus tard la pratique dans les bureaux ne lui apprendra rien de plus en fait de principes, elle lui fera seulement connaître d'autres particularités d'affaires différentes, qu'il résoudra aisément, à première vue, avec les principes généraux dont il sera bien pénétré.

Voici, à propos de cette science, en quels termes s'exprimait devant l'Académie des Sciences l'un de ses honorables membres :

« Les méthodes de comptabilité ont une véritable importance sociale ; elles intéressent d'une manière essentielle la conservation et l'amélioration des fortunes particulières et l'administration de la fortune publique ; elles ont pour objet la solution du problème suivant :

« Étant donné un capital composé d'une manière connue, destiné à être successivement engagé en totalité ou par parties dans divers emplois, et à subir par des causes quelconques des modifications dans sa grandeur et dans sa nature, suivre ce capital dans ses transformations successives, déterminer pour une époque prise à volonté la valeur, la nature et la position de chacune de ses parties, les augmentations et les diminutions qu'il a éprouvées, faire connaître les causes de ces variations et la part que chaque cause a eue soit dans l'effet total, soit dans chaque effet partiel. »

D'autre part, l'ingénieuse méthode en partie double est rangée en première ligne dans l'économie administrative comme une des connaissances indispensables; elle seule, en effet, peut présenter dans toute ses phases cette étonnante circulation de valeurs qui affluent de tous les points du pays au trésor central, et de ce centre refluent jusqu'aux extrémités. Il en est de même pour les autres administrations publiques, les compagnies puissantes, les vastes entreprises, le haut commerce, les grandes industries, et en général, dans toutes les opérations importantes, où il s'agit de rendre compte des circonstances diverses, des transformations successives des capitaux engagés, et finalement d'en produire les résultats définitifs avec clarté et fidélité.

Il est bien peu de professions qui échappent à la nécessité d'une comptabilité, depuis les plus modestes jusqu'aux plus élevées; les fermiers, les maires, les chefs de corps, les hauts comptables, les administrateurs, les grands propriétaires ont tous un besoin impérieux, comme les commerçants, de tenir compte de leur grande ou petite administration. Il n'est pas jusqu'à l'homme de loisir jouissant d'une grande fortune, qui ne doive se rendre compte et apprécier de ses propres yeux les sources de ses revenus pour les accroître, ou le cours de ses diverses dépenses pour leur donner une meilleure direction.

Et si par hasard on s'est engagé dans ces sociétés par actions, conception moderne, si fécondes en excellents résultats, lorsque des hommes intègres les dirigent, mais aussi qui fournissent tant de moyens faciles d'induire en erreur les intéressés, ne faut-il pas savoir reconnaître la véracité ou les ruses de leurs *comptes rendus*? Car c'est à l'aide de chiffres groupés avec art qu'on séduit les hommes simples, et qu'on dépouille quelquefois les actionnaires.

Enfin, dans ce siècle très adonné à la spéculation, où tout se chiffre et se résume en comptes rendus ou à rendre, il est de toute nécessité de se familiariser à la langue des calculs, d'apprendre surtout la science des comptes et la tenue des livres en partie double, dont on peut tirer de grands avantages. Son étude est le complément d'une instruction sérieuse. Elle est même un des éléments prescrits de l'éducation générale. Et puisqu'elle est si facile à apprendre, en même temps qu'elle est devenue si nécessaire, ne serait-on pas blâmable de lui refuser quelques heures de travail pour s'initier aux prétendus mystères de la comptabilité en partie double?

RÉSUMÉ DES DISPOSITIONS DU CODE

CONCERNANT LES LIVRES DES COMMERÇANTS

La loi prescrit aux commerçants trois livres, dès lors *obligatoires* : le *Journal*, le livre d'*Inventaire* et le *Copie de lettres* (art. 8 et 9 C. comm.) ;

Indépendamment des autres livres usités, mais qui ne sont pas indispensables ; et qu'on nomme livres *auxiliaires*.

Avant de faire usage de ces trois livres, on doit les faire *coter, parafer et viser*, cela sans frais (1) comme il est dit (art. 11).

Le journal et le livre d'inventaire doivent être de plus parafés et visés une fois *chaque année* ; le copie de lettres en est exempt ; tous seront tenus par ordre de dates, sans blancs, lacunes, ni transports en marge (art. 10).

Le journal doit présenter, jour par jour, toutes les affaires sans exception du commerçant, et énoncer, par mois au moins, ses dépenses personnelles.

Le livre d'inventaire doit contenir annuellement, son bilan ou état de situation bien complet, qu'il lui est prescrit de dresser au moins une fois par an.

Voilà les dispositions du Code qui ne sont pas suivies par les petits commerçants ; cependant la loi qui n'a fait aucune distinction entre le petit et le grand commerce, n'en dispense personne.

Des livres tenus *régulièrement* (et ils le sont en se conformant exactement à ce qui est dit ci-dessus) peuvent être admis, pour faire preuve, entre commerçants pour fait de commerce ; dans le cas contraire, ils ne peuvent ni être présentés ni faire foi en justice.

Les livres auxiliaires ne peuvent suppléer ni contredire les trois livres *légaux, obligatoires*, précités, à qui seuls foi est due.

En cas de faillite :

1° Le bilan doit contenir le tableau des profits et des pertes (art. 439).

2° Tout commerçant peut être déclaré *banqueroutier simple*, si ses livres sont *irrégulièrement* tenus (c'est-à-dire autrement qu'il est prescrit ci-dessus) sans néanmoins qu'il y ait fraude (art. 586).

Cette *déclaration* sévère et l'impuissance des livres irréguliers à faire preuve en justice, si formellement inscrites dans la loi, imposent la nécessité de tenir la comptabilité toujours conforme aux dispositions qui précèdent.

Ceux qui ne se croient pas commerçants, peuvent être déclarés tels, en vertu des art. 1er, 632 et 633 C. C., et par conséquent devenir soumis aux mêmes obligations qu'eux, entre autres à tenir *régulièrement* des livres pour leurs opérations.

Telle est notre législation en ce qui touche les livres et leur tenue.

(1) La loi n'exige plus que les livres soient timbrés.

OBSERVATION NÉCESSAIRE

Les numéros entre parenthèses renvoient aux numéros des paragraphes.

TRAITÉ

DE

COMPTABILITÉ.

∽⚬⚬⚭∽

1. La *tenue des livres* ou la *comptabilité* est l'art de *tenir* écritures, avec méthode et selon des principes déterminés, de toute espèce d'opérations.

2. On l'appelle tenue des livres parce que ces écritures sont inscrites sur différents *livres*, dont les principaux sont le JOURNAL et le GRAND-LIVRE ; quant aux autres, bien moins importants, ils se nomment *livres auxiliaires*.

3. La loi (a) prescrit à tout commerçant de tenir un livre sur lequel il doit écrire toutes ses affaires sans exception et jour par jour ; c'est de là que l'on donne à ce livre le nom de JOURNAL.

4. *Le Journal est le livre fondamental ou la base de toute comptabilité.*

Mais, comme toutes les écritures y sont confondues sans autre ordre que celui de leur date, on a besoin d'un second livre pour les y classer dans un ordre méthodique et qui offre, avec plus de clarté, des résultats faciles à saisir ; ce re-

---

(a) *Article* 8 *du Code du Commerce.* Tout commerçant est tenu d'avoir un LIVRE-JOURNAL qui *présente*, jour par jour, ses dettes actives et passives, les opérations de son commerce, ses négociations, acceptations ou endossements d'effets, et généralement tout ce qu'il reçoit et paye à quelque titre que ce soit, et qui énonce mois par mois les sommes employées à la dépense de sa maison ; le tout indépendamment des autres livres usités dans le commerce, mais qui ne sont pas indispensables.

gistre est appelé Grand-Livre. On y recopie ou *reporte* ce qui a été écrit au Journal.

5. *Le Grand-Livre n'est donc qu'une copie du Journal, mais faite dans un autre ordre.*

6. On distingue deux méthodes de tenue de livres ; l'une dite en *partie simple*, et l'autre *en partie double*. La première n'est réellement pas une méthode, puisque, loin de reposer sur des règles fixes et uniformément adoptées, elle se compose de livres dits *auxiliaires*, dont la forme varie à l'infini.

Ces livres auxiliaires ne sont pas un objet d'études ; il suffit de les voir pour être à même de les tenir immédiatement (*a*).

Cependant, avant d'aborder la méthode en partie double, nous indiquerons, comme introduction, la manière de tenir le Journal et le Grand-Livre en partie simple ; quant aux livres auxiliaires, nous aurons occasion d'en parler plus tard.

DU JOURNAL EN PARTIE SIMPLE.

7. On n'inscrit ordinairement sur le Journal en partie simple que les affaires *à terme;* toutes les autres relatives aux recettes et payements, aux billets à recevoir et à payer, etc., sont notées sur le livre de Caisse, sur le Carnet d'é-chéances et sur les autres livres auxiliaires (*b*).

8. Pour passer écriture sur le Journal d'une opération à terme faite avec Paul, par exemple, il s'agit seulement de faire précéder le détail de cette opération des mots écrits en gros caractères : doit Paul, si Paul *doit :* ou avoir Paul, si, au contraire, *il lui est dû.*

9. Car le mot doit est le signe du *débit.*

Ainsi, écrire : doit Paul, c'est indiquer que Paul est *débiteur ;* c'est ce qu'on appelle *débiter Paul.*

10. Au contraire, le mot avoir, qui veut dire, *il est dû à tel,* est le signe du *crédit.*

(*a*) Les détails compliqués de ces livres fatigueraient ici, au début et sans utilité, l'attention de l'élève.

(*b*) Les modèles de ces livres sont donnés dans la méthode abrégée en partie simple, placée à la fin de ce volume, page 219.

Ainsi écrire : AVOIR PAUL, c'est indiquer que Paul est *créancier*, c'est ce que l'on appelle *créditer Paul*.

Il faut avant tout se bien familiariser avec ces termes dont quelques-uns paraissent étranges, parce que dans le langage ordinaire ils ont quelquefois une tout autre acception et sont employés dans un sens bien différent.

11. Cela compris, la règle à suivre est de débiter Paul, c'est à-dire d'écrire : DOIT PAUL, *toutes les fois que Paul* REÇOIT *de nous une valeur quelconque, et de le créditer, c'est-à-dire d'écrire :* AVOIR PAUL, *toutes les fois qu'il nous en* FOURNIT *une.*

Applications.

Appliquons cette règle aux exemples suivants :

1° *J'ai vendu à Guillaume 5 pièces de vin à 120 fr. l'une.* 600

Voici le raisonnement qu'on doit faire : Guillaume *reçoit* 5 pièces de vin , donc il faut le *débiter* (11) (*a*); c'est-à-dire écrire :

DOIT GUILLAUME fr. 600 *pour vente que je lui ai faite de 5 pièces de vin à 120 fr. l'une.* 600

2° *J'ai acheté à Paul une balle de laine* 1000

Paul *donne* une balle de laine, donc il faut le *créditer* (11); c'est-à-dire écrire :

AVOIR PAUL fr. 1000 *pour achat que je lui ai fait d'une balle de laine.* 1000

3° *J'ai payé Paul en espèces.* 1000

Paul *reçoit,* donc il faut le *débiter* (11) et écrire :

DOIT PAUL fr. 1000 *à lui payés en espèces* 1000

4° *Pierre m'a remis un billet à m|o au 10 mai prochain de* . . . 3000

Pierre *donne,* donc il faut le *créditer* (11) et écrire :

AVOIR PIERRE fr. 3000 *pour remise qu'il m'a faite d'un billet à mon ordre au 10 mai prochain* 3000

(*a*) Ce chiffre (11) veut dire qu'il faut revoir le paragraphe 11.

Il serait inutile de multiplier les exemples d'articles dont il est si facile de passer écriture en partie simple, puisque tout se réduit à savoir distinguer quand il faut placer le mot DOIT ou le mot AVOIR devant le nom de la personne avec laquelle on a traité.

DU GRAND-LIVRE EN PARTIE SIMPLE.

12. On ouvre sur le GRAND-LIVRE un compte, par DOIT et AVOIR, à toutes les personnes qui sont débitées ou créditées au JOURNAL.

Ouvrir un compte à Paul, par exemple, c'est écrire sur le GRAND-LIVRE en haut des deux pages en regard, le nom de PAUL en mettant DOIT sur le feuillet gauche et AVOIR sur le feuillet droit.

Lorsqu'on a ouvert ainsi sur le GRAND-LIVRE un compte à toutes les personnes qui figurent au JOURNAL, on rapporte au DOIT ou DÉBIT de Paul tous les articles du JOURNAL où il est dit : DOIT PAUL, et à l'AVOIR ou CRÉDIT de Paul tous les articles du JOURNAL où il est dit : AVOIR PAUL.

Cette opération, qu'on continue pour tous les autres articles relatifs à Paul, Pierre, Guillaume ou autres, est ce qu'on appelle *reporter* au GRAND-LIVRE.

C'est ainsi que se vérifie ce que nous avons déjà dit du GRAND-LIVRE, qu'il n'était *qu'une copie du Journal faite dans un ordre différent* (5).

En effet, on n'y répète que ce qui a déjà été dit au JOURNAL; seulement tous les articles confondus au JOURNAL, et sans autre ordre que celui des *dates*, sont rapportés sur le GRAND-LIVRE *par ordre de compte*.

Le *doit* ou *débit* du compte d'un correspondant présente tout ce qu'il doit; et le *crédit* ou *avoir*, tout ce qui lui est dû.

De cette manière on voit, au GRAND-LIVRE, d'un seul coup d'œil, au compte de Paul, par exemple, le tableau des affaires faites avec lui, tandis que les mêmes affaires étaient répandues et disséminées au JOURNAL dans l'ordre seul de leur date.

DE LA
COMPTABILITÉ EN PARTIE DOUBLE.

13. Pour qu'une comptabilité soit complète, elle doit remplir deux conditions essentielles :

La première est de présenter constamment la situation du compte de chaque correspondant ;

La seconde est de fournir les moyens de se rendre compte à *soi-même* du mouvement des valeurs sur lesquelles on opère ; des pertes ou des gains partiels, faits dans chaque branche particulière ; du bénéfice net ou de la perte résultant, en définitive, des opérations générales ; enfin de son état de situation ou *bilan*, au moment où l'on veut le connaître.

Or, il n'est pas possible d'obtenir ces importants résultats par la partie simple où l'on fait usage de livres auxiliaires qui n'offrent que des détails incohérents, incertains et sans aucun contrôle.

La méthode en partie double obtient seule le double but proposé, et voici par quels moyens :

14. Non-seulement elle ouvre un compte par *débit* et *crédit* aux *individus* avec lesquels on est en rapport d'affaires, mais elle ouvre aussi des comptes aux *objets*, aux *valeurs*, et même aux *circonstances particulières* du commerce auquel on se livre.

En un mot, elle crée des comptes pour les *choses* comme pour les *personnes*.

Ainsi, non-seulement il y aura des comptes de *Paul*, de *Pierre* ou de *Jean ;* mais également des comptes de *marchan-*

dises, de *caisse* et d'*effets :* les premiers, qui ne concernent que la personne à laquelle ils sont ouverts, se nommeront *comptes particuliers*, et les seconds seront appelés *comptes généraux.*

Pour donner une idée juste de ces derniers comptes, nous entrerons dans quelques développements ; car de la nette conception des comptes généraux dépend en grande partie l'intelligence parfaite de la méthode en partie double.

DU JOURNAL EN PARTIE DOUBLE.

15. Chaque article du journal en partie double doit comprendre toujours un *débiteur* et un *créancier.*

C'est ce qui distingue cette méthode de la partie simple, où chaque article au journal ne contient qu'un débiteur *ou* un créancier. Dans la partie double, il faut l'un *et* l'autre ; de là le nom de *partie double.*

16. Dans toute opération de commerce il y a deux personnes qui contractent : l'une qui *reçoit* une valeur, et l'autre qui la *fournit ;* or, ces deux personnes devant être en présence, et figurer dans chaque article, le principe et la raison veulent qu'*on débite celle qui reçoit*, et qu'*on crédite celle qui donne.*

En effet, je compte à Paul 1000 francs en espèces; il résulte évidemment de ce fait que Paul est le *débiteur* et moi le *créancier* de cette somme : Paul est le débiteur, parce qu'il a *reçu* l'argent, et moi je suis le créancier, parce que j'ai *donné* les 1000 francs.

Il en résulte ce principe général :

17. Il faut, par le même article, débiter celui qui reçoit et créditer celui qui donne.

18. Cette double opération s'exécute par la formule suivante, qui ne varie pas :

Pierre doit à Paul, *pour tel objet*, etc.

C'est là ce qu'on appelle *débiter* Pierre et *créditer* en même temps Paul ; parce qu'en effet il ressort clairement que Pierre *doit* et qu'il est *dû* à Paul.

19. Si nous appliquons ce principe aux exemples déjà proposés, et si nous supposons que le négociant dont on tient les livres se nomme x, voici les raisonnements à faire, et les articles que nous obtiendrons :

1° Dans la première opération,

J'ai vendu à Guillaume 5 pièces de vin, etc.

Qui est-ce qui reçoit (a) ? c'est Guillaume ; donc il faut *débiter* Guillaume, ou, en d'autres termes, écrire qu'il *doit* (17).

Qui est-ce qui fournit ? c'est moi x ; donc il faut *créditer* x (17) : ce que j'exécute en écrivant, selon la formule adoptée (18),

GUILLAUME doit à X. fr. 600 *pour vente à lui faite de 5 pièces de vin*, etc. 600

2° Dans la seconde opération,

J'ai acheté à Paul une balle de laine 1000

Qui est-ce qui reçoit ? c'est moi x ; donc il faut débiter x (17).

Qui est-ce qui donne ? c'est Paul : donc il faut créditer Paul (17), ce que j'exécute en écrivant :

X doit à PAUL fr. 1000 *pour achat que je lui ai fait*, etc. . . . 1000

3° Dans la troisième opération,

J'ai payé à Paul 1000 fr. en espèces 1000

Qui est-ce qui reçoit ? c'est Paul ; donc il faut le débiter (17).

Qui est-ce qui donne ? c'est moi x ; donc il faut créditer x (17), et écrire :

PAUL doit à X fr. 1000 *à lui comptés en espèces* 1000

(a) Comme le principe veut que celui qui reçoit soit *débité* et que celui qui donne soit *crédité* (17), il suffit, pour trouver ce débiteur et ce créancier, de se demander : *Qui est-ce qui reçoit ?* la réponse indique celui qui doit être débité ; et *Qui est-ce qui donne ?* la réponse indique celui qu'il faut *créditer.*

4° Enfin, dans la quatrième opération,

J'ai reçu de Pierre un billet de 3000 fr.

Qui est-ce qui reçoit ? c'est moi, *x ;* donc il faut débiter *x* (17).

Qui est-ce qui donne ? c'est Pierre ; donc il faut le créditer (17), et écrire :

X doit à PIERRE fr. 3000 *pour un billet qu'il m'a remis,* etc. **3000**

ORIGINE ET OBJET DES CINQ COMPTES GÉNÉRAUX.

Mais on doit remarquer que si l'on passait les écritures comme nous venons de le faire, en laissant subsister le nom du négociant *x*, il se trouverait nécessairement débité ou crédité dans chaque article du JOURNAL, puisque, dans ses propres affaires, il est toujours une des parties qui contractent ; de plus, comme il faudrait reporter au GRAND-LIVRE tous ces articles au compte du négociant *x*, ce compte serait aussi long que le JOURNAL lui-même, et tout y serait confondu, marchandises, argent, billets ; enfin ce compte n'aurait que l'inconvénient de multiplier les écritures, sans offrir aucun résultat clair et précis.

20. C'est pour remédier à cette confusion qu'on a senti la nécessité, au lieu d'avoir un seul compte pour le négociant *x* dont on tient les livres, de lui en ouvrir plusieurs, et qu'on est convenu, pour cela, de ne plus le désigner sous son nom propre, mais de l'appeler des 5 noms suivants : MARCHANDISES, CAISSE, EFFETS A RECEVOIR (*a*), EFFETS A PAYER (*b*), PERTES ET PROFITS, pour le *débiter* ou *créditer*, selon la nature de l'opération dont il faut passer écriture : c'est-à-dire sous le nom de MARCHANDISES GÉNÉRALES, lorsqu'il s'agit de marchandises ; sous le nom de CAISSE, s'il s'agit d'espèces ; sous les noms d'EFFETS A RECEVOIR OU A PAYER, quand il s'agit de

---

(*a*) Traites, billets, mandats ou effets divers dont on doit *recevoir* le montant.
(*b*) Acceptations, billets, mandats ou effets divers dont on doit *payer* le montant.

billets ; enfin, sous celui de Pertes et Profits, lorsqu'il y a gain ou perte.

Avant de poursuivre, il convient de faire remarquer combien cette ingénieuse convention introduit d'ordre dans la comptabilité et répand de clarté sur les écritures.

D'abord, en employant des noms différents selon la *nature* de l'opération dont on doit passer écriture, toutes les affaires se trouvent nécessairement *classées par* nature *d'opérations :* les articles de marchandises sont au compte de Marchandises générales ; les articles d'espèces, au compte de Caisse ; les gains ou les pertes, au compte de Pertes et Profits ; et ainsi de suite.

En second lieu, le négociant x étant débité sous le nom de Marchandises générales ou de Caisse, etc., quand il *reçoit* des marchandises ou de l'argent, etc., le débit de ces comptes se composera de la recette ou de l'*entrée* de ces valeurs, et comme il est crédité au contraire sous les noms de Marchandises générales ou de Caisse : etc., quand il *fournit* des marchandises ou donne de l'argent, etc., le crédit de ces comptes se composera de la *sortie* de ces valeurs : appliquant le même raisonnement aux autres comptes généraux, le débit sera l'*entrée*, et le crédit la *sortie*.

Ainsi ces comptes généraux, qui représentent le négociant, et qui ne sont autre chose que des subdivisions de son compte général, ont pour but de classer les affaires, d'abord par *nature d'opérations*, et ensuite par débit et par crédit, ou, en d'autres termes, par *entrée* et *sortie :* ce qui donne les moyens de suivre tous les mouvements des valeurs sur lesquelles on opère.

Tels sont l'origine, le but et l'utilité des comptes généraux de la méthode en partie double.

Tous ces développements nous ont paru nécessaires pour donner une idée juste des comptes généraux et faire sentir qu'ils ne sont pas des comptes abstraits et imaginaires, mais bien le négociant lui-même ou son compte général subdivisé en plusieurs comptes diversement dénommés.

Voilà le seul point qui puisse présenter quelque obscurité dans les parties doubles, mais qu'il ne faut pas abandonner avant de l'avoir parfaitement éclairci.

Rien ne serait moins difficile que de passer écritures des opérations au JOURNAL si l'on y laissait subsister le nom du négociant x; mais on vient de voir qu'on doit le faire disparaître en le remplaçant par les cinq comptes généraux, et cette marche exige plus d'attention.

Appliquons maintenant le principe fondamental déjà posé (17), en le modifiant selon la précédente convention (20) qui consiste à substituer au nom du négociant celui d'un des cinq comptes généraux qui le représentent, et passons écriture en véritable partie double des opérations déjà proposées.

Applications aux exemples déjà donnés.

1° Dans cette première opération,

J'ai vendu à Guillaume 5 pièces de vin à 120 fr. l'une;

Qui est-ce qui reçoit? c'est Guillaume : donc il faut le débiter (17).

Qui est-ce qui fournit? c'est moi, x; donc il faut me créditer, mais sous le nom de MARCHANDISES GÉNÉRALES, d'après la convention précédente (20), et écrire au Journal :

GUILLAUME doit à MARCHANDISES GÉNÉRALES fr. 600 *pour vente que je lui ai faite de 5 pièces de vin, à 120 fr. l'une.* 600

2° Dans la seconde opération,

J'ai acheté à Paul une balle de laine 1000 fr.;

Qui est-ce qui reçoit? c'est moi, x; donc il faut me débiter, mais sous le nom de MARCHANDISES GÉNÉRALES (20).

Qui est-ce qui donne? c'est Paul; donc il faut créditer Paul, et écrire au Journal :

MARCHANDISES GÉNÉRALES doivent à Paul fr. 1000 *pour achat que je lui ai fait d'une balle de laine.* 1000

3° Dans la troisième opération,

J'ai compté à Paul 1000 fr. en espèces ;

Qui est-ce qui reçoit ? c'est Paul ; donc il faut débiter Paul.

Qui est-ce qui donne ? c'est moi ; il faut me créditer, mais sous le nom de CAISSE (20), et écrire au Journal :

PAUL (a) à CAISSE fr. 1000, à *lui comptés en espèces* 1000

4• Enfin, dans la dernière opération,

Pierre m'a remis un billet à mon ordre, au 10 mai, de 3000 fr.;

Qui est-ce qui reçoit ? c'est moi ; donc il faut me débiter mais sous le nom d'EFFETS A RECEVOIR (20).

Qui est-ce qui donne ? c'est Pierre ; donc il faut créditer Pierre, et écrire :

EFFETS A RECEVOIR à PIERRE fr. 3000 *pour son billet à mon ordre, au 10 mai prochain, qu'il m'a remis* 3000

Telle est exactement la manière de passer écriture au JOURNAL en partie double.

Certes elle est loin de présenter une difficulté réelle, dès que, connaissant le principe fondamental, *débiter celui qui reçoit et créditer celui qui donne,* on s'est en outre familiarisé avec cette convention qui veut que la personne dont on tient les livres ne figure pas sous son nom propre, mais sous celui d'un des comptes généraux qui la représentent.

Des articles composés.

21. Il ne nous reste plus qu'à parler des articles *composés* qui, au premier abord, paraissent présenter plus de difficultés que les précédents, mais dont l'analyse conduit à reconnaître bientôt l'égale facilité.

Nous les appelons *composés,* parce qu'ils contiennent plusieurs articles simples.

Ainsi :

J'ai acheté à Paul une balle de laine, et je la lui ai payée comptant. 1000

(*a*) Dans la pratique on supprime le *doit,* dont le retour serait trop fréquent.

Voilà un article composé qui en contient évidemment deux simples :

1° L'achat d'une balle de laine à Paul ; 2° le payement que je lui en fais en espèces.

On pourrait passer deux articles comme les précédents.

Le premier :

MARCHANDISES GÉNÉRALES à PAUL fr. 1000 *pour achat à lui fait d'une balle de laine* 1000

Le second :

PAUL à CAISSE fr. 1000 *pour payement à lui fait en espèces* . . . 1000

Mais on peut aussi passer écriture de cet article composé en un seul article au JOURNAL, et dire :

MARCHANDISES GÉNÉRALES A CAISSE fr. 1000 *pour achat que j'ai fait à Paul d'une balle de laine payée comptant.* 1000

Cet article présente les mêmes résultats que les deux précédents : le compte de MARCHANDISES GÉNÉRALES se trouve débité du montant de la balle de laine que je *reçois* ou qui *entre* ; le compte de CAISSE se trouve crédité de l'argent que je *donne* en payement ou qui *sort*. Et quant à Paul, qui n'est ni débité ni crédité de 1000 fr., comme il l'a été dans les deux articles simples, il est évident qu'il ne lui est rien dû, et qu'il ne doit rien, puisqu'en échange de sa balle de laine il en a reçu immédiatement le prix ; on peut donc regarder comme inutile de le débiter et de le créditer de la même somme de 1000 fr., ce qui, en matière de compte, s'annule et se balance.

Dans la série d'exemples qui vont suivre, nous avons adopté cette manière abrégée de passer écriture en un seul article de tout article composé (21) ; manière qui se résume en ces termes :

22. *Quand il s'agit de passer écriture d'un article* COMPOSÉ *(c'est-à-dire renfermant l'achat ou la vente et son payement immédiat) il ne faut ni débiter ni créditer celui qui vend ou achète, puisqu'il reçoit ou donne à l'instant son prix ; mais il*

faut seulement débiter celui des comptes généraux qui reçoit une valeur, et créditer celui des comptes généraux qui fournit la valeur donnée en échange.

DU GRAND-LIVRE EN PARTIE DOUBLE.

23. Nous avons déjà dit (12), à l'occasion du GRAND-LIVRE en partie simple, qui diffère peu de celui en partie double, que ce registre n'était qu'une copie du JOURNAL faite dans un ordre différent; et que tous les articles inscrits au JOURNAL dans l'*ordre de leur date* devraient être reportés au GRAND-LIVRE à leur compte respectif.

Il faut donc *ouvrir un compte* (12) sur le GRAND-LIVRE en partie double, non-seulement aux individus figurant au JOURNAL, mais encore aux comptes généraux de *marchandises, caisse, effets à recevoir, effets à payer* et *pertes et profits.*

Après quoi l'on rapporte au DOIT ou débit de chaque compte (particulier ou général) tous les articles dont il est débité au JOURNAL, et à l'AVOIR ou crédit, tous ceux dont il est crédité.

De cette manière, le GRAND-LIVRE au compte de Paul, par exemple, est un tableau qui présente d'un côté, sur le feuillet gauche, au débit tout ce que Paul doit; et de l'autre côté, sur le feuillet droit, à l'AVOIR ou crédit, tout ce qui est est dû à Paul.

24. La différence du débit au crédit, appelée SOLDE, détermine ce que Paul doit en définitive, ou ce qui lui est dû.

25. Quant aux comptes généraux de MARCHANDISES GÉNÉRALES, CAISSE, EFFETS A RECEVOIR OU A PAYER, etc., puisqu'on a dû les débiter toutes les fois qu'on a reçu, et les créditer toutes les fois qu'on a fourni l'une des valeurs auxquelles ces comptes sont ouverts, il est clair que le débit de chacun sera l'*entrée*, et le crédit *la sortie.*

26. Ainsi le débit du compte de MARCHANDISES GÉNÉRALES présentera les marchandises reçues ou *entrées*, et son crédit celles données ou *sorties.*

27. Le débit du compte de CAISSE présentera l'argent reçu ou *entré*, et son crédit celui donné ou *sorti*.

28. Le débit du compte d'EFFETS A RECEVOIR présentera les effets reçus ou *entrés* ; et son crédit ceux donnés ou *sortis*.

29. Le débit du compte d'EFFETS A PAYER présentera les effets reçus ou *rentrés*, et son crédit ceux donnés ou *sortis*.

Encore une fois, le débit de chacun de ces comptes généraux est l'*entrée* des marchandises en magasin, des espèces en caisse, des effets en portefeuille, etc., et leur crédit en est la *sortie*.

Il s'ensuit que, si dans chaque compte général, qui est un tableau par *entrée* et *sortie*, on retranche le montant de la sortie du montant de l'entrée, la différence présentera exactement les valeurs disponibles.

On peut déjà reconnaître ici la supériorité de la méthode en partie double sur celle en partie simple, dont l'insuffisance se montre à découvert. Le GRAND-LIVRE en partie simple ne présente que les comptes particuliers, les comptes d'*autrui*, n'offre que les écritures qu'on pourrait appeler *extérieures*; et il y manque les comptes généraux qui renferment ces écritures *intérieures*, qui présentent les propres affaires du commerçant : comptes si précieux, puisqu'ils l'éclairent sur sa véritable situation, et lui indiquent sans cesse les valeurs qui restent à sa disposition, les engagements auxquels il doit faire face, enfin ses pertes et ses bénéfices progressifs.

RÉSUMÉ DE LA THÉORIE DES PARTIES DOUBLES.

30. Il faut au JOURNAL en partie double un débiteur et un créancier dans chaque article (15), dont la formule ne varie pas (18).

31. Le principe unique et fondamental est de débiter celui qui reçoit et de créditer celui qui donne (17).

32. On est convenu de ne pas débiter ou créditer le négociant sous son nom propre, mais bien sous celui des comptes généraux, qui le représentent, sous le nom de MARCHANDISES GÉNÉ-

RALES, CAISSE, EFFETS A RECEVOIR, EFFETS A PAYER, PERTES ET PROFITS, lorsqu'il reçoit ou donne des marchandises, de l'argent, des effets, et quand il fait un bénéfice ou une perte (20).

En conséquence, pour appliquer cette convention,

33. Il faut débiter :

Le compte de MARCHANDISES GÉNÉRALES, toutes les fois qu'on reçoit ou qu'il entre des marchandises ;

Le compte de CAISSE, toutes les fois qu'on reçoit ou qu'il entre de l'argent ;

Le compte d'EFFETS A RECEVOIR, toutes les fois qu'on reçoit ou qu'il entre des effets à recevoir (a) ;

Le compte d'EFFETS A PAYER, toutes les fois qu'on reçoit ou qu'il entre des effets à payer (b) ;

Le compte de PERTES ET PROFITS, toutes les fois qu'on éprouve une perte (c) ;

34. Au contraire, il faut créditer :

Le compte de MARCHANDISES GÉNÉRALES, toutes les fois qu'on donne ou qu'il sort des marchandises ;

Le compte de CAISSE, toutes les fois qu'on donne ou qu'il sort de l'argent ;

Le compte d'EFFETS A RECEVOIR, toutes les fois qu'on donne ou qu'il sort des effets à recevoir ;

Le compte d'EFFETS A PAYER, toutes les fois qu'on donne ou qu'il sort des effets à payer ;

Le compte de PERTES ET PROFITS, toutes les fois qu'on fait un bénéfice (d) ;

35. Dans les articles *composés* (21), comprenant achat ou vente avec le payement immédiat, on ne doit ni débiter ni créditer l'individu qui achète ou vend, paye ou reçoit à l'instant son prix ; mais il faut débiter celui des comptes généraux

---

(a) Traites, mandats ou billets à recevoir ; la désignation générale d'*effets à recevoir* les comprend tous.

(b) Billets, acceptations, traites, mandats à payer ; la désignation générale d'*effets à payer* les comprend tous.

(c) Parce qu'on est censé avoir reçu le montant de la perte.

(d) Parce qu'on est censé avoir donné le montant du bénéfice.

où il entre une valeur, et créditer celui des comptes généraux
d'où sort la valeur fournie en échange (22).

36. En résumé et pour formuler le principe fondamental
d'une manière générale :

*La personne qui reçoit, ou le compte général ouvert à l'objet
qu'on reçoit, doit toujours à la personne qui donne, ou au
compte général ouvert à l'objet qu'on donne.*

Tel est le seul principe ou le petit nombre de règles sur lequel repose la tenue des livres en partie double, cette méthode
qu'on a mal à propos considérée jusqu'à présent comme abs-
traite et difficile.

Ici finit la théorie ; car tout ce qui va suivre ne se compose
que des développements nécessaires et de l'application à tous
les cas d'une pratique réelle.

37. Un teneur de livres, dans une maison de commerce,
reste le plus souvent étranger, dans son bureau, aux affaires
qui se traitent à la Bourse, au magasin, dans le cabinet ou
partout ailleurs ; on lui donne seulement connaissance des
opérations consommées, par un livre, appelé *Mémorial*, où
tout le monde les inscrit en note sans aucune méthode (a) :
l'office du teneur de livres consiste à passer écriture de ces
simples notes sur le JOURNAL, dans la forme et selon les principes de la partie double, pour les reporter ensuite du JOUR-
NAL au GRAND-LIVRE.

Nous allons donner un Mémorial d'affaires réelles, pour en
passer écriture comme le ferait un teneur de livres ; les difficultés y sont graduées et il renferme tous les cas généraux
qui peuvent se présenter dans la pratique des affaires.

(a) Souvent dans la pratique, au lieu d'un seul mémorial, on en crée de spéciaux pour chaque nature d'opérations ; ainsi il y en a un pour les recettes et
les paiements en espèces qui prend le nom de *Livre de Caisse* ; un autre pour
les ventes de marchandises, appelé *Livre de Ventes* ; un troisième pour les
achats, et ainsi de suite. Dans ce cas, le teneur de livres passe écriture de
tous ces mémoriaux successivement sur le Journal, ce qui revient au même, en
définitive, que de passer écriture d'après un seul mémorial. Il y a cette seule
différence que les articles ainsi classés sont presque toujours *simples*.

Nous avons préféré, pour exercer au raisonnement, nous servir du Mémorial unique, renfermant beaucoup d'articles *composés* ; c'est créer à l'élève des
difficultés pour lui apprendre à les résoudre. L'exercice sur des articles simples,
si faciles à passer sur le Journal, ne forme que des teneurs de livres d'une
extrême faiblesse, arrêtés à la moindre difficulté.

PRATIQUE.

A l'aide du petit nombre de principes développés dans la théorie que renferment les pages précédentes, nous allons passer écriture au journal des affaires qui suivent, et qu'on suppose avoir été inscrites en notes sur un *mémorial*.

Cette suite d'exemples représenterait très-exactement un *mémorial*, si l'on en supprimait les raisonnements placés à la suite des articles qui doivent, dans la réalité, se succéder sans interruption.

MÉMORIAL[a]

38. ——————— DU 1er JUILLET 18.. ———————

J'ai acheté à Paul 10 balles de laine à 400 fr. l'une, payables en espèces dans le courant du mois. . . . . 4000 fr.

[Dans cette opération, qui est-ce qui reçoit? C'est moi, sous le nom de *Marchandises générales* (32) ; donc le compte de Marchandises générales doit être débité (33). Qui est-ce qui donne? C'est Paul, donc il doit être crédité (31).] Et j'écris au Journal :

MARCHANDISES GÉNÉRALES à PAUL, fr. 4000, pour, etc.

Il faut voir cet article rédigé au Journal ; art. 1er, page 1re du Journal.

39. ——————— DU 10 JUILLET. ———————

J'ai acheté à Paul une balle de laine, et je la lui ai payée en espèces. . . . . 1000 fr.

[Dans cet article *composé* (21), qui est-ce qui reçoit? C'est moi, sous le nom de *Marchandises générales*, ou, plus briève-

---

(a) Afin d'éviter d'abord les difficultés, nous supposerons que nous entrons dans les aïaires sans capital, pour ne pas avoir à nous occuper de ce compte, et si le deuxième exemple n'est pas pratique, puisqu'on ne saura't acheter au comptant sans argent, on aura égard à notre intention.

ment, c'est *Marchandises générales;* donc il faut les débiter (33).
Qui est-ce qui donne ? C'est Paul, mais je ne dois pas le créditer ; car il ne lui est rien dû, puisque je lui ai immédiatement
remis son payement en espèces : je créditerai donc, à sa place,
le compte général de *Caisse,* qui a donné l'argent fourni en
échange. Et j'écris :

MARCHANDISES GÉNÉRALES à CAISSE, fr. 1000, *pour achat,* etc.,
etc. (Voir le Journal, art. 2.)

Il faudrait revoir ce qui a été déjà dit sur les articles composés (24), si le raisonnement précédent ne paraissait pas assez
compréhensible.

40. ————— DU 15 JUILLET. —————

J'ai acheté une balle de laine à Paul, et je la lui ai payée
avec mon billet à son ordre à 6 mois. . . . . . 1000 fr.

[Dans cet article composé, qui est-ce qui reçoit ? C'est le
compte de *Marchandises générales;* donc il faut le débiter (33).
Qui est-ce qui donne ? C'est le compte d'*Effets à payer,* qui
fournit le billet donné de suite en payement à Paul ; donc il
faut créditer le compte d'*Effets à payer* (34).]

[Quant à Paul, il ne doit être ni débité, ni crédité, puisqu'il
est payé (35).] Et j'écris :

MARCHANDISES GÉNÉRALES à EFFETS A PAYER, fr. 1000, *pour
achat,* etc., etc. (Voir au Journal, art. 3.)

41. ————— DU 16 JUILLET. —————

J'ai acheté aux suivants ce qui suit, payable au comptant
dans le courant du mois :

A Durand, 175 quintaux de farine à 20 fr. le quintal.

  3500 fr.

A Lebrun, 180 kilogrammes de sucre à 2 fr.
le kilogramme. . . . . 360 fr.

  —————

  3860 fr.

[Ici, qui est-ce qui reçoit ? C'est le compte de *Marchandises
générales;* donc il faut les débiter (33). Qui est-ce qui donne ?

C'est Durand et Lebrun; donc il faut les créditer (31).] Et écrire au Journal :

MARCHANDISES GÉNÉRALES à DIVERS ou bien aux SUIVANTS, etc. (Voir au Journal, art. 4.)

S'il y a une légère différence dans l'arrangement de cet article au Journal, c'est pour éviter d'en faire deux articles ordinaires séparés : mais la somme du débiteur unique est toujours égale aux sommes réunies des deux créanciers.

42. ————— DU 17 JUILLET. —————

J'ai vendu à Durand 10 balles de laine à 440 fr. chacune, payables dans le courant du mois prochain. . . 4400 fr.

[Qui est-ce qui reçoit? C'est Durand; donc il faut le débiter (31). Qui est-ce qui donne? C'est *Marchandises générales;* donc il faut les créditer (34).] Et écrire au Journal, etc. (Voir art. 5.)

43. ————— DU 20 JUILLET. —————

J'ai vendu à Durand une balle de laine, qu'il m'a payée en espèces. . . . . 1100 fr.

[Dans cet article composé (21), qui est-ce qui reçoit? C'est moi, sous le nom de *Caisse,* l'argent de ma pièce de drap; donc il faut débiter la *Caisse* (33). Qui est-ce qui donne? Ce sont les *Marchandises générales,* qui ont fourni le drap vendu; donc il faut créditer le compte de *Marchandises générales* (34).] Et écrire au Journal :

CAISSE à MARCHANDISES GÉNÉRALES, fr. 1100, etc., etc. (Voir art. 6.)

Durand ne doit être ni débité ni crédité, puisqu'il m'a payé immédiatement (35).

44. ————— DU 21 JUILLET. —————

J'ai vendu à Durand une balle de laine, qu'il m'a payée en son billet à mon ordre à six mois. . . . . . 1200 fr.

[Dans cet article composé, qui est-ce qui reçoit? C'est moi, sous le nom d'*Effets à recevoir,* le billet souscrit par Durand ;

donc il faut débiter *Effets à recevoir* (33). Qui est-ce qui donne?
C'est moi, sous le nom de *Marchandises générales*, la pièce de
drap vendue : donc il faut créditer *Marchandises générales*
(34).] Et écrire au Journal, art. 7.

Quant à Durand, il ne doit être, encore dans cet échange, ni
débité, ni crédité, puisqu'il a immédiatement payé son achat
par un billet (35).

45. ——————— DU 25 JUILLET. ———————

J'ai vendu aux suivants ce qui suit, payable dans le courant :

A Paul, 175 quintaux de farine à 31 fr. le 0/0. . 5425 fr.
A Garnier, 180 kil. de sucre à 3 fr. . . . . .   540 fr.
                                                       5965 fr.

[Qui est-ce qui reçoit ? Paul et Garnier; donc il faut les débiter (36). Qui est-ce qui donne ? C'est le compte de *Marchandises générales ;* donc il faut créditer *Marchandises genérales*
(35).] Et écrire au Journal, art. 8.

46. ——————— DU 26 JUILLET. ———————

J'ai acheté à Paul 4 pièces de toile de Hollande, que je lui
ai payées en mon billet à son ordre au 4 septembre. 945 fr.

[Dans cet article composé, qui est-ce qui reçoit ? Ce sont les
Marchandises; donc il faut les débiter (36). Qui est-ce qui
donne ? Ce sont les Effets à payer qui donnent le billet fourni
en payement; donc il faut les créditer (36).] Et écrire au Journal, art. 9 :

Paul ne doit être ni débité ni crédité (35).

47. ——————— DU 28 JUILLET. ———————

J'ai vendu aux suivants ce qui suit :

A Ménard, 2 pièces de toile payables en son billet à mon
ordre à un mois de date. . . . . 763 fr.
A Beaufond, 2 pièces de toile payables de la même
manière. . . . . 607 fr.
                                                       1370 fr.

[Qui est-ce qui reçoit? Ménard et Beaufond; donc il faut les débiter (36). Qui est-ce qui fournit? Ce sont les Marchandises générales; donc il faut les créditer (36).] Et écrire au Journal :

DIVERS à MARCHANDISES GÉNÉRALES, fr. 1370, etc. (Voir art. 10.)

Il y a une petite différence d'arrangement dans cet article au Journal, pour éviter d'en faire deux articles ordinaires; mais les sommes réunies des deux débiteurs sont toujours égales à celle du créancier unique. .

48. ——————— DU 31 JUILLET. ——————

Les suivants m'ont remis leurs billets ci-après :
Ménard, son billet à mon ordre au 31 août. . . 763 fr.
Beaufond, son billet à mon ordre au 31 août. . . 607 fr.
                                                  ————
                                                  1370 fr.

[Qui est-ce qui reçoit? C'est moi, sous le nom d'*Effets à recevoir* (32), ou, plus brièvement, c'est le compte d'*Effets à recevoir*; donc il faut le débiter (36). Qui est-ce qui donne? C'est Ménard et Beaufond; donc il faut les créditer (36). Et écrire au Journal, art. 11

49. ——————— DU 1ᵉʳ AOUT. ——————

Durand m'a compté en espèces le montant des 10 balles de laine à lui vendues le 17 du mois dernier. . . . 4400 fr.

[Qui est-ce qui reçoit? C'est la *Caisse;* donc il faut la débiter. Qui est-ce qui donne? C'est Durand; donc il faut le créditer.] Et écrire au Journal, art. 12.

Dans cet article simple, Durand est crédité parce que la vente ne s'est pas faite aujourd'hui; elle a été conclue le 17 juillet précédent, époque où les Marchandises générales ont été déjà créditées, et Durand débité de son achat : il faut donc le créditer pour balancer son compte, maintenant qu'il nous paye.

50. ——————— DU 5 AOUT. ———————

J'ai acheté à Garnier 6 caisses d'indigo du Bengale pesant 777 kilogr. à 20 fr. le kilogr., payables dans le courant du présent mois. . . . . 15540 fr.

[Je reçois des marchandises; donc il faut débiter le compte de Marchandises générales (33). Garnier me les fournit; donc il doit être crédité (34). Et j'écris au Journal, art. 13.

51. ——————— DUDIT ———————

J'ai vendu aux suivants ce qui suit :

A Paul, 259 kilogr. d'indigo bengale à **24** fr. le kilogr., payables le 26 du courant. . . . . 6216 fr.

A Lebrun, 259 kilogr. indigo bengale à **24** fr. . 6216 fr.

A Dupuy, 259 kilogr. idem à **22** fr. le kilogr., qu'il m'a payés comptant. . . . . 5698 fr.
                                              ─────────
                                              18130 fr.

[Je fournis des marchandises; donc les Marchandises générales doivent être créditées (34). Paul et Lebrun les reçoivent sans les payer; donc ils doivent être débités (31). Mais Dupuy m'a payé comptant; donc il faut débiter la *Caisse* qui reçoit l'argent, et non Dupuy qui ne doit plus rien (35).] Et écrire au Journal, art. 14.

52. ——————— DU 6 AOUT. ———————

Lebrun m'a remis son billet à mon ordre au 2 octobre en payement des marchandises à lui vendues le **5** courant.
                                              6216 fr.

[Je reçois un billet à recevoir le **2** octobre; donc le compte d'*Effets à recevoir* doit être débité (33); Lebrun, qui me l'a donné, doit être crédité (31).] J'écris au Journal, art. 15.

53. Il faut bien faire attention si le payement dont on passe écriture est opéré pour une vente faite à l'instant, ou, au contraire, pour une vente conclue précédemment; parce que, dans le premier cas, c'est un article composé qui donne lieu à créditer les marchandises générales ; tandis que, dans le second, c'est un article simple où celui qui paye doit être crédité. En effet, ici, lors de la vente du 5 courant, les Marchandises générales ont déjà été créditées (art. 14 du Journal).

Règle générale : *Pour passer écriture d'une opération qui n'est que la suite d'une opération précédente, il faut remonter au premier article pour passer écriture du second en conséquence des écritures déjà faites.*

54. ——————— **DU 6 AOUT.** ———————

J'ai acheté à Paul 4 pièces de toile de Frise payables en mes billets à son ordre à 3 et 6 mois. . . . . 8743 fr. 40 c.

[Je reçois des marchandises ; Marchandises générales doivent être débitées. Paul, qui me les donne, et auquel je les dois jusqu'à ce que j'aie effectué ma promesse de les lui payer en mes billets, doit être crédité.] J'écris au Journal, art. 16.

55. ——————— **DUDIT.** ———————

J'ai reçu en espèces des suivants pour le payement des marchandises à eux vendues le 25 du mois dernier :

De Paul. . . . . 5425 fr.
De Garnier. . . . . 540 fr.
—————
5965 fr.

[Je reçois de l'argent ; donc la *Caisse* doit être débitée (33). Paul et Garnier me le donnent pour payer des marchandises *précédemment* achetées ; donc ils doivent être crédités (34).] J'écris au Journal, art. 17.

56. ——————— **DU 7 AOUT.** ———————

J'ai remis à Paul mes 3 billets à son ordre en payement des 4 ballots de toile qu'il m'a vendus hier :

Mon billet à son ordre au 10 octobre. . .   2914 fr. 46 c.

Mon billet à son ordre au 26 octobre. . .   2914 fr. 46 c.

Mon billet à son ordre au 24 décembre

prochain. . . . .   2914 fr. 48 c.

                            8743 fr. 40 c.

[J'effectue aujourd'hui la promesse que j'ai faite à Paul de lui donner mes billets ; donc le compte d'*Effets à payer* doit être crédité (34) ; et Paul, qui les reçoit, doit être débité.] J'écris au Journal, art. 18.

57. ——————— DU 10 AOUT. ———————

J'ai compté en espèces 7860 aux ci-après nommés, en payement des marchandises que je leur ai achetées les 1er et 16 du mois dernier :

Payé à Paul. . . . .   4000 fr.

Payé à Durand. . . . .   3500 fr.

Payé à Lebrun. . . . .   360 fr.

                            7860 fr.

[J'ai donné de l'argent, la Caisse doit être créditée (34) ; Paul, Durand et Lebrun l'ont reçu ; donc ils doivent être débités (31).] J'écris au Journal, art. 19.

58. ——————— DU 11 AOUT. ———————

J'ai vendu aux suivants ce qui suit :

A Durand, 1 pièce de toile qu'il m'a payée comptant,

                            2880 fr.

A Beaufond, 1 pièce de toile payable en son billet

à mon ordre. 1793 50

A Ménard, 2 pièces de toile payables en papier

sur Paris. . . . .   6000 fr.

                            10673 50

[Je vends des marchandises ; donc il faut créditer Marchandises générales (34) ; Durand, qui les achète, devrait être débité s'il ne les payait aussitôt en espèces : ce qui m'oblige à débiter, à sa place, le compte de *Caisse* (35). Quant à Beaufond et Ménard, qui ne me payent pas, ils doivent être débités.] J'écris au Journal, art. 20.

59. ——————— DU 13 AOUT. ———————

J'ai acheté de Lebrun 28 barriques de gomme du Sénégal à 520 fr. 75 c. l'une, payables : 6000 fr. en papier sur Paris, 6000 fr. en un billet, et 2581 fr. en argent :

Ensemble. . . . . 14581 fr.

[Je reçois des marchandises; donc Marchandises générales doivent être débitées (33). Lebrun les fournit, donc il faut le créditer (31).] J'écris au Journal, art. 21.

60. ——————— DU 16 AOUT. ———————

Les suivants m'ont remis ce qui suit, en payement des marchandises que je leur ai vendues le 11 courant :

Beaufond son billet à mon ordre au 24 septembre.

1793 50

Ménard, sa traite à mon ordre sur André au 16 novembre. . . . . 6000 fr.

7793 50

[Je reçois un billet et une traite, qui sont pour moi des *Effets à recevoir ;* donc le compte d'*Effets à recevoir* doit être débité (33). Beaufond et Ménard, qui me les donnent doivent être crédités (31).] J'écris au Journal, art. 22.

61. ——————— DU 19 AOUT. ———————

J'ai fourni à Lebrun ce qui suit, en payement des marchandises qu'il m'a vendues le 13 courant :

Mon billet à son ordre au 27 novembre prochain. 6000 fr.
La traite sur André de Paris à mon ordre au 16 novembre. . . . . 6000 fr.
En espèces pour solde. . . . . 2581 fr.

14581 fr.

[Je vois que je donne mon billet à payer le **27** janvier, la traite sur André de Paris, que j'aurais reçue le 16 novembre prochain, et enfin de l'argent; par conséquent les comptes d'*Effets à payer*, d'*Effets à recevoir* et de *Caisse* doivent être crédités (34). Lebrun, qui reçoit toutes ces valeurs, doit être débité (31).] J'écris au Journal, art. 23.

62. ─────────── DU 22 AOUT. ───────────

Paul m'a payé en espèces le montant des indigos à lui vendus le 5 courant. . . . . 6246 fr.

[Je reçois de l'argent; donc la Caisse doit être débitée, Paul me le donne; donc il faut le créditer.] J'écris au Journal, art. 24.

63. ─────────── DU 26 AOUT. ───────────

J'ai acheté à Garnier 250 caisses de prunes d'Ante, payables le 16 du mois prochain. . . . . 2123 fr.

[Je reçois des marchandises; *Marchandises générales* doivent être débitées. Garnier me les fournit; donc il faut le créditer.] J'écris au Journal, art. 25.

64. ─────────── DU 28 AOUT. ───────────

J'ai payé à Garnier en espèces le montant de sa facture du 5 courant. . . . . 15540 fr.

[Garnier reçoit; donc il doit être débité. Je lui donne de l'argent; donc la *Caisse* doit être créditée.] J'écris au Journal, art. 26.

65. ─────────── DU 31 AOUT. ───────────

Les suivants m'ont payé leurs billets ci-après, échus ce jour.

Ménard, son billet à mon ordre. . . . . . 763 fr.
Beaufond, son billet à mon ordre. . . . . . 607 fr.
                                        ─────────
                                        1370 fr.

[Je reçois de l'argent ; donc la Caisse doit être débitée (33). Je donne ou rends contre cet argent les billets de Ménard et de Beaufond ; donc le compte d'*Effets à recevoir* doit être crédité (35).] J'écris au Journal, art. 27.

Dans cet article composé, Ménard et Beauford ne peuvent pas être crédités pour l'argent qu'ils donnent, puisqu'ils reçoivent en échange leurs billets.

66. Ainsi, *l'encaissement d'un billet à recevoir, ou le payement d'un billet à payer, qui n'est qu'un échange d'espèces contre un effet, donne lieu à un article au Journal dans lequel figurent seulement les comptes généraux de* Caisse *et* d'Effets à recevoir *ou à* payer, *sans que l'individu qui reçoit ou paye doive être débité ni crédité.*

67. ——————— DU 2 SEPTEMBRE. ———————

J'ai vendu aux suivants 28 tonneaux de vin rouge de Bordeaux, payables comme suit :

A Darnay, 17 tonneaux à 600 fr., payables en son billet à mon ordre à 5 mois. . . . . 10200 fr.

A Ménard, 11 tonneaux à 580 fr. payables à 4 mois ou à l'escompte de 3 p. 0/0. . . . . . 6380 fr.

———————

16580 fr.

[J'ai vendu des marchandises ; Marchandises générales doivent être créditées. Darnay et Ménard, qui les ont reçues sans les payer ou régler immédiatement, doivent être débités.] J'écris au journal, art. 28.

68. ——————— DU 4 SEPTEMBRE. ———————

Darnay m'a fourni son billet à mon ordre au 31 janvier prochain, en payement des vins que je lui ai vendus le 2 courant. . . . . 10200 fr.

[Je reçois un effet à recevoir ; donc le compte d'*Effets à recevoir* doit être débité. Darnay, qui me donne cet effet, doit être crédité.] J'écris au Journal, art. 29.

69. ——————— DU 5 SEPTEMBRE. ———————

J'ai payé mon billet, ordre Paul, échu le 4 sept. . 945 fr.

[Je reçois ou il me rentre un billet à payer qui m'est rendu ; donc le compte *d'Effets à payer* doit être débité (33). Je donne de l'argent ; donc la *Caisse* doit être créditée (34).] J'écris au Journal, art. 30.

Ici Paul ne doit être ni débité ni crédité, car le payement d'un billet n'est que l'échange de ce billet contre de l'argent (66).

70. ——————— DU 6 SEPTEMBRE. ———————

Ménard m'a payé comptant sous l'escompte de 3 p. 0/0, les vins à lui vendus le 2 courant, s'élevant à.   6380 fr.

En espèces. . . . . 6188 fr. 60 c.

Escompte qu'il a retenu. . . . . . . 191 fr. 40 c.

———————

6380 fr. 00 c.

DE L'ESCOMPTE (*a*).

71. L'escompte est une bonification accordée à celui qui paye comptant au lieu de payer à terme. L'escompte est un bénéfice pour celui qui paye et le retient ; c'est une perte pour celui qui reçoit et à qui l'escompte est retenu. Ainsi, dans tous les cas, l'escompte doit être porté au compte de Pertes et Profits.

[Dans cet exemple, qu'est-ce que je reçois ? De l'argent ; donc la *Caisse* doit être débitée, mais seulement de la somme de 6,188 fr. 60 c. qui y entre effectivement en numéraire. Qui est-ce qui donne ? C'est Ménard ; donc il faut le créditer, mais de la somme totale de 6,380 fr., quoique Ménard ne compte effectivement que 6,188 fr. 60 c., par la raison qu'il

——————————————————

(*a*) Voir développements sur l'escompte, page 150, dans l'*Arithmétique commerciale* du même auteur, chez Hachette et Cie, libraires.

éteint réellement, avec cette somme diminuée de l'escompte, une dette de 6,380 fr., et que son compte ayant été débité, dès le 2 courant, de la somme intégrale de 6,380 fr., il devient nécessaire de le créditer d'une somme égale pour balancer ce compte.

Quant à l'escompte de 191 fr. 40 c. retenu par Ménard sur les espèces pour prompt payement, il faut en débiter le compte de Pertes et Profits ; car cette retenue est bien réellement une perte pour moi (33).] J'écris au Journal :

DIVERS A MÉNARD, fr. 6380 *qu'il m'a payés sous escompte pour solder son achat du 2 courant.*

CAISSE, 6188 1r. 60 cent. *reçus dudit en es-*
pèces. . . . . 6188 fr. 60 c.
PERTES ET PROFITS, 191 fr. 40 c. *escompte*
de 3 p. 0/0 qu'il m'a retenu. . . . . . 191 fr. 40 c.

6380 fr. 00 c.

72. ———————— DU 8 SEPTEMBRE. ————————

J'ai vendu à Bulton pour 1000 fr. d'indigos avariés, payables à 6 mois de terme. Cependant il a préféré me les payer comptant sous l'escompte de 3 pour 0/0, s'élevant à 30 fr.; reçu net : 970 fr.

[Je reçois de l'argent : la Caisse doit être débitée, mais seulement de la somme de 970 fr. qui y entre en espèces. Je donne des marchandises; les Marchandises générales doivent être créditées seulement aussi de 970 fr., parce que je dois considérer l'escompte retenu comme une diminution du prix de vente.

On pourrait débiter Pertes et Profits de cet escompte perdu, et créditer alors Marchandises générales de 1000 fr.; mais ce sont des écritures inutiles qu'il convient toujours d'abréger.] J'écris au Journal, art. 32.

73. Règle générale : *On ne débite et crédite le compte de Marchandises générales, que du montant net reçu ou payé pour leur vente ou leur achat. On ne passe nulle écriture ni*

du bénéfice partiel fait dans chaque opération, ni de l'escompte gagné ou perdu sur une facture, ni des faux frais divers, qu'il faut toujours considérer comme augmentation ou diminution du prix d'achat et de vente.

74. —————— DU 10 SEPTEMBRE. ——————

J'ai vendu aux suivants ce qui suit, payable en leur billet à mon ordre.

A Nanteuil, 80 caisses de prunes d'Ante pour. . 1029 fr.
A Boyer, 100 caisses de prunes d'Ante pour. . 1024 fr.
A Villeneuve, 70 caisses de prunes d'Ante pour. 540 fr.
————
2593 fr.

[J'ai vendu des marchandises; donc *Marchandises générales* doivent être crédités. Nanteuil, Boyer et Villeneuve, qui ont reçu ces marchandises, doivent être débités.] J'écris au Journal, art. 33.

75. —————— DU 13 SEPTEMBRE. ——————

J'ai payé en espèces à Garnier le montant de la facture du 26 du mois dernier, s'élevant à. . . . . . . 2123 fr.

Je donne de l'argent, la Caisse doit être créditée; et Garnier, qui le reçoit, doit être débité.] J'écris au journal, art. 34.

76. —————— DUDIT. ——————

Les suivants m'ont fourni ce qui suit :
Nanteuil, son billet à mon ordre au 24 déc. . . 1029 fr.
Villeneuve m'a payé en espèces. . . . . . 540 fr.
————
1569 fr.

Je reçois un effet à recevoir et de l'argent; donc les *Effets à recevoir* et la *Caisse* doivent être débités. Nanteuil et Villeneuve me donnent ces valeurs; donc ils doivent être crédités.

Comme il y a plusieurs débiteurs et plusieurs créanciers dans cet article, l'arrangement doit en être différent, et il donne lieu à ce qu'on appelle un *Divers à divers*, ainsi conçu :

Divers à divers, 1569 fr. pour ce qui suit, reçu des suivants:

Effets à recevoir, 1029 fr. pour le billet de Nanteuil à mon ordre au 24 déc. qu'il m'a remis.. . . . . . 1029 fr.

Caisse, 540 fr. pour espèces reçues de Villeneuve. . . . . 540 fr.

———
1569 fr.

A Nanteuil, 1029 fr. reçus dudit en son billet ci-dessus. . . . . 1029 fr.

A Villeneuve, 540 fr. qu'il m'a remis en espèces. . . . . 540 fr.

———
1569 fr.

77. Ces articles de *Divers à Divers* ne diffèrent des autres que par l'arrangement : ainsi, après avoir posé d'abord l'intitulé Divers à Divers, on place successivement tous les comptes débiteurs sans s'occuper des créanciers, et l'on renferme le montant des sommes dues par les débiteurs dans la colonne intérieure entre deux lignes à l'encre ; ensuite on écrit successivement tous les comptes des créanciers, dont on sort le montant dans la colonne extérieure (*a*) (voir art. 35).

Ces articles sont peu usités dans la pratique, parce qu'ils ne produisent aucune abréviation réelle, et n'ont pas la même clarté que les articles ordinaires.

78. ——————— DU 15 SEPTEMBRE. ———————

Boyer m'a remis son billet à mon ordre au 24 déc. **1024 fr.**

[Je reçois un effet à recevoir ; donc Effets à recevoir doivent être débités ; et Boyer, qui me le donne, doit être crédité.] J'écris au Journal, art. 36.

79. ——————— DU 16 SEPTEMBRE. ———————

J'ai acheté à Lebrun 32 tonneaux de vin de Médoc, à 1200 fr. le tonneau. . . . . 38400 fr.

Frais divers et de transport. . . . . . 566 fr.

———
38966 fr.

(*a*) Puisque dans les articles ordinaires, où il y a un débiteur et un créancier, on ne sort qu'une seule fois la somme, il en doit être de même dans les articles de *Divers à Divers.*

[Je reçois des marchandises avec 566 fr. de frais, les Marchandises générales doivent être débitées de 38966 fr.; et Lebrun, qui les fournit, doit être crédité.] J'écris au Journal, art. 37.

On a débité les Marchandises générales des frais de transport et autres, *parce que tous les frais divers doivent être considérés comme une augmentation du prix que ces marchandises coûtent.*

80. *En conséquence, le compte des Marchandises générales doit toujours être débité des frais quelconques faits aux marchandises qu'on achète.*

81. ——————— DU 24 SEPTEMBRE. ———————

Morton et Compagnie, de l'île Bourbon, m'ont expédié, sur le navire *le Duc de Bordeaux*, une partie de café s'élevant à 2000 fr., en payement desquels ils ont tiré sur moi une traite que j'ai acceptée au 16 mars prochain. . . . .   2000 fr.

J'ai fait assurer ces marchandises et payer la prime s'élevant à. . . . .   100 fr.
                                                              —————
                                                              2100 fr.

[Je débite Marchandises générales du prix des marchandises que je reçois, et aussi des frais faits à leur occasion (80); je crédite les Effets à payer et la Caisse d'où sortent les valeurs qui ont servi au payement (35).] J'écris au Journal, art. 38.

82. ——————— DUDIT. ———————

J'ai vendu aux suivants 20 tonneaux de vin de Sauterne, payables en leurs billets à six mois.

A Nanteuil, 5 tonneaux à 2160 fr.   10800 fr.
Frais de conditionnement à sa charge. ` . . . .   219 fr.   11019 fr.

A Ménard, 15 tonneaux à 1375 fr.   20625 fr.
Frais divers à sa charge. . . . .   307 fr.   20932 fr.
                                                              —————
                                                              31951 fr.

[Je débite les acheteurs des frais comme du prix, puis-qu'ils sont à leur charge ; je crédite Marchandises générales du prix, et aussi des frais, parce qu'ils sont considérés ici comme augmentation du prix de vente.] J'écris au Journal, art. 39.

83. —————— DU 24 SEPTEMBRE. ——————

Encaissé le billet de Beaufond échu ce jour.   1793 fr. 50 c.

[*Encaisser* un billet veut dire recevoir en argent le mon-tant de ce billet, aussi la *Caisse* doit être débitée. Je donne ou rends en échange le billet à recevoir acquitté, donc le compte d'*Effets à recevoir* doit être crédité (66).] J'écris art. 40.

84. —————— DU 25 SEPTEMBRE. ——————

Les suivants m'ont payé, comme suit, les marchandises à eux vendues le 24 courant.

Nanteuil, en son billet à mon ordre au 17 juin.   11019 fr.
Ménard, en son billet à mon ordre au 22 jan-
vier. . . . .   17407 fr.
En espèces pour solde. . . . .   3525 fr.   20932 fr.
                                            ————
                                            31951 fr.

[Je reçois deux billets à recevoir et de l'argent, donc les comptes d'*Effets à recevoir* et de *Caisse* doivent être débités. C'est Ménard et Nanteuil qui me donnent ces valeurs, donc il faut les créditer.] J'écris *Divers à Divers*, etc., art. 41.

85. —————— DU 26 SEPTEMBRE. ——————

J'ai remis à Lebrun ce qui suit, en payement de la facture des marchandisss qu'il m'a vendues le 16 du courant :
Le billet de Ménard à mon ordre au 22 janvier.   17407 fr.
Le billet de Nanteuil au 17 juin. . . . . . .   11019 fr.
Mon billet à son ordre au 24 déc. . . . . . .   5000 fr.
En espèces pour solde. . . . .   5540 fr.
                                            ————
                                            38966 fr.
                                            3

[Je donne des billets à recevoir, un billet à payer et de l'argent ; donc les comptes d'*Effets à recevoir*, d'*Effets à payer* et de *Caisse* doivent être crédités. Lebrun, qui reçoit ces valeurs, doit être débité.] J'écris au Journal, art. 42.

86.　——————— DU 30 SEPTEMBRE. ———————

J'ai négocié à Didier le billet de Darnay de 10200 fr. au 31 janvier prochain, à l'escompte de trois pour cent et 32 fr. 30 c. de courtage.

Montant du billet. . . . . 10200 fr. »

A DÉDUIRE.

Escompte. . . . . . . 102 fr.
Courtage. . . . . . . 32 fr. 30 c.　134 fr. 30 c.

Net produit. . . . . . . 10065 fr. 70 c.

DE LA NÉGOCIATION DES EFFETS.

87. Négocier un billet c'est l'échanger ou le vendre pour recevoir de l'argent avant l'époque de son échéance, moyennant une perte nommée escompte, que l'on subit pour le temps qui reste à courir jusqu'à l'échéance du billet.

Cet escompte est porté au compte des Pertes et Profits. Ainsi, dans l'exemple proposé, je reçois de l'argent ; donc la Caisse doit être débitée, mais seulement de 10065 fr. 70 c. qui entrent en numéraire dans la caisse.

J'éprouve une perte ou réduction par l'escompte qui m'est retenu, s'élevant à 134 fr. 30 c.; donc Pertes et Profits doivent en être débités (33).

Le compte d'Effets à recevoir fournit le billet de 10200 fr. ; il doit être crédité de cette somme. J'écris au Journal, *Divers*, à *Effets à recevoir*, 10200 fr., etc., etc., (art. 433).

Didier ne doit être ni débité ni crédité ; car, en échange de son argent, il a reçu de moi une valeur (35).

88.　——————— DU 30 SEPTEMBRE. ———————

J'ai escompté à James une acceptation de Bosc et Compagnie au 15 février prochain, à 2 pour 0/0 l'an, de 1000 fr.

Escompte que j'ai retenu. . . . . 7 fr. 50 c.

Net en espèces. . . . . 992 fr. 50 c.

DE L'ESCOMPTE DES EFFETS.

89. Escompter un billet, c'est changer ou acheter un billet pour de l'argent, moyennant un escompte qui est un gain pour l'escompteur, puisqu'il le retient sur la somme à payer : il faut donc en créditer le compte de Pertes et Profits (34).

[Je reçois un billet de 1000 fr., donc le compte d'Effets à recevoir doit être débité de 1000 fr. Je donne seulement 992 fr. 50 c. d'argent, il faut en Créditer la Caisse et créditer aussi Pertes et Profits des 7 fr. 50 c. de différence ou escompte que je gagne]. J'écris au Journal : *Effets à recevoir à Divers*, etc., art. 44.

Il y a une seconde manière de passer écriture de l'escompte et de la négociation des billets ; elle est plus abrégée, mais elle n'est en usage que chez les escompteurs ou banquiers. Il en sera traité au Mémorial, 2ᵉ série, art. 223, en date du 21 décembre.

90. ————————— DU 30 SEPTEMBRE. —————————

J'ai fait à Lafond un billet de complaisance de 1000 fr., à son ordre au 31 janvier. . . . . 1000 fr.

[Je souscris un billet. Effets à payer doivent être crédités (34) ; Lafond, à qui je le remets, doit être débité.] J'écris au Journal, art. 45.

DU COMPTE DE PERTES ET PROFITS.

91. Le compte de PERTES ET PROFITS est celui où doivent se réunir, au débit, les pertes de tout genre, et, au crédit, toutes les sortes de bénéfices sans aucune exception.

Ainsi, il faut débiter ce compte toutes les fois qu'on fait une perte (33) : par la raison qu'on est censé avoir *reçu* la valeur représentative de cette perte.

Par exemple, quand on reçoit une somme de 100 fr. sous la retenue d'un escompte de 5 fr., on débite Pertes et Profits de cette retenue ou perte de 5 fr., parce qu'on est censé avoir reçu les 5 fr. qui nous ont été cependant retenus.

92. On crédite au contraire le compte de Pertes et Profits toutes les fois qu'on recueille un bénéfice (34), parce que l'on est censé avoir *donné* la valeur qui constitue ce bénéfice.

Supposons, pour exemple, que nous payions une somme de 100 fr. en retenant nous-mêmes un escompte de 5 fr.; il faut créditer le compte de Pertes et Profits de ce gain, par la raison qu'on est censé avoir *donné* les 5 fr. qu'on a cependant retenus.

On voit, par ce qui précède, que le débit du compte de Pertes et Profits ne se compose uniquement que des pertes, et le crédit que des bénéfices.

Dans l'origine on avait sans doute un compte particulier de PERTES, et un second compte séparé de PROFITS. Mais le premier n'ayant d'articles qu'à son débit, sans rien au crédit, et le second ayant au contraire des articles au crédit, sans rien au débit, on a jugé à propos de réunir ces deux comptes en un seul, intitulé PERTES ET PROFITS, où cependant les pertes et les gains ne peuvent pas se confondre, puisque les premières sont constamment notées au débit, et les derniers sont toujours inscrits au crédit. Ce compte est souvent appelé PROFITS ET PERTES, mais les deux mots qui composent cet intitulé ne se trouvent pas rangés dans leur ordre naturel; puisque PROFITS y précède PERTES; tandis qu'au GRAND-LIVRE ce sont les pertes, portées au débit, qui précèdent au contraire les profits inscrits au crédit.

Cet ordre interverti jette dans l'esprit des élèves un peu d'obscurité sur le compte des Profits et Pertes. C'est pourquoi nous préférons la dénomination, dans l'ordre naturel, de PERTES ET PROFITS, comme étant à la fois plus claire et plus méthodique.

EXEMPLES SUR LES PERTES ET PROFITS.

93. ——————— DU 30 SEPTEMBRE. ———————

Lafond, qui me devait 1000 fr., étant tombé en faillite, j'ai signé son concordat où il donne 20 pour cent, qu'il m'a payés comptant. . . . . 200 fr.

[Je reçois 200 fr. en espèces, donc la Caisse doit en être débitée. Mais Lafond, qui me les donne, doit être crédité de 1000 fr., afin de solder son compte qui est débité de cette somme : car il éteint, en réalité, avec 200 fr., d'après le concordat, sa dette de 1000 fr. : ce qui m'oblige à clore ou balancer son compte. Je fais ainsi une perte de 800 fr., que je suis censé recevoir ; donc Pertes et Profits doivent être débités (91).] Et j'écris au Journal (art. 46).

94. ——————— DUDIT. ———————

J'ai vendu à livrer, d'ordre et pour compte de Johnson de New-York, des blés pour une somme de 180000 fr., sur laquelle il m'alloue une commission de 2 pour cent qu'il m'a fait compter en espèces par son banquier. . . . 3600 fr.

[Je reçois de l'argent, donc la Caisse doit être débitée ; cette commission est un bénéfice, donc le compte de Pertes et Profits doit être crédité (34).] Et j'écris au Journal (art. 47).

95. ——————— DUDIT. ———————

J'ai hérité, ou j'ai gagné au jeu, dans un pari, ou bien mon père m'a fait cadeau en espèces de. . . . 10000 fr.

[Je reçois de l'argent, la Caisse doit être débitée. J'ai hérité, j'ai gagné, ou l'on m'a fait un cadeau, dans tous ces cas c'est un bénéfice ; donc il faut créditer Pertes et Profits. J'écris au Journal (art. 48).

Je ne dois pas créditer celui qui me fait présent, dont j'hérite, à qui je gagne ; car le créditer ce serait écrire que je lui dois : or, je ne lui dois rien, puisqu'il m'a fait un don, que j'en hérite ou que je le gagne.

96. ———————— DU 30 SEPTEMBRE. ————————

On a dérobé dans ma caisse, j'ai perdu au jeu, dans un pari, ou j'ai fait présent à ma sœur de. . . . . 1000 fr.

[Il sort de ma caisse 1000 fr., donc il faut la créditer ; et il faut débiter Pertes et Profits de cette somme qu'on m'a dérobée, que j'ai perdue, ou dont j'ai fait présent à ma sœur. J'écris au Journal (art. 49).

Je ne débite pas ma sœur, ou celui que je gratifie ; car c'est un don que je leur fais, pour lequel ils ne me doivent rien.]

97. ———————— DUDIT. ————————

J'ai payé le trimestre de la rente viagère que je fais à la veuve Laforêt. . . . . 500 fr.

[Je donne de l'argent, la Caisse doit être créditée ; c'est pour une rente viagère que je sers, qui est une charge ou une perte ; donc il faut débiter Pertes et Profits, et écrire au Journal (art. 50).]

98. ———————— DUDIT. ————————

J'ai payé mes dépenses diverses, savoir :
Pour mes frais de maison. . . . . 1000 fr.
Pour mes dépenses personnelles. . . . . . 500 fr.
Pour les frais généraux de patentes, impôts, appointements, ports de lettres. . . . . . . 1000 fr.

[Tous ces débours qui ne doivent pas me rentrer sont des pertes pour moi, donc je débite le compte de Pertes et Profits. La Caisse, qui fournit l'argent pour les payer, doit être créditée.] Et j'écris au Journal (art. 51).

99. Dans la pratique, on ne se contente pas d'un seul compte de Pertes et Profits, on tient en outre plusieurs autres comptes pour les différentes espèces de pertes, de dépenses ou de gains, qu'il importe de connaître en particulier.

Ainsi, on ouvre des comptes de *frais généraux*, de *frais de maison*, de *dépenses personnelles*, d'*assurances*, de *commis-*

sion, etc., etc., afin de savoir à combien s'élève en particulier chacune de ces dépenses, ce qu'on ne pourrait voir en les laissant confondues dans le compte général de Pertes et Profits.

Il sera traité de ces divers comptes au chapitre de subdivision du compte de Pertes et Profits.

DES PAYEMENTS OU RECETTES POUR COMPTE.

100. Lorsque nous donnons ordre à un correspondant de payer pour *notre compte* à un tiers. Il faut *créditer* ce correspondant de la somme qu'il paye pour notre compte.

Il faut également le *débiter* de tout ce qu'il reçoit pour *notre compte.*

101. Lorsqu'au contraire on reçoit ordre d'un correspondant de payer pour *son compte* à un tiers, il ne faut pas débiter le tiers qui reçoit, et qui nous est étranger, mais bien le correspondant pour le *compte* duquel on paye.

Quand on reçoit pour le *compte* d'un correspondant, c'est ce correspondant qu'on crédite et non le tiers étranger qui fait le versement.

En un mot, dans toutes les opérations où l'on agit *pour compte* d'autrui, il faut débiter ou créditer celui pour le compte duquel on opère.

102. —————— DU 30 SEPTEMBRE. ——————

J'ai donné ordre à Arnauld, de Londres, de payer pour mon compte, à Williams, le prix d'un cheval anglais. . 2000 fr.

[Arnauld, qui paye pour mon compte, doit être crédité (100), et je débite Pertes et Profits du prix d'achat du cheval, parce que c'est une dépense (33.)] J'écris au Journal (art. 52).

103. —————— DUDIT. ——————

Arnauld m'a donné ordre de payer pour son compte à son sellier Guetting 2000 fr., que je lui ai comptés. . 2000 fr.

[Je paye pour compte d'Arnauld, donc il faut le débiter

(101), et non le sellier Guetting, qui ne nous doit rien et nous est étranger. Je crédite la Caisse.] Et j'écris (art. 53).

104. ——————— DU 30 SEPTEMBRE. ———————

Forbin est venu verser chez moi, pour compte d'Arnauld, la somme de 1000 fr. en espèces. . . . . . 1000 fr.

[Je reçois de l'argent, la Caisse doit être débitée. C'est Forbin qui me le donne pour compte d'Arnauld; donc je crédite Arnauld (100), et non Forbin, qui nous est étranger.] Et j'écris au Journal (art. 54).

DES CRÉDITS OUVERTS OU DES LETTRES DE CRÉDIT (a).

105. Ce qu'on appelle *ouvrir un crédit* sur un correspondant, c'est donner à quelqu'un l'autorisation, par lettre, de recevoir chez ce correspondant une *somme déterminée*.

106. En conséquence il faut créditer le correspondant chez lequel on ouvre ce crédit, de la somme qu'il doit payer pour notre compte, comme on le créditerait d'un payement qu'il ferait pour nous, ou du montant d'une traite tirée sur lui.

Il faut débiter ce correspondant quand, au contraire, il ouvre à un tiers un crédit chez nous, et créditer ce tiers.

107. ——— ——— DUDIT. ——— ———

J'ai reçu de Villeneuve 1000 fr. pour lui ouvrir un crédit sur une maison de Londres; ce que j'ai fait en lui remettant une lettre de crédit sur Arnauld. . . . . . 1000 fr.

[La caisse doit être débitée. Villeneuve, qui me donne de l'argent en échange de la lettre de crédit sur Arnauld, ne peut être crédité; mais c'est Arnauld que je crédite, puisqu'il payera en définitive, pour notre compte, le montant du crédit ouvert sur lui.] J'écris au Journal (art. 55).

(a) Dans le *Traité de correspondance commerciale* du même auteur, il est entré dans des développements jusqu'alors inédits sur les lettres de *crédit simple*, de *crédit circulaire*, avec *recommandation spéciale*, etc., etc.

108. ———————— DU 30 SEPTEMBRE. ————————

Arnauld m'a écrit qu'il ferait honneur à ma lettre de crédit donnée à Villeneuve, et pour se rembourser il a ouvert lui-même un crédit sur moi à Bulton de pareille somme. 1000 fr

[Bulton ayant un crédit sur moi dont il peut disposer à volonté, je lui dois. Il faut donc créditer son compte, et je débite Arnauld, pour compte de qui je vais faire ces payements (106).] J'écris au Journal (art. 56).

109. ————————— DUDIT. ————————

J'ai ouvert à Foissac un crédit sur Arnauld de   1000 **fr.**

[J'ouvre un crédit chez Arnauld, donc il faut créditer Arnauld (106); et je débite Foissac, en faveur duquel je l'ouvre.] J'écris au Journal (57).

110. ———————— DUDIT. ————————

J'ai remis à Durieu mon billet à son ordre à 6 mois de 1000 fr., et j'ai reçu en échange le sien à mon ordre de pareille somme et à la même échéance. . . . . 1000 **fr.**

[Il entre un billet dans mon portefeuille, je débite les Effets à recevoir (33); je donne en échange un billet souscrit par moi, je crédite les Effets à payer (33).] Et j'écris au Journal (art. 58).

111. ———————— DUDIT. ————————

J'ai reçu l'avis que Foissac, qui me devait 1000 fr., est mort insolvable à Londres. . . . . 1000 **fr.**

[Ne devant jamais rien recevoir des 1000 fr. qui me sont dus par Foissac, il faut clore son compte : ce que je fais en le créditant des 1000 fr. qui figurent au débit de son compte au Grand-Livre; et comme c'est une perte pour moi, j'en débite Pertes et Profits (91).] J'écris au Journal (art. 59).

DU REPORT AU GRAND-LIVRE.

112. Les articles du Mémorial que l'on vient de *traduire*

en partie double, ou, plus simplement, dont on vient de passer écriture au Journal, doivent tous être reportés du Journal au Grand-Livre, de la manière suivante :

Il faut d'abord *ouvrir* sur le Grand-Livre tous les comptes (23) qui figurent dans les articles du Journal, tels que ceux de Marchandises générales, de Caisse, et aussi ceux de Durand, de Paul, etc.

Ensuite on met, en marge du Journal et en face de chaque compte, le folio du Grand-Livre où ce compte est ouvert, comme on l'a fait à la première page du Journal modèle.

Quant aux barres pour séparer ces numéros, ce sont des détails inutiles qu'il convient d'abandonner.

Ces folios sont placés en marge pour faciliter le report des articles du Journal au Grand-Livre, et sont utiles au besoin pour la recherche des erreurs commises dans le report.

Ces préparatifs terminés, comme dans chaque article du Journal il y a un débiteur et un créancier (30), on va débiter au Grand-Livre le débiteur, c'est-à-dire écrire au débit de son compte, puis on va créditer le créancier, c'est-à-dire écrire à son crédit. Et voici dans quel arrangement :

1° Il faut quand on reporte, soit au débit, soit au crédit, placer d'abord la date, c'est-à-dire écrire l'année, le mois et le chiffre du jour.

2° Après la date, mettre le nom, écrit en caractères saillants, du créancier précédé du mot *à*, si l'on reporte au débit, et le nom, au contraire du *débiteur*, précédé du mot *par* si l'on reporte au crédit.

3° Le faire suivre d'une explication très-brève, résumant le motif de ce débit ou de ce crédit ; car le Grand-Livre n'est qu'un extrait.

4° Mettre dans la petite colonne le folio du Journal où l'article se trouve inscrit ; pour y remonter au besoin, si l'on veut de plus amples détails.

5° Dans une seconde petite colonne on mettait autrefois le folio, au Grand-Livre, du débiteur ou du créancier ; mais on supprime maintenant cette colonne inutile, car au besoin on trouve ces folios dans la marge du Journal ou au répertoire du Grand-Livre.

6° Enfin on place la somme dans la colonne des sommes.

L'essentiel, en reportant au Grand-Livre, est d'avoir la plus grande attention de porter exactement la somme, non-seulement au débit du débiteur, mais aussi au crédit du créancier.

EXEMPLE DU REPORT AU GRAND-LIVRE.

——————— DU 1er JUILLET. ———————

MARCHANDISES GÉNÉRALES A PAUL : 4000 fr. pour achat que je lui ai fait de 10 balles de laine à 400 fr. l'une, payables en espèces dans le courant du mois. . . . . . . 4000 fr.

On débite d'abord le compte MARCHANDISES GÉNÉRALES comme suit :

DOIVENT :   MARCHANDISES GÉNÉRALES.
1853 juillet | 1er | à PAUL, achat de 10 balles de laine | 1 | 4000 |

Ensuite on crédite le compte de Paul comme suit :

PAUL.   AVOIR.
1853 juillet | 1er | Par MARCH. GÉN. pour 10 balles de laine | 1 | 4000

Il n'est pas inutile de rappeler ici que le Grand-Livre n'a d'autre objet que de classer, dans un ordre plus méthodique et par compte, ce qui est consigné au Journal dans l'ordre seul de la date.

En effet, tous les articles d'argent, de marchandises, d'effets, de débit de Paul, de crédit de Durand, qui étaient pour ainsi dire pêle-mêle et confondus au Journal, seulement dans leur ordre de date, vont se trouver successivement classés au Grand-Livre, non-seulement par ordre de compte, mais encore par entrée et sortie, c'est-à-dire par débit et crédit, ce qui répand une grande clarté sur les opérations du négociant, et le guide parfaitement dans la marche de ses affaires.

Le report au Grand-Livre, qui consiste à recopier dans un autre ordre le Journal, seul livre essentiel, n'exige que de l'attention pour éviter les erreurs; on s'aperçoit de ces erreurs, s'il y en a, par la balance de vérification, qu'il faut maintenant expliquer.

DE LA BALANCE DE VÉRIFICATION.

113. Il est d'usage de s'assurer, tous les trimestres ou tous les mois, si le report du Journal au Grand-Livre a été fait avec exactitude; car ce travail, qui demande beaucoup d'attention, est sujet à de fréquentes erreurs, qui rendent le contrôle de la balance absolument nécessaire.

Ainsi, on peut reporter un article au débit du débiteur et oublier de le reporter aussi au crédit du créancier; on peut également omettre un article entier du Journal, en ne le reportant ni au débit ni au crédit du Grand-Livre; enfin on peut porter une somme pour une autre. Voici comment on s'assure que le report du Journal au Grand-Livre est exact :

On fait d'abord au Journal, à la fin du mois ou du trimestre, l'addition de tous les articles qui y sont inscrits.

Ensuite, au Grand-Livre, on additionne le débit de chacun des comptes qui y sont ouverts, et aussi le crédit de ces comptes.

Enfin on additionne, sur une feuille séparée, d'un côté tous les montants du débit de ces comptes, de l'autre tous les montants des crédits.

Le total général des débits doit être égal au total général des crédits, et chacun de ces totaux à l'addition du Journal.

En effet, le premier article du Journal étant ainsi conçu : MARCHANDISES GÉNÉRALES A PAUL, 1000 fr., on a rapporté cette somme au Grand-Livre; premièrement au débit de MARCHANDISES GÉNÉRALES, secondement au crédit de PAUL

Ainsi, la même somme de 1000 fr. figure d'abord au Journal, en second lieu au débit de MARCHANDISES GÉNÉRALES au Grand Livre, et en troisième lieu au crédit de PAUL.

Il en est de même de tous les autres articles ; donc, si l'on fait l'addition 1° de toutes les sommes du Journal, 2° de toutes les sommes des débits du Grand-Livre, 3° de toutes les sommes des crédits du Grand-Livre, le montant de ces trois additions doit présenter exactement le même chiffre.

S'il existe une différence, c'est qu'évidemment on aura commis dans le report une erreur qu'il faudra rechercher en *pointant* tous les articles reportés du Journal au Grand-Livre. *Pointer,* c'est vérifier ou recommencer le report en mettant un *point* à côté des folios du journal et des sommes du Grand-Livre, quand le report est exact.

Si le montant du débit diffère seul du total du Journal, on n'a besoin que de pointer le débit ; au contraire, si la différence ne se trouve qu'au crédit, on pointe seulement le crédit.

Quand la balance de vérification est reconnue bonne, on fixe à l'encre les montants des débits et des crédits de chaque compte du Grand-Livre qu'on avait tracés provisoirement au crayon ; et on les place au-dessous d'une barre faite dans la colonne des sommes, sans en tirer une seconde au-dessous, parce que ce total devra être additionné avec les sommes des mois qui suivront.

Il en résulte que si le mois suivant la balance était inexacte, on n'aurait pas besoin de pousser la recherche de l'erreur au delà de ces totaux. Nous avons fait la balance de vérification à la fin des mois de juillet, d'août, et de septembre, et nous continuerons à la faire pour tous les autres mois. On peut en observer le travail aux additions faites à la fin de chaque mois du Journal, à celles faites au débit et crédit de tous les comptes du Grand-Livre, enfin sur la feuille placée ci-après, appelée *feuille de balance,* où toutes ces additions du Grand-Livre sont rapportées (*Voir cette feuille à la fin du volume*).

Ainsi, pour le mois de juillet, le montant du Journal s'élevait à 26210 fr. ; il est égal à celui des débits du Grand-Livre et aussi à celui des crédits, qui s'élèvent sur la *feuille séparée de balance* chacun à 26210 fr.

Il en est de même pour tous les mois suivants, où ces trois montants sont toujours égaux.

DE LA SUBDIVISION.

DES CINQ COMPTES GÉNÉRAUX.

114. Pour passer écriture des exemples précédents, nous avons fait usage seulement des cinq comptes généraux. Ils suffisent à la rigueur pour passer en partie double toute espèce d'opérations, puisqu'une opération quelconque peut être classée sous l'une de ces cinq dénominations générales. Mais dans la pratique, on se sert ordinairement d'un plus grand nombre de comptes. On désire souvent connaître les bénéfices qu'on peut faire en particulier sur une branche importante de son commerce, sur les fers, par exemple, sur les vins, ou telle autre espèce de marchandise. Dans ce cas il devient nécessaire d'ouvrir en outre du compte de Marchandises générales, un compte spécial sous le nom de *fers*, de *vins*, ou sous toute autre dénomination.

Lorsqu'on achète une propriété et qu'on veut en connaître le revenu net, il faut également lui ouvrir un compte spécial.

Il est nécessaire encore d'ouvrir des comptes particuliers aux différentes natures de dépenses, sous les noms de *frais généraux, dépenses personnelles, frais de maison*, ou autres, pour savoir précisément à combien s'élève chacune de ces dépenses.

Enfin, on peut créer des comptes pour certaines particularités de son commerce et sous autant de dénominations qu'on peut distinguer d'espèces différentes d'objets commerçables.

Mais un compte quelconque, quelle que soit d'ailleurs la dénomination qu'on jugera convenable de lui donner, ne peut être autre chose qu'une subdivision des cinq comptes généraux ou génériques qui nous sont déjà connus et, conséquemment, il devra être tenu sur les mêmes principes que le compte général dont il est la subdivision.

Ainsi, par exemple, on débitera le compte de *fers*, comme on l'a fait pour celui des Marchandises générales, toutes les fois qu'on *recevra* du fer, et il sera crédité, au contraire, toutes les fois qu'on en *fournira*.

Il n'est donc pas plus difficile de tenir une comptabilité dont les comptes sont plus nombreux, les dénominations plus variées, puisque les principes généraux restent les mêmes.

Nous allons indiquer successivement les subdivisions les plus usuelles des cinq comptes généraux.

SUBDIVISIONS DU COMPTE DE MARCHANDISES GÉNÉRALES.

115. Le compte des Marchandises générales a beaucoup de subdivisions; en effet, on pourrait ouvrir un compte particulier à chacune des espèces de marchandises sur lesquelles on commerce; mais il faut bien se garder de multiplier inutilement ces comptes; on doit se contenter d'en ouvrir aux branches les plus importantes, et lorsqu'on tient absolument à connaître le gain particulier recueilli dans chacune.

On peut donc ouvrir les subdivisions suivantes :

1° Un compte de *laines*, de *fers*, de *vins*, etc., etc.;

2°　　— 　de *rentes sur l'État*, d'*effets publics*, d'*actions*; etc., etc.;

3°　　— 　de *marchandises en société* ou *en participation*, ou de *compte à 1/2, à 1/3*, etc.;

4°　　— 　de *marchandises en commission* ou *en consignation chez un tel* ;

5° Un compte d'*usines,* de *manufacture,* de *fabrique,* etc.,
de *matières premières,* de *main-d'œuvre,* etc.;

6° — d'*immeubles* ou de *chaque immeuble sous son nom, maison, fermes, terres,* etc.;

7° — de *meubles* ou *mobilier;*

8° — de *navire le* ***;

9° — de *cargaison;*

10° — d'*armement;*

11° — de *pacotille;*

12° — de *foire.*

DU COMPTE DE LAINES, DE FERS, DE VINS, ETC.

116. On a déjà dit qu'on débite chacun de ces comptes toutes les fois qu'on reçoit de l'espèce de marchandises dont il porte le nom, et qu'on le crédite au contraire toutes les fois qu'on en fournit.

DU COMPTE DE RENTES SUR L'ÉTAT, EFFETS PUBLICS, ACTIONS.

117. Quand on fait des placements en rentes sur l'État, ou qu'on opère sur les fonds publics, français ou étrangers, sur les actions industrielles, on ouvre un compte à *actions* de telle compagnie, à *rentes sur l'État,* à *effets publics,* à *fonds étrangers,* ou sous toute autre désignation.

On débite ces comptes du montant de ces valeurs, au prix coûtant, toutes les fois qu'on en reçoit ou qu'on en achète.

On crédite ces comptes du produit de la vente toutes les fois qu'on en vend.

De cette manière, quand tout est vendu, l'excès du crédit, où sont les produits des ventes, sur le débit, où figurent les achats, détermine le bénéfice.

Et réciproquement l'excès du débit sur le crédit fait connaître la perte.

On solde ces comptes, à l'époque de la balance générale,

d'après les mêmes principes que celui de Marchandises générales par le compte de Pertes et Profits, après avoir porté au crédit la valeur au cours des effets qui restaient alors en portefeuille. (Voir exemples sur les rentes au Journal et au GRAND-LIVRE au compte de *rentes sur l'État*, f° 11 ; et sur les actions 1° au compte d'actions, f° 11 ; 2° à la comptabilité des compagnies par actions : *voir la Table*.)

DU COMPTE DE MARCHANDISES EN SOCIÉTÉ OU EN PARTICIPATION, OU DE COMPTE A 1/2, A 1/3, ETC.

118. Quand on fait, avec un ou plusieurs de ses correspondants, une opération en société dont on doit rendre ou recevoir un compte particulier, il faut ouvrir un compte spécial à cette opération, en désignant dans l'intitulé qu'elle est en compte à 1/2, ou à 1/3, ou dans toute autre proportion.

Il faut d'abord débiter nominativement le compte de chaque associé de sa part du prix coûtant des marchandises en société, et, pour notre part, nous nous débitons sous le nom de *Marchandises en société*, en créditant dans le même article le compte qui a fourni le prix de l'acquisition, comme la Caisse, si l'on a payé comptant.

On débite ensuite le compte de Marchandises en société de tous les frais ou débours quelconques faits à leur occasion.

On le crédite de tous les produits des ventes, sans partager chaque fois tous les articles comme on l'a fait pour l'achat : ce qui serait trop long ; mais plus tard, lorsqu'on solde ce compte, on rétablit au compte de chacun des intéressés la part qui lui revient.

Ainsi on solde le compte de Marchandises en société quand la vente en est terminée, en débitant ce compte, en faveur des intéressés, de leur part du produit net dont on crédite leur compte, et pour notre part on crédite Pertes et Profits, seulement du bénéfice ou de la perte éprouvée sur notre portion ; et cela par la raison qu'on a déjà porté au débit du compte, notre part du prix coûtant déboursé.

4

118 *bis*. Mais il convient d'abandonner cette manière assez obscure, et d'adopter celle beaucoup plus satisfaisante et plus claire que nous allons indiquer.

Lorsqu'on est chargé de l'achat et de la vente des marchandises en société :

Il faut commencer d'abord par débiter chaque intéressé de sa part au compte ouvert sous son nom; et quant à nous, pour notre part, il faut nous débiter tout simplement sous le nom de Marchandises générales.

Ensuite on ouvre le compte de *Marchandises en société*, qui est destiné à représenter la société dans son ensemble.

N'est-ce pas plus naturel que de donner à ce compte une double destination, comme dans l'ancienne méthode où le compte de Marchandises en société était destiné à recevoir, d'abord à son débit la part de l'achat qui nous était particulière, et en second lieu l'ensemble des affaires de la société?

On débite le compte de Marchandises en société de la totalité des frais, des dépenses ou débours quelconques;

On le crédite de tous les produits des ventes.

De cette manière, l'excès du crédit sur le débit présente clairement le produit net de l'opération à partager par égale portion entre tous les intéressés; et l'on obtient un moyen facile de clore ce compte.

On le solde en le débitant de la différence quelconque du débit au crédit en faveur des associés, entre lesquels cette différence est divisée : ils sont donc crédités chacun de sa part; et pour la nôtre, pareille à la leur, on crédite Marchandises générales. Il faut voir les exemples et les éclaircissements donnés à ce sujet dans le Mémorial à la date du 26 décembre.

Si l'on n'est pas chargé d'opérer la vente ni l'achat des marchandises en société, on débite ce compte seulement de notre part de l'achat en créditant le créancier ordinaire.

On le crédite de notre part du produit net des marchandises, dès qu'il est connu, en débitant l'intéressé qui en a effectué la vente.

Quelquefois on se contente de tenir de simples notes, sur des livres auxiliaires, de ces sortes d'opérations, et, quand elles ne sont pas trop importantes ou trop compliquées, on les confond avec les autres, dans le compte de Marchandises générales.

DU COMPTE DE MARCHANDISES EN COMMISSION OU EN CONSIGNATION CHEZ UN TEL.

119. Quand on envoie des marchandises en consignation chez un correspondant, ou pour vendre à la commission, pour notre compte, on ne peut pas débiter ce correspondant car tout consignataire ne doit rien, jusqu'à ce qu'il ait opéré la vente des marchandises qui lui sont confiées.

Il faut donc ouvrir un compte de *Marchandises en consignation chez un tel ;* on le débite :

De la valeur de ces marchandises, de tous les frais et débours qu'elles occasionnent, en créditant les créanciers ordinaires (a). On crédite ce compte du produit des ventes lorsqu'on en reçoit l'avis.

La différence ou solde, qui détermine la perte ou le gain, est passée par le compte de Pertes et Profits. (Voir les exemples, au Mémorial, le 22 décembre, et au GRAND-LIVRE, fo 11.)

DU COMPTE D'USINE, DE FABRIQUE, DE MANUFACTURE, DE MAIN-D'ŒUVRE, DE FRAIS DE FABRICATION.

120. Quand on possède une usine ou une fabrique de produits quelconques, il faut lui ouvrir un compte particulier sous son nom.

On le débite d'abord du prix de l'achat de l'immeuble, ou

(a) Nous ne parlerons plus à l'avenir des créanciers ni des débiteurs ordinaires, parce qu'il est entendu qu'on doit les trouver par les principes déjà posés.

de la valeur du fonds de l'usine ; du coût des ustensiles, des matières premières, de la main-d'œuvre, des appointements des commis, des frais généraux, des réparations, en un mot, de tous les débours faits à son occasion. On le crédite du montant de la vente des produits de l'usine.

Enfin, lorsque tout est vendu, on solde le compte par celui de Pertes et Profits, après avoir porté au crédit la valeur de l'immeuble, du fonds, du matériel, ou des produits fabriqués invendus qu'il faut estimer au prix coûtant.

Une usine peut faire l'objet d'un seul compte quand elle appartient à un négociant qui opère sur tous les genres de commerce, et qui ne veut connaître que le résultat définitif ou le produit net de son usine ; mais lorsque c'est un fabricant qui n'exerce qu'une seule industrie, il est rare qu'il ne veuille pas se rendre compte dans les plus grands détails et en particulier du mouvement de ses matières premières, du coût de la main-d'œuvre, des frais généraux de fabrication, etc., afin d'établir avec connaissance de cause le *prix de revient* de ses produits. Alors on subdivise le compte d'usine ou de fabrique et l'on crée des comptes particuliers de *matières premières*, de *main-d'œuvre* ou d'*ouvriers*, de *machines et ustensiles*, de *frais de fabrication* et autres dont on sent le besoin.

Pour de plus grands développements sur ces derniers comptes, il faut consulter la *Comptabilité des usines à fer*, du même auteur.

L'application du principe fondamental des parties doubles n'en est pas plus difficile ; il suffit de débiter chacun de ces comptes lorsqu'on fait un débours à son occasion, et de créditer chacun des recouvrements qu'il nous procure.

DU COMPTE D'IMMEUBLES OU DE CHAQUE IMMEUBLE SOUS SON NOM.

121. Lorsqu'on possède des immeubles, qu'on en achète, ou qu'on en hérite, on ouvre un compte d'immeubles, où l'on porte tout ce qui peut y être relatif. Ce compte ne présente en résultat que la somme de tous leurs revenus confondus.

Mais le plus souvent on ouvre un compte particulier à chacun des immeubles importants, sous le nom de *ferme de tel endroit, terre dans la Brie, maison rue de..., château de...,* etc., etc., pour connaître le revenu net ou les dépenses de chacun de ces immeubles.

Ce compte doit être débité :

D'abord de la valeur de l'immeuble, de tous les frais d'entretien, réparations, impositions, constructions, en un mot de tous les débours qu'il occasionne.

On le crédite des loyers, revenus ou produits quelconques en espèces ou en nature ; enfin on le crédite du prix de vente, quand on le vend, ou de sa valeur à la fin de l'année, quand on fait la balance, et le solde de compte, qu'on passe par Pertes et Profits, présente le revenu net ou la dépense de l'immeuble. (Exemple au Mémorial, le 25 décembre, et au GRAND-LIVRE, fᵒ 11.)

121 bis. *La manière de solder les comptes précédents et ceux qui vont suivre ne peut être complétement comprise que quand on aura fait la balance générale ; en traitant de ces comptes on a cru devoir en même temps parler de la manière de les solder : ce qui est peut-être anticiper un peu.*

DU COMPTE DE MEUBLES OU DE MOBILIER.

122. Quand la dépense du mobilier est importante, on ouvre un compte sous le nom de *meubles* ou de *mobilier*.

Au lieu de débiter Pertes et Profits des dépenses que l'on fait à ce sujet, comme on est dans l'usage de le faire lorsqu'elles sont insignifiantes ou minimes, on débite ce compte :

D'abord de la valeur du mobilier actuel, puis des acquisitions de meubles et de toutes les dépenses qu'ils nécessitent.

On crédite ce compte du produit de la vente qu'on pourrait faire de ces meubles ou d'une partie.

Ce compte doit être soldé par celui de Pertes et Profits, à la fin de l'année, lorsqu'on fait la balance générale, après avoir porté au crédit la valeur du mobilier à cette époque, diminué chaque année d'un dixième ou d'un vingtième plus ou moins; en raison de sa dépréciation annuelle. (Exemples au Mémorial, le 1er novembre, et au GRAND-LIVRE, f° 10.)

DU COMPTE DE NAVIRE LE ***.

123. Lorsqu'on possède ou qu'on achète un navire, on lui ouvre un compte sous son nom.

On le débite, d'abord de sa valeur ou prix d'achat; après, de tous les débours auxquels il donne lieu : tel qu'achat de cargaison, frais d'armement, d'assurances et gages d'équipages, etc., etc.

On le crédite de tous les produits qu'il donne par le fret, les passagers ou la vente de la cargaison.

On le crédite, quand on vend le navire, du prix de vente, et l'on solde le compte par Pertes et Profits.

Quand on ne le vend pas, on le crédite, lors de la balance de sa valeur actuelle, en l'estimant chaque année pour une valeur moindre du dixième ou du vingtième plus ou moins, selon la durée du navire, son âge, les fatigues ou les avaries qu'il a souffertes dans le dernier voyage, et l'on solde par le compte de Pertes et Profits.

On peut ouvrir des comptes séparés de cargaison, d'armement et de désarmement du navire.

DU COMPTE DE CARGAISON DE TEL NAVIRE.

124. On le débite de tous les achats de marchandises composant la cargaison, des frais, des assurances, etc., etc.; on le crédite du produit de la vente et on le solde par le compte de Pertes et Profits, ou bien encore par le compte de navire qui se trouve ainsi crédité du produit net de la cargaison.

DU COMPTE D'ARMEMENT DE TEL NAVIRE.

125. Lorsqu'on ouvre un compte d'armement à chaque voyage d'un navire, on le débite des frais d'armement.

On le crédite de ce qu'il produit pour passagers, et en fret ou prix de transport des marchandises qu'on y charge.

On solde le compte d'armement par le compte du navire qui se trouve ainsi crédité du produit de l'armement, ou encore on solde directement par le compte de Pertes ou Profits.

Lorsqu'on n'ouvre qu'un seul compte pour le navire, l'armement et la cargaison, on le tient quelquefois à doubles colonnes : l'une renfermant les sommes relatives à la cargaison, et l'autre celles concernant l'armement et le navire.

Les comptes rendus par les capitaines doivent être dressés à deux colonnes : l'une contenant les sommes en monnaies étrangères, et l'autre celles en monnaies de France.

Si le capitaine n'a rendu son compte qu'en monnaies étrangères, il faut le réduire en argent de France et pour cela consulter le *Traité du Change* ou *Manuel de la Banque.*

DU COMPTE D'INTÉRÊT SUR TEL NAVIRE OU D'ACTION DANS TELLE COMPAGNIE.

126. Quand on achète une action industrielle ou qu'on prend un intérêt dans une opération quelconque, on ouvre un compte spécial. On le débite du prix primitif d'achat, des appels de fonds qui peuvent être faits dans la suite; enfin, de tous les débours qu'occasionne cette action ou cet intérêt.

On le crédite des dividendes, ou produits quelconques.

On le crédite ausssi de la somme que produit la vente de ces valeurs, et l'on solde le compte par Pertes et Profits. (Exemples les 5 et 21 novembre; et au GRAND-LIVRE, f° 11.)

DU COMPTE DE PACOTILLE.

137. Quand on confie une pacotille à quelque capitaine ou subrécargue, on ouvre un compte spécial à Pacotille.

On le débite : du prix coûtant de la pacotille, de tous les

frais quelconques d'emballage, fret, frais d'assurances, commission ou autres.

On le crédite du produit de la vente de la pacotille, et on le solde par le compte de Pertes et Profits.

Si celui chargé de la vente de la pacotille doit en faire les retours en marchandises, il faut attendre, bien qu'on ait reçu de lui son compte de vente, qu'il ait acheté des marchandises, et qu'elles soient arrivées; alors on crédite le compte de pacotille de leur valeur approximative en débitant le compte de Marchandises générales.

Ou encore, on peut attendre que ces marchandises soient réalisées en numéraire; pour créditer du produit net seulement le compte de pacotille, que l'on solde enfin par le compte de Pertes et Profits.

Cette dernière manière est préférable parce qu'on perd souvent à la réalisation des retours ce qu'on avait gagné dans la vente de la pacotille, et que le bénéfice réel ou la perte ne peuvent être justement appréciés qu'après cette réalisation.

DU COMPTE DE TELLE FOIRE.

128. Si l'on envoie des marchandises dans une foire, on peut également ouvrir un compte à cette foire, pour le débiter de la valeur et des frais faits à ces marchandises.

On le crédite de tous les produits des ventes,

De la valeur des marchandises invendues et rapportées,

Et l'on porte le solde, qui présente le gain ou la perte, au compte des Pertes et Profits.

Telles sont les subdivisions principales du compte de Marchandises générales; il y en a beaucoup d'autres, mais il est facile de les concevoir et de les tenir par analogie.

SUBDIVISIONS DU COMPTE DE CAISSE.

129. Le compte de caisse n'a pas de subdivision en France, où le papier-monnaie n'est plus en usage.

Mais il doit avoir une subdivision dans les pays étrangers où le papier-monnaie peut avoir cours.

SUBDIVISIONS DU COMPTE D'EFFETS A RECEVOIR.

130. Le compte d'effets à recevoir était autrefois désigné sous les noms de lettres et billets à recevoir, ou de traites et remises :

Nous avons déjà expliqué (notes du paragraphe 33) que lettres de change, billets, traites, mandats, remises, acceptations étaient compris dans la dénomination générale d'effets à recevoir actuellement adoptée.

Ce compte seul ne suffit pas chez les banquiers ou les escompteurs, qui s'adonnent à un commerce très-étendu de papiers de tous les genres ; ils ouvrent quelquefois des comptes particuliers avec les distinctions suivantes :

Compte d'*effets à recevoir sur Paris.*
— — *sur la province.*
— — *sur l'étranger.*
— *d'effets en négociation dans les mains de divers* ou *de remises ès-mains de divers.*
— *d'obligations hypothécaires à recevoir* ou *contrats de rente constituée à recevoir*
— *de contrats de grosse aventure à recevoir, de rente viagère* ou *de pension à recevoir.*
— *d'annuités à recevoir.*

DU COMPTE D'EFFETS A RECEVOIR SUR PARIS, SUR VILLE OU SUR
LA PROVINCE.

Ces comptes sont tenus absolument sur les mêmes principes que celui d'Effets à recevoir.

DU COMPTE D'EFFETS EN NÉGOCIATION OU DE REMISE ÈS-MAINS
DE DIVERS.

131. On ouvre ce compte lorsqu'on remet habituellement des valeurs à négocier pour son compte.

On débite ce compte de tous les effets qu'on remet à négocier, en créditant le compte d'Effets à recevoir d'où ils sortent.

On le crédite du produit net de la négociation, **sur l'avis** du correspondant qui l'a opérée et qu'il faut débiter.

On solde ce compte par celui de Pertes et Profits.

C'est ainsi qu'on peut tenir des écritures régulières de ces sortes d'opérations toujours en suspens ; car il ne convient pas de laisser figurer dans le compte d'Effets à recevoir des valeurs qui ne sont plus dans le portefeuille, ni de débiter le correspondant qui en est dépositaire, puisqu'il ne doit réellement rien jusqu'à ce qu'il en ait opéré la négociation.

DU COMPTE D'EFFETS A RECEVOIR SUR L'ÉTRANGER.

132. Quand on fait des opérations de change avec l'étranger et qu'on ne veut pas confondre les effets en monnaies étrangères avec les effets ordinaires, on ouvre un compte à deux colonnes sous le nom d'effets à recevoir sur l'étranger : on place dans la première colonne les sommes stipulées en monnaies étrangères dans le corps des effets, et dans la dernière on sort la valeur de ces sommes en francs et centimes.

Pour réduire des monnaies étrangères, voir le *Traité du Change et Manuel de la Banque*, déjà cité (125).

DU COMPTE D'OBLIGATIONS HYPOTHÉCAIRES A RECEVOIR OU CONTRATS DE RENTE CONSTITUÉE A RECEVOIR.

133. On débite ce compte :

De toutes les obligations hypothécaires qu'on reçoit, en créditant la Caisse qui fournit l'argent prêté sur hypothèque.

On le crédite, en débitant la Caisse, lorsqu'à l'échéance on en touche le montant.

On le crédite encore des intérêts ou des rentes qu'on reçoit, et l'on solde le compte par celui de Pertes et Profits.

Ou pour abréger, on porte ces rentes ou revenus directement au compte de Pertes et Profits. (Exemples au Mémorial, du 21 décembre, et au GRAND-LIVRE, f° 10.)

DU COMPTE DE CONTRATS DE GROSSE AVENTURE A RECEVOIR.

134. Lorsqu'on prête à la grosse aventure sur des navires,

on ouvre un compte à contrat de grosse aventure à recevoir.

Ces contrats renferment l'obligation du capital prêté, et en outre le montant des intérêts ; on débite ce compte de la somme en capital et intérêts stipulée au contrat, en créditant la Caisse de l'argent donné et le compte de Pertes et Profits du montant des intérêts comme s'ils étaient déjà acquis.

On crédite le compte de contrats de grosse aventure à recevoir, par le débit de Caisse, lorsqu'au retour du navire on reçoit le montant du contrat.

On peut encore ne débiter ce compte que de la somme prêtée, sans s'occuper des intérêts, qu'on ne porterait comme bénéfice au compte des Pertes et Profits qu'au retour du navire et lorsque ces intérêts seraient payés.

Cette dernière méthode est préférable à la première ; d'autant mieux que si le navire périt, le prétendu bénéfice porté prématurément au compte de Pertes et Profits devient alors une perte réelle.

DU COMPTE DE CONTRATS DE RENTE VIAGÈRE OU DE BREVETS DE PENSION A RECEVOIR.

135. On débite d'abord ce compte de la valeur de la rente ou de la pension, apprécié en capital.

On le crédite quand on touche la rente ou pension.

On solde annuellement le compte par celui des Pertes et Profits, après avoir porté au crédit, lorsqu'on fait la balance générale, la valeur en capital de la rente ou pension qui figure au débit (121 *bis*).

On peut aussi passer directement au compte de Pertes et Profits les rentes et pensions quand on les touche.

Souvent on n'ouvre pas de compte à ces valeurs, et l'on en porte le revenu directement au compte de Pertes et Profits.

DU COMPTE D'ANNUITÉS A RECEVOIR ET A PAYER.

On appelle annuités des payements égaux faits année par année, pour rembourser un capital et ses intérêts composés. Comme ces payements se font d'ordinaire par année, de là vient le nom d'*annuités*; néanmoins ils peuvent avoir lieu par semestre, par trimestre et par mois.

Il faut voir dans l'*Arithmétique commerciale* du même auteur (article 447), les explications données sur ce sujet important, trop peu connu en France, et qui doit se répandre tôt ou tard, car c'est un mode de remboursement très-favorable au débiteur.

135 *bis*. Les annuités sont pour l'emprunteur une espèce d'effets à payer annuellement, ou à toute autre époque fixe; et pour le prêteur c'est une espèce d'effets à recevoir.

Par conséquent ces nouveaux comptes se tiennent de la même manière absolument que les comptes généraux, dont ils sont une subdivision.

On débite le compte d'annuités à recevoir de toutes celles qui entrent en portefeuille; on le crédite de toutes celles qui en sortent, lors du payement.

Ce compte est soldé comme celui d'Effets à recevoir.

Pour le compte d'annuités à payer, on le crédite des annuités qu'on souscrit et dont on doit payer le montant.

On le débite de celles qui rentrent, au moment où on les paye.

On solde par la balance de sortie, comme pour le **compte** d'Effets à payer.

SUBDIVISIONS DU COMPTE D'EFFETS A PAYER.

136. Le compte d'Effets à payer pourrait se subdiviser :
En *billets à payer*,
— *acceptations à payer*,
— *obligations hypothécaires à payer*,
— *contrats de rente constituée à payer*,
— *contrats à la grosse aventure à payer*,
— *contrats de rentes viagères ou brevets de pensions à payer*,
— *annuités à payer*.

On crédite ces comptes toutes les fois qu'on souscrit ou qu'on donne un de ces contrats à payer, en débitant le débiteur ordinaire.

On débite ces comptes par le crédit de Caisse, lorsqu'à leur échéance on les paye, et que ces contrats nous rentrent acquittés.

On les débite, si l'on veut, des intérêts ou rentes que l'on paye, et on les solde annuellement par Pertes et Profits.

Ou encore on porte directement au débit de Pertes et Profits, les intérêts qu'on paye à leur occasion.

DU COMPTE DE RENTES OU PENSIONS VIAGÈRES A PAYER.

137. On crédite d'abord ce compte de la valeur appréciée en capital de la rente ou pension à payer, lorsqu'on la constitue. A la mort du titulaire, on solde ce compte par celui de Pertes et Profits.

On le débite des pensions et rentes quand on les paye.

On solde annuellement le compte par celui de Pertes et Profits, après avoir porté au débit la valeur en capital de cette rente.

On peut aussi porter directement au compte de Pertes et Profits les rentes et pensions lorsqu'on les paye.

DU COMPTE DE GROSSE AVENTURE A PAYER.

138. Lorsqu'on a emprunté une somme à la grosse aventure sur un navire, on crédite ce compte de la somme en capital et intérêts stipulés dans le contrat, en débitant la Caisse du capital reçu en espèces, et le compte du navire du montant des intérêts.

Quand on paye au retour du navire le montant du contrat, on débite ce compte par le crédit de Caisse.

Si le navire a péri, le contrat se trouvant éteint et comme payé, on solde le compte de contrat de grosse aventure à payer par le compte de navire.

Quelques armateurs créditent le prêteur à la grosse aventure et le débitent quand ils le payent, sans ouvrir le compte précédent ; cette manière est inexacte et irrégulière en ce qu'on ne doit rien réellement au prêteur ; on doit seulement à son obligation négociable à un tiers, qui, au retour du navire, en exige le payement comme d'un billet échu.

DU COMPTE D'ANNUITÉS A PAYER (*voir* 135 *bis*).

SUBDIVISIONS DU COMPTE DE PERTES ET PROFITS.

139. Ce compte pourrait se subdiviser en autant de comptes qu'il y a de genres de bénéfices et de pertes, en voici les principales subdivisions :

Compte de *frais généraux.*
—   de *dépenses particulières* ou *personnelles.*
—   de *frais de maison.*
—   d'*intérêts.*
—   de *commissions.*
—   d'*assurances.*
—   de *succession.*

On fait usage de ces comptes lorsqu'on veut connaître à combien s'élève en particulier chacune de ces espèces de dépenses. (Voir exemples au Mémorial; le 1er novembre, et au GRAND-LIVRE, fo 10.)

DU COMPTE DE FRAIS GÉNÉRAUX.

140. Il faut débiter ce compte :

Du loyer, des impositions, de la patente, des ports de lettres, des appointements des commis, gratifications, assurances contre l'incendie, frais de bureau, etc.

On le crédite des rentrées qu'on peut effectuer sur ces dépenses.

On solde le compte par celui de Pertes et Profits. (Exemples au Mémorial, le 1er novembre, et au GRAND-LIVRE, fo 10.)

DU COMPTE DE FRAIS DE MAISON.

141. On débite ce compte de toutes dépenses faites pour la maison ou le ménage, telles que frais de nourriture, portion du loyer étrangère au commerce, etc., etc.

On le crédite des dépenses dans lesquelles on peut rentrer.

Et l'on solde ce compte à la fin de l'année par Pertes et Profits.

Ce solde fait connaître précisément à combien s'élève ce genre de dépense. (Exemples au Mémorial, le 1er novembre, et au Grand-Livre, f° 10.)

DU COMPTE DE DÉPENSES PERSONNELLES OU PARTICULIÈRES.

142. On débite ce compte de toutes les dépenses personnelles qu'on peut faire, telles que celles de vêtements, argent de poche, dépenses en plaisirs, voitures, chevaux et présents faits.

On le crédite de ce qui pourrait rentrer de ces dépenses.

On le solde par Pertes et Profits.

On pourrait subdiviser encore ce compte et ouvrir des comptes particuliers à *nourriture*, à *vêtements*, à *voitures et chevaux*, à *deniers de poche*, etc., etc., pour un particulier que ces détails intéresseraient à connaître exactement.

Voir à la fin du volume, COMPTABILITÉ DES GENS DU MONDE.

Mais un négociant ne doit pas multiplier les subdivisions des comptes généraux sans une utilité bien reconnue, parce que la multiplicité des comptes augmente beaucoup le travail du teneur de livres. (Exemples au Mémorial, le 1er novembre, et au Grand-Livre, f° 10.)

DU COMPTE D'INTÉRÊTS.

143. On le débite des intérêts qu'on paye, on le crédite de ceux qu'on reçoit ; on le solde par Pertes et Profits.

Ce compte est en usage dans les maisons de banque et de commission, où les comptes courants des correspondants portent intérêts.

Il est traité dans l'*Arithmétique commerciale*, du même auteur, de toutes les différentes manières de calculer les intérêts ; on y démontre une méthode peu connue de calculer à l'avance les intérêts d'un compte sans fixer l'époque de la clôture : ce qui donne le moyen d'avoir ses comptes courants et d'intérêt constamment prêts à être envoyés, avantage infiniment précieux dans les affaires de banque.

Il faut avoir recours aussi à *l'Arithmétique commerciale*, page 300, pour toutes les manières possibles de calculer les intérêts composés, les annuités et l'amortissement (*a*).

L'auteur vient de publier des *Tables d'intérêts* TOUT CALCULÉS, à tous les taux, pour toutes les époques de l'année et pour un capital quelconque, depuis 1 franc jusqu'à 30,000. Chez Hachette et Cie.

DU COMPTE DE COMMISSION.

144. Chez les négociants-commissionnaires, où l'on veut savoir précisément ce qu'on gagne en commission, on ouvre un compte spécial à *commission*.

On le crédite de toutes les commissions qui sont allouées.

On le solde par Pertes et Profits.

DU COMPTE D'ASSURANCES.

145. Quand on est assureur, on doit ouvrir un compte d'assurances.

On le crédite de toutes les primes reçues, on le débite des sinistres payés, et on le solde par Pertes et Profits.

Il ne faut créditer le compte d'assurances, des primes ou billets de prime, que lorsqu'on en touche le montant, car quelquefois ces billets de primes ne sont pas payés.

DU COMPTE DE SUCCESSION.

146. Lorsqu'on fait une succession dont le recouvrement doit s'opérer lentement et par portions, on ouvre un compte à *succession*.

On crédite ce compte de tous les recouvrements effectués, de la valeur de toutes les propriétés dont on hérite ; en un mot de toutes les valeurs provenant de la succession, en débitant tous les comptes où entrent ces valeurs.

On débite le compte de succession de tous les payements

(*a*) *Arithmétique commerciale et pratique*, chez Hachette et Cie.

faits pour acquitter les legs, les charges et les frais de la succession.

Lorsque la liquidation est entièrement terminée, on solde le compte de *succession* par Pertes et Profits, ou, mieux encore, par capital.

Si l'héritage est simple et doit se recueillir à la fois, on en porte le produit directement au compte de Pertes et Profits ou de capital. (Exemple au Mémorial, le 25 décembre.)

DE QUELQUES COMPTES QUI NE PEUVENT ÊTRE CONSIDÉRÉS COMME DES SUBDIVISIONS DES CINQ COMPTES GÉNÉRAUX PRÉCÉDENTS.

147. Outre les cinq comptes généraux, il est indispensable d'ouvrir trois comptes fort importants et d'une nature particulière, savoir : les comptes de *capital* et de *balance de sortie* ou *d'entrée*, sur lesquels nous allons donner des explications développées.

DU COMPTE DE CAPITAL.

148. Ce compte sert à déterminer la fortune ou l'avoir net du négociant ; en un mot, son capital.

On appelle le capital d'un négociant, l'excédant du montant de tout ce qu'il possède, sur le total de ce qu'il doit ; en d'autres termes, c'est la différence en plus de l'actif sur le passif.

Ce compte doit être crédité :

Avant tout, de la mise de fonds première du négociant, lorsqu'il entre dans les affaires ;

Ou de son capital reconnu, lorsque le négociant est depuis longtemps établi ;

De tous les héritages, legs ou accroissements considérables et accidentels de fortune.

Il doit être débité :

De toutes les pertes importantes qu'il éprouve ;

Des dons considérables qu'il fait ;

Des dots qu'il constitue ou qu'il rend ;

Enfin, de tout ce qui tend à diminuer son capital.

Ainsi, on le débite du montant de la perte qu'il fait dans certaines années mauvaises; de même qu'on le crédite, lors de la balance générale, du bénéfice annuel provenant de ses opérations commerciales et déterminé par le solde du compte de Pertes et Profits.

On solde le compte de capital par balance de sortie.

Le compte de capital peut servir à commencer les livres d'un négociant, comme celui de balance d'entrée ; dans ce cas on le débite de tout le passif, et on le crédite de tout l'actif.

L'excès de ce dernier sur le passif détermine le capital et reste en excédant au crédit de ce compte.

DU COMPTE DE BALANCE DE SORTIE.

149. Ce compte sert à faire la balance générale des livres, c'est-à-dire à clore ou balancer tous les comptes ouverts au Grand-Livre ; il réunit ainsi et présente tous les soldes qui résultent de cette opération.

Pour opérer la balance générale, on suppose qu'un individu nommé *balance de sortie* prend la suite de nos affaires, qu'on lui cède par conséquent les marchandises en magasin, l'argent en caisse, les effets à recevoir en portefeuille, le droit de toucher les soldes des débiteurs par compte ; en un mot, qu'on lui livre tout l'actif. On suppose encore que *balance de sortie* se charge d'acquitter le passif, c'est-à-dire de payer les effets en circulation, les créanciers par compte, et de rembourser le capital ; d'où il suit que,

Il faut débiter le compte de balance de sortie :

1° Des marchandises qui restent en magasin ;

2° De l'argent en caisse ;

3° Des effets en portefeuille ;

4° Des immeubles ;

5° Des soldes dus par les débiteurs par compte ;

En un mot de tout l'actif quel qu'il soit (*a*) ;

(*a*) Et crédi'ee, par contre, les comptes de *Marchandises générales*, de *Caisse*, d'*Effets à recevoir*, de chaque correspondant, etc., etc.

Il faut le créditer :

1° Des effets à payer en circulation ;

2° Des soldes dus aux créanciers par compte ;

3° En un mot, de tout le passif, quel qu'il soit ;

4° Enfin du solde du compte de capital (a) ;

Le compte de balance de sortie doit se trouver naturellement soldé par lui-même.

Ainsi, règle générale :

Le compte de balance de sortie doit être débité de toutes les valeurs composant l'actif du négociant, au moment où l'on fait la balance générale ; il doit être crédité de toutes les dettes figurant au passif, et du capital qui en résulte ; de manière que ce compte présente en définitive le bilan, l'inventaire général ou état de situation exact du négociant, au moment où il fait sa balance.

DU COMPTE DE BALANCE D'ENTRÉE.

150. Ce compte de balance d'entrée, qui n'est à vrai dire que la contre-épreuve de balance de sortie, sert à *rouvrir* sur les livres tous les comptes que l'on vient de clore par balance de sortie.

En d'autres termes, le compte de balance d'entrée sert à faire reparaître à nouveau, sur d'autres comptes, les soldes qu'on vient de passer par balance de sortie sur les anciens.

Ainsi le compte de balance d'entrée sert à ouvrir et recommencer des livres.

Pour cela, on suppose qu'un *individu* appelé *balance d'entrée* nous cède la suite de ses affaires ; supposition absolument inverse de celle admise à l'occasion de balance de sortie, et qui doit dès lors nous faire obtenir des résultats inverses.

En conséquence, il faut débiter balance d'entrée :

1° Des effets à payer en circulation ;

(a) Et débiter, par contra, les comptes d'*Effets à payer*, de chaque correspondant créancier, et de *capital*.

2° Des soldes dus aux créanciers par compte : en **un** mot, de tout le passif;

3° Du capital.

Il faut le créditer :

1° Des marchandises en magasin;

2° De l'argent en caisse ;

3° Des effets en portefeuille ;

4° Des soldes dus par les débiteurs par compte : en un mot de tout l'actif.

En résumé, il faut débiter balance d'entrée de tous les **arti**cles dont balance de sortie a été créditée, et réciproquement le créditer de ceux dont balance de sortie a été débitée.

Le compte de balance d'entrée se trouve naturellement soldé par lui-même.

Ainsi, les deux comptes de balance de sortie et d'entrée sont imaginés, le premier pour clore les livres ou solder tous les comptes dont il réunit et présente les résultats, et le second, pour recommencer ces livres ou rouvrir de nouveaux comptes par les soldes des anciens.

DU COMPTE DE LIQUIDATION.

151. Lors de la dissolution d'une société, d'une nouvelle association ou du décès d'un négociant dont on tient les livres, on peut ouvrir un compte sous le nom de *liquidation de telle succession, de l'ancienne société*, ou sous tout autre nom.

Ce compte, si on le destine à solder tous les comptes ouverts sur le Grand-Livre, et à présenter dans un seul compte l'ensemble des soldes, pour connaître par avance le résultat de la liquidation ou de la succession, n'est évidemment autre chose que le compte de balance de sortie sous une autre dénomination.

Avant de solder tous les comptes par celui de liquidation, il faut avoir soldé tous ceux produisant des bénéfices ou des pertes, par le compte des Pertes et Profits, qu'on solde lui-même par celui de capital.

Enfin, on balance capital, en créditant chaque associé ou chaque héritier de la part de capital qui lui revient.

Cela fait, on balance ou solde tous les comptes par celui de *liquidation.*

Si dans la suite il survient quelque déficit ou quelque accroissement dans la liquidation qui en modifie le résultat, on peut débiter ou créditer le compte de chacun des intéressés de sa part de cet accroissement ou de ce déficit, à mesure qu'il a lieu.

Le compte de liquidation ayant le même emploi que le compte de balance de sortie, on ne voit pas la nécessité de multiplier et changer ainsi les dénominations des comptes. On pourra donc, dans le cas de décès ou de dissolution de société, faire usage du compte ordinaire de balance de sortie; seulement, on pourra ouvrir sur les livres du négociant chargé de la liquidation un compte de liquidation, mais qui sera seulement destiné à être débité ou crédité des augmentations et déficits qui surviennent dans la réalisation des marchandises, ou des valeurs actives et passives de la succession ou de la société.

Lorsque tout est fini, on répartit ces pertes ou bénéfices entre tous les intéressés. — Autre manière de tenir le compte de LIQUIDATION. (Voir fin du volume et table.

SUBDIVISIONS DES COMPTES PERSONNELS.

152. Lorsqu'on fait avec un correspondant des affaires de natures diverses et bien distinctes, on peut lui ouvrir autant de comptes séparés qu'il y a de natures différentes d'opérations, sous la dénomination, par exemple, d'*un tel, son compte de banque;* d'*un tel, son compte de marchandises;* d'*un tel, son compte de commission,* etc.

Cela n'a lieu que lorsqu'il est utile de ne pas confondre les affaires de banque avec celles en marchandises.

Si l'on est en rapport avec beaucoup d'individus auxquels on ne veut pas ouvrir un compte séparé au Grand-Livre, on peut les comprendre dans un seul compte intitulé *débiteurs divers,* ou *créanciers divers,* ou *débiteurs et créanciers divers,* on débite ou crédite ce compte commun, ainsi qu'on débiterait ou créditerait le compte particulier de chacun, et à l'aide de colonnes intérieures et de numéros de rencontre, comme au compte d'Effets à recevoir, on peut connaître la situation du compte de chacun d'eux.

Quand on est en rapport d'affaires avec une société en nom collectif, une compagnie, une administration, on lui ouvre un compte sous son nom; et il est débité ou crédité absolument de la même manière et d'après les mêmes principes que si c'était un correspondant ordinaire.

Lorsqu'il s'agit de la comptabilité de plusieurs commerçants réunis en société, les comptes généraux représentent la maison de commerce ou la société collectivement.

Chaque associé est considéré comme un étranger pour tout ce qui le concerne individuellement, et on lui ouvre un compte particulier que l'on tient comme celui de tout autre correspondant.

DU COMPTE PERSONNEL DU NÉGOCIANT DONT ON TIENT LES LIVRES.

153. Le négociant dont on tient les livres ne devrait pas avoir de compte ouvert sous son nom propre, puisqu'il est représenté par les comptes généraux imaginés pour le débiter et le créditer sous d'autres noms que le sien.

Cependant, quelques teneurs de livres, s'écartant en cela des principes, ouvrent quelquefois un compte sous le nom personnel du négociant; mais c'est pour y porter ordinairement ses dépenses particulières ou toute autre espèce de dépense.

Ces teneurs de livres feraient mieux, pour éviter toute confusion, d'ouvrir ce compte sous le nom de *dépenses personnelles,* ou sous toute autre dénomination indiquant clairement l'usage auquel il est destiné.

Au surplus, ce compte ne doit être considéré que comme un des comptes généraux de *dépenses.*

DU COMPTE DE NOTRE SIEUR TEL.

154. Les comptes généraux représentant la société collectivement, on a déjà dit qu'on ouvrait un compte à chaque associé pour tout ce qui lui est particulier, sous le nom de *notre sieur tel.*

1° On le crédite d'abord de sa mise de fonds ou portion du capital social;

2° De tous les fonds ou valeurs quelconques qu'il verse en outre dans la société;

3° De toutes les sommes que l'acte de société lui attribue en particulier.

On le débite de tout ce qu'il reçoit de la société; des intérêts qu'il lui doit, comme aussi on le crédite de ceux qui lui reviennent.

On le débite de sa part de la perte, s'il y en a, à la fin de l'année, comme on le crédite de sa part de bénéfices si la société en a recueilli.

Enfin, le compte de notre sieur tel est soldé par balance de sortie.

SUBDIVISION DU COMPTE DE NOTRE SIEUR TEL, ASSOCIÉ.

155. Dans une société, lorsqu'on veut se rendre compte séparément de la mise de fonds, des versements, prélèvements, frais de voyage que peut faire chaque associé, on peut ouvrir des comptes spéciaux à chacune de ces circonstances sous les noms ci-après :

Notre sieur tel, son compte de mise de fonds.
Notre sieur tel, son compte de versements à intérêts.
Notre sieur tel, son compte courant.
Notre sieur tel, son compte de voyage.

DU COMPTE DE NOTRE SIEUR TEL, SON COMPTE DE MISE DE FONDS.

156. Quand l'acte de société, fixant la mise de fonds de chaque intéressé, permet qu'elle ne soit pas versée immédiatement, mais successivement, on ouvre un compte de mise de fonds à chacun des associés.

On débite ce compte par le crédit de capital, de la part de mise de fonds à faire.

On le crédite de tous les versements partiels qu'il effectue, et ce compte se trouve soldé lorsque chacun des associés a complété sa mise de fonds.

DU COMPTE DE NOTRE SIEUR TEL, SON COMPTE DE CAPITAL.

157. Quelques teneurs de livres, au lieu d'un compte unique de capital, ouvrent un compte de capital à chacun des associés, qui reste ainsi constamment crédité de la portion de capital apporté par lui, et cela pour indiquer d'une manière saillante la mise de fonds de chacun. C'est multiplier inutilement les comptes, car le compte unique de capital, tout en présentant la somme totale, peut fort bien indiquer par des explications la proportion dans laquelle chacun des associés a concouru à sa formation.

DU COMPTE DE NOTRE SIEUR TEL, SON COMPTE DE VERSEMENT A INTÉRÊTS.

158. Souvent dans les actes de société, les intéressés ont la faculté de verser dans la caisse sociale des fonds qui leur rapportent intérêts.

En conséquence, lorsque ces versements s'opèrent, on ouvre le compte : *notre sieur tel, son compte de versement à intérêts*, pour le créditer de tous les versements à mesure qu'ils s'effectuent.

On le débite des fonds qui sont repris.

On le crédite à la fin de l'année des intérêts, et on le solde par balance de sortie.

DU COMPTE DE NOTRE SIEUR TEL, SON COMPTE COURANT.

159. On ouvre, outre les précédents, un compte intitulé : *notre sieur tel, son compte courant,* pour y porter toutes les sommes, d'abord qui ne produisent aucun intérêt, et ensuite les affaires qui ne peuvent être comprises dans les comptes précédents.

DU COMPTE DE NOTRE SIEUR TEL, SON COMPTE DE VOYAGE.

160. Lorsqu'un associé ou un commis se met en voyage pour compte de la société,

On peut lui ouvrir un compte de voyage.

1° On le débite de toutes les valeurs qu'on lui remet à son départ, qu'on lui envoie après, de ce qu'il reçoit des correspondants, des traites ou mandats qu'il tire sur la maison.

On le crédite, au contraire,

De toutes les remises ou envois de fonds qu'il fait, de ses achats au comptant, des sommes qu'il verse à divers, des payements des traites ou mandats tirés sur lui qu'il acquitte, enfin de tous les débours et frais de voyage.

Au retour, le compte est balancé par la somme que le voyageur reçoit ou donne pour solde du compte de voyage : ou encore il est balancé par le compte courant du voyageur, s'il n'en verse pas le solde à son arrivée.

DES COMPTES DIFFÉRENTS QU'ON PEUT OUVRIR A UN MÊME CORRESPONDANT.

161. Si l'on fait avec un correspondant une opération bien distincte, où les frais et les avances, les recettes et les payements, les bénéfices et les pertes sont entièrement pour son compte, pour ne pas confondre ces écritures dans son compte courant ordinaire, on lui ouvre alors un compte séparé intitulé : *tel, son compte de marchandises ou de banque,* etc.

DU COMPTE DE TEL, SON COMPTE DE MARCHANDISES.

On le débite :

De tous les frais occasionnés par les marchandises reçues pour son compte, du montant des avances faites, des mandats ou traites payés, des remises que l'on fait ou des achats pour compte; en général, on le débite de tout ce qu'on paye pour le compte de tel, à l'occasion de ses marchandises.

On le crédite :

Du produit des ventes des marchandises de tel, des sommes qu'il nous remet, des traites ou mandats tirés sur lui, et en général de toutes les valeurs reçues ou des recouvrements opérés à l'occasion de ces marchandises. Lorsque l'opération pour laquelle on a ouvert ce compte est terminée, on porte au débit les intérêts, frais de port de lettres, de commission et autres qui nous sont attribués, et l'on solde le compte d'*un tel, son compte de marchandises*, par son compte courant ordinaire.

S'il s'agissait d'opérations de banque au lieu de marchandises, on ouvrirait un compte intitulé : *tel, son compte de banque ;* si c'est un navire qui nous est consigné, on ouvre un compte sous le nom de : *tel, son compte de navire*. Certains teneurs de livres intitulent ces comptes : *marchandises d'un tel, navire d'un tel*.

Nous croyons bien préférable de les ouvrir sous le nom de : *un tel, son compte de marchandises, de navire, de banque, etc.*, parce que l'on voit clairement que ces comptes ne sont que des subdivisions du compte particulier de *tel,* et non pas d'un compte général de marchandises ou de navire.

DU COMPTE DE TEL, SON COMPTE DE NAVIRE, OU TEL, SON COMPTE DE BANQUE.

162. Tous ces comptes sont tenus sur les mêmes principes que les précédents.

Ils sont débités de tous les débours qu'ils occasionnent, crédités de toutes les rentrées; enfin, ils sont soldés par le compte courant de *tel.*

DU COMPTE INTITULÉ : TEL MON COMPTE.

163. Quelques teneurs de livres ouvrent un compte sous cette dénomination, pour y porter les affaires faites par un correspondant entièrement pour notre compte. Ces dénominations sont obscures, et il est mieux de les intituler : *marchandises chez tel, navire à l'adresse d'un tel*, parce qu'il devient évident que ce sont des subdivisions de marchandises générales. Il en a été traité précédemment (119).

DES COMPTES EN PARTICIPATION ET DE COMPTE A 1/2, A 1/3, A 1/4, ETC.

164. Lorsqu'on fait une opération en participation, on ouvre un compte spécial sous le nom de *compte en participation, et de compte à 1/2, à 1/3 ou à 1/4, avec tels et tels.*

On y inscrit toutes les affaires relatives à cette opération, comme on le ferait pour celles d'une société ordinaire; quant aux comptes en participation, à 1/2, à 1/3, à 1/4, etc., qui exigent de doubles, triples ou quadruples colonnes intérieures, il faut avoir recours au *Traité des comptes en participation* du même auteur, ouvrage spécial qui donne les renseignements les plus complets sur cette matière (a).

Voir le même ouvrage pour les comptes en participation sur une simple opération.

DES COMPTES OUVERTS EN COMMUN A PLUSIEURS INDIVIDUS NON ASSOCIÉS.

165. Lorsqu'on veut éviter d'ouvrir un trop grand nombre de comptes sur le Grand-Livre, ou lorsque les relations avec certains individus sont trop rares pour leur ouvrir un compte courant à chacun, on peut comprendre une classe nombreuse d'individus sous une même dénomination et dans un seul compte tel que celui :

166. De *divers débiteurs;* de *divers créanciers;* ou de *divers débiteurs et créanciers;* de *débiteurs douteux* ou *litigieux;* d'*ouvriers*, etc.; de *légataires et créanciers divers de la succession*, etc.; etc.

(a) 1 vol. in-8°; Paris, chez Hachette et Cie.

Et l'on peut encore établir dans ces comptes une certaine régularité par les deux colonnes de numéros de rencontre, semblables à celles pratiquées et expliquées au compte d'Effets à payer. (Voir ce compte au GRAND-LIVRE, fo 4.)

CONCLUSION.

167. Il résulte de tout ce qui précède :

Que la méthode en partie double se prête merveilleusement. par la subdivision de ses comptes, à tous les développements qu'exige la nécessité de détails dans un commerce étendu, en même temps qu'elle centralise, résume et totalise, pour ainsi dire, les détails les plus minutieux dans les comptes destinés à n'en présenter que les résultats ;

168. Que cette méthode peut au besoin se restreindre dans l'application, à l'emploi des cinq comptes généraux avec les comptes de capital et de balance; enfin, que tous les autres comptes dont les noms peuvent varier à l'infini, selon les divers genres de commerce dont ils sont destinés à noter toutes les particularités, ne sont en réalité que des subdivisions des cinq comptes génériques, et se tiennent absolument de la même manière et d'après le même principe qui ne change jamais.

169. Ajoutons encore en terminant qu'il faut bien se garder de multiplier inutilement les comptes et de les intituler de dénominations équivoques, parce qu'elles répandent sur l'ensemble du système une certaine obscurité à laquelle on n'échappe qu'en conservant au contraire les comptes généraux en petit nombre et sous des désignations bien nettes, qui ramènent cette ingénieuse méthode à sa clarté et à sa simplicité primitives.

Nous allons passer écriture maintenant de la deuxième série d'articles du Mémorial en faisant usage de différents comptes dont nous venons d'expliquer l'emploi et qui ne sont que des subdivisions des cinq comptes généraux.

MÉMORIAL.

Deuxième série d'Articles.

—————

170. ——————— DU 2 OCTOBRE 1853. ———————

J'ai vendu à Garnier 20 tonneaux de vin rouge à crédit.
15545 fr.

[Je dois débiter Garnier, qui reçoit (31), et créditer le compte de *Marchandises générales,* puisque j'en fournis (34).] J'écris donc au Journal, art. 60.

171. ——————— DUDIT. ———————

Lebrun m'a payé son billet à mon ordre échu ce jour.
6216 fr.

[Je reçois de l'argent, la *Caisse* doit être débitée (33); et le compte d'*Effets à recevoir* crédité, puisque je remets en échange un billet de Lebrun (34).] J'écris au Journal, art. 61.

172. ——————— DU 4 OCTOBRE. ———————

Garnier m'a remis les effets suivants, en payement de ma facture du 2 courant : S/B. à M/O. au 18 nov. . . . 3000 fr.
Sa traite à mon ordre sur Davidson au 2 mars. . 5000 fr.
Son billet à mon ordre au 18 novembre. . . . . . 4000 fr.
Billet de Didier à son ordre au 24 octobre. . . . . 3545 fr.

15545 fr.

[Je reçois ou il entre dans mon portefeuille des valeurs diverses à recevoir, je débite le compte d'*Effets à recevoir* (33); et je crédite Garnier, qui me les donne en payement d'une vente faite précédemment (53).] J'écris au Journal, art. 62.

173. ——————— DU 6 OCTOBRE. ———————

Arnauld m'a remis sa facture de 440 douzaines de paires de bas de soie qu'il m'a expédiées, à 120 fr. la douzaine. Elle s'élève, y compris 454 fr. de frais, à. . . . . . 53254 fr.

Frais déboursés à sa réception. · . . . . . . 100 fr.
                                          ————————
                                          53354 fr.

[Je reçois des marchandises, le compte de *Marchandises générales* doit être débité ; Arnauld qui me les fournit et la *Caisse*, qui donne 100 fr. pour acquitter les frais de réception, doivent être crédités.] J'écris au Journal, art. 63.

On doit se rappeler que les frais sont considérés comme augmentation du prix coûtant des marchandises ; c'est pour cette raison qu'il faut débiter ce compte (80).

174. ——————— DU 7 OCTOBRE. ———————

J'ai vendu aux suivants ce qui suit :

A Nanteuil, 200 douzaines de paires de bas de soie montant à. . . . . 32713 fr. 88 c.

A Lebrun, 215 douzaines de paires de bas de soie pour. . . . . 38338 fr. »

A Villeneuve, 25 douzaines de paires de bas de soie pour. . . . . 3376 fr. »
                                          ————————
                                          74427 fr. 88 c.

[Je vends des marchandises, *Marchandises générales* doivent être créditées et les acheteurs débités.] J'écris au Journal, art. 64.

175. ——————— DU 10 OCTOBRE. ———————

J'ai payé mon billet, ordre de Paul, échu ce jour.
                                          2914 fr. 46 c.

[Je donne de l'argent, la *Caisse* doit être créditée ; on me rend en échange acquitté mon propre billet qui me rentre, je débite le compte d'*Effets à payer* (33).] Et j'écris au Journal, art. 65.

176. ——————— **DU 10 AOUT.** ———————

Les suivants m'ont remis les effets ci-après en payement de la vente que je leur ai faite le 7 courant.

Nanteuil m'a remis 32713 fr. 88 c. comme suit :

Une traite sur Londres de 382 livres 10 sous 6 deniers, faisant au change de 25, 50.	9754	38
Son billet à mon ordre au 18 novembre. . .	9000	»
Id. . . . . au 11 mars.	8000	»
Id. . . . . au 18 novembre. . .	5959	50
	32713	**88**

Lebrun m'a remis 38338 fr. comme suit :

Une traite sur Amsterdam de 2940 florins 3 deniers, faisant au change de 54 ci.	6533	50	
Une traite sur Cadix de 3915 piastres 3 réaux 50 marav. , faisant au change de 3, 40. (*a*)	13313	50	
Son billet à mon ordre au 18 nov. .	3000	»	
Id. . . . . au 18 . . .	4000	»	
Id. . . . . *id.* . . .	2245	»	
En espèces pour solde.	9246	»	**38338** »

Villeneuve m'a remis 3376 fr. comme suit :

Son billet à mon ordre au 1er mars.		1688	»	
En espèces sous l'escompte de 2 0/0, argent.	1654	24		
Escompte retenu. . . .	33	76	1688 »	**3376** »
				74427 88

<hr>

(*a*) Anciens modes de change : 3 fr. pour 1 piastre de change et 54 deniers de gros pour 120 fr. On change aujourd'hui avec l'Espagne à 5 fr. 20 c. ± pour 1 piastre forte et avec la Hollande à 213 fr. ± pour 100 florins courants.

[Dans cet article de Divers à Divers (77), je commence par chercher tous les débiteurs sans m'occuper des créanciers, ce sont les comptes d'*Effets à recevoir*, de *Caisse* et de *Pertes et Profits*, car je reçois des effets à recevoir, de l'argent, et je fais une perte d'escompte : j'écris donc au Journal, art. 66, dans l'ordre indiqué et je *renferme le montant de tous les comptes débiteurs entre deux lignes à l'encre, dans la colonne intérieure*. Cela fait, je cherche les comptes créanciers qui ont fourni les valeurs ; ce sont : Nanteuil, Lebrun et Villeneuve ; en conséquence, je les crédite et je sors le montant des créanciers dans la dernière colonne (77).] J'écris au Journal, art. 66.

Cet article, dans la pratique, se passerait en plusieurs articles plus simples ; il n'est ainsi présenté que pour exercer aux difficultés.

Pour changer les monnaies étrangères en monnaies de France, si l'on ne sait pas les changes étrangers et qu'on ignore les opérations arithmétiques à faire dans ce cas, il faut avoir recours au *Traité de change* du même auteur.

177. ———— DU 18 OCTOBRE. ————

J'ai donné en payement à Arnauld la traite sur Londres de 382 livres 10 sous 6 deniers, faisant un change de 25 fr.

9563 fr. 12 c.

[Cette traite m'avait été remise par Nanteuil au change de 25 fr. 50 c. pour 9754 fr. 38 c. ; conséquemment, en la donnant à Arnauld au change de 25 fr. pour 9563 fr. 12 c., je perds 191 fr. 26 c. provenant de la différence du change : il faut débiter *Pertes et Profits* de cette perte, Arnauld des 9563 fr. 12 c., somme pour laquelle je lui remets cette valeur et créditer *Effets à recevoir* de la somme totale de 9753 fr. 38 c., car, les effets à recevoir ayant été débités de cette somme lors de l'entrée de la traite, il faut aujourd'hui la faire sortir pour la même somme.] J'écris au Journal, art. 67.

178. ——————— **DU 18 OCTOBRE.** ———————

J'ai remis à Arnauld la traite sur Amsterdam de 2940 flor.
3 deniers, faisant au change de 53. . . . 6656 fr. 77 c.

[Je recherche pour quelle somme cette traite était entrée au
compte d'*Effets à recevoir*, et je vois que Nanteuil me l'avait
négociée au change de 54 d. g. pour 6533 fr. 50 c. ; ainsi, en
la donnant à Arnauld au change de 53 pour 6656 fr. 77 c.,
je fais un bénéfice de 123 fr. 27 c., dont il faut créditer *Pertes
et Profits* (34). Il faut créditer aussi *Effets à recevoir*, car je
donne un effet ; mais seulement de 6533 fr. 50 c., puisque,
n'étant entré que pour cette somme, il ne doit sortir que pour
la même : enfin je débite Arnauld de la somme totale de
6656 fr. 77 c., pour laquelle je lui ai négocié la traite.] Et j'é-
cris au Journal, art. 68.

179. ——————— **DUDIT.** ———————

J'ai remis à Arnauld la traite sur Cadix de 3915 piast. 3 r.
50 marav., faisant au change de 3.40. . . 13313 fr. 50 c.

Mon billet à son ordre au 15 mars. . .	9000 fr.	»
Id. . . . . 31.	8000 fr.	»
Id. . . . . 15 avril. . .	7408 fr.	08

37721 fr. 58 c.

[En recherchant pour quelle somme était entrée la traite
sur Cadix, je vois qu'elle m'avait été remise pour la même
somme que je la remets à Arnauld ; par conséquent je ne fais
ni perte ni gain : le compte de *Pertes et Profits* ne doit donc
être débité ni crédité, mais seulement le compte d'*Effets à recevoir* doit être crédité pour la traite qui sort du portefeuille.
Le compte d'*Effets à payer* doit être également crédité de
mes propres billets souscrits et remis à Arnauld, que je débite
de toutes ces valeurs.] Et j'écris au Journal, art. 69.

6

180. Règle générale. *Quand il sort une valeur en monnaies étrangères, soit en payement, soit par voie de négociation, il faut vérifier pour quelle somme cette valeur était entrée au compte d'*Effets à recevoir, *afin de la faire sortir pour la* même somme; *et porter la différence provenant du change au compte de* Pertes et Profits.

181. On a déjà dit qu'il existait une autre manière plus abrégée de passer écriture de la négociation des effets en usage chez les banquiers ; il en est traité paragraphe 223.

182. ——————— DU 21 OCTOBRE. ———————

J'ai reçu d'envoi de Barry 4 caisses de borax dont la facture s'élève à 4500 fr. pour le payement de laquelle il a tiré sur moi, à l'ordre de Léonard, une traite au 5 novembre prochain que j'ai acceptée de. . . . . 4500 fr.

Frais déboursés à la reception. . . . . . . 200 fr.
————————
4700 fr.

183. [Je reçois des marchandises et je débourse quelques frais à leur réception ; donc *Marchandises générales* doivent être débitées. Barry qui me les fournit devrait être crédité ; mais, comme pour se payer, il a tiré sur moi une traite que j'ai acceptée, ce n'est plus lui qu'il faut créditer, mais bien les *Effets à payer*, puisque j'ai donné mon acceptation (34) ; je crédite aussi la *Caisse* de l'argent déboursé pour les frais.] Et j'écris au Journal, art. 70.

184. ——————— DU 23 OCTOBRE. ———————

J'ai expédié à Weymann 4 caisses de borax raffiné, s'élevant suivant facture à 6000 fr.; en payement de laquelle j'ai tiré une traite sur lui, au 31 courant, à l'ordre de Ruffier, qui l'a escomptée à 1/4 pour 0/0.

L'escompte déduit est de. . . . . 15 fr.

Net reçu en espèces de Ruffier. . . . . . . 5985 fr.
————————
6000 fr.

[Je fournis pour 6000 fr. de borax ; donc les *Marchandises générales* doivent être créditées de 6000 fr. Weymann ne doit rien et ne peut être débité, car je me suis payé en tirant sur lui une traite dont je débiterais les *Effets à recevoir* si je ne la négociais aussitôt à Ruffier que je devrais débiter; mais il m'en donne aussitôt le montant en argent sous la déduction de l'escompte de 15 fr.

C'est donc la *Caisse* qu'il faut débiter en définitive des 5985 fr. qui entrent en espèces, et *Pertes et Profits* des 15 fr. d'escompte retenus.] J'écris Divers à Marchandises générales, au Journal, art. 71.

185. En effet, cette opération, avec des circonstances si compliquées, n'est autre chose qu'une vente de marchandises qui finit par nous être payée au comptant sous escompte.

186. RÈGLE GÉNÉRALE. *Dans un article très-compliqué il faut examiner avec attention quel est le compte général qui reçoit, pour le débiter, sans se préoccuper des circonstances accessoires, et aussi quel est le compte général qui fournit, pour le créditer, parce que, quels que soient les incidents intermédiaires, dès que dans un article on reçoit de l'argent, il faut* INVARIABLEMENT *débiter la* Caisse, *et lorsqu'on vend des marchandises le compte de* Marchandises générales *doit être* INVARIABLEMENT *crédité.*

186 *bis.* Dans la pratique les articles ne se présentent pas aussi compliqués que ceux donnés ici pour exemples; le plus souvent ils sont tout simples; mais il faut bien créer des difficultés, afin d'exercer à les résoudre.

187. —————— DU 24 OCTOBRE. ——————

Encaissé le billet de Didier à mon ordre échu. **3545 fr.**
[Il faut débiter la *Caisse* dans laquelle il entre en espèces le montant du billet, et créditer les *Effets à recevoir* pour le billet qu'on rend acquitté et qui sort du portefeuille.] J'écris au Journal, art. 72.

188. —————— DUDIT. ——————

J'ai tiré un mandat sur Arnauld de 3400 fr. au 20 janvier

prochain, que j'ai donné à Garnier pour le payement de **6**
caisses d'indigo qu'il m'a vendues ce jour. . . . **3400 fr.**

189. Toutes les fois qu'on tire un mandat ou une traite sur
un correspondant, il faut le créditer, parce qu'il payera pour
notre compte le montant de la traite ou du mandat (106). ·

[Je reçois des marchandises que j'achète à Garnier, il faut
débiter *invariablement* les *Marchandises générales* (186). J'aurais crédité Garnier si je ne l'avais aussitôt payé avec un
mandat sur mon correspondant Arnauld, qu'il faut créditer à
sa place, parce que c'est lui qui en payera le montant (106).]
Et j'écris au Journal, art. 73.

Le compte d'*Effets à recevoir* n'est ni débité ni crédité,
parce que le mandat n'entre pas dans mon portefeuille ; il n'est
créé que pour être aussitôt donné à Garnier.

190. ──────── DU 26 OCTOBRE. ────────

Arnauld de Lyon ayant tiré sur moi une traite de 9563 fr.
12 c. à l'ordre de Léonard, au 31 mars, je l'ai revêtue de
mon acceptation, en remboursement de la traite sur Londres
de 382 livres 10 sous 6 deniers que je lui avais cédée au change
de 25 fr. et qu'il m'a renvoyée protestée faute de payement.

J'ai aussitôt renvoyé cette traite à Nanteuil qui me l'avait
négociée au change de 25 fr. 50 c., faisant 9754 fr. 38 c.

[J'accepte une traite de 9563 fr. 12 c., le compte d'*Effets à
payer* doit être *invariablement* crédité (186) ; et Arnauld qui
tire cette traite devrait être débité ; mais je ne le puis, parce
qu'il n'a tiré cette traite que pour se rembourser d'une remise
que je lui avais faite sur Londres, et qu'il me renvoie protestée faute de payement. A sa place je devrais débiter le compte
d'*Effets à recevoir*, car il me rentre en échange la traite sur
Londres qu'il me renvoie ; mais, comme je la renvoie moi-
même aussitôt à Nanteuil de qui je la tiens, c'est en définitive
Nanteuil qu'il faut débiter de la somme de 9754 fr. 38 c. pour
laquelle il m'avait cédé cette valeur.

La traite que j'ai acceptée ne s'élevant qu'à 9563 fr. 12 c., je ne puis créditer les *Effets à payer* que de cette somme ; en conséquence je porte la différence 191 fr. 26 c. au crédit de *Pertes et Profits*, parce que c'est un bénéfice que je fais aujourd'hui.

En effet, lorsque je négociai précédemment pour 9563 fr. 12 c. une remise qui m'avait été donnée pour 9754 fr. 38 c., je perdais 191 fr. 26 c. qui me rentrent aujourd'hui que l'affaire se trouve annulée par le non-payement de cette remise. Ainsi c'est un gain ou la rentrée d'une perte dont le compte de *Pertes et Profits* doit être crédité.] J'écris au Journal : Nanteuil à Divers, art. 74.

191. ———— **DU 26 OCTOBRE.** ————

J'ai acquitté mon billet ordre de Paul échu ce jour.
2914 fr. 46 c.

Je donne de l'argent, il faut créditer la *Caisse* en échange d'un de mes billets qui me rentre acquitté ; donc il faut débiter les *Effets à payer* (33).] Et écrire au Journal, art. 75.

192. ———— **DUDIT.** ————

Nanteuil m'a remboursé 9754 fr. 38 c. en espèces pour sa traite sur Londres revenue protestée. . . 9754 fr. 38 c.

[Je reçois de l'argent, la *Caisse* doit être débitée ; et Nanteuil qui le donne doit être crédité.] J'écris au Journal, art. 76.

193. ———— **DU 1er NOVEMBRE.** ————

J'ai payé mes dépenses du mois dernier :
Pour les frais de maison . . . . 1200 fr.
Pour mes dépenses personnelles, d'entretien et autres. . . . . 500 fr.
Aux cochers, domestiques, aux grènetiers, selliers, etc. . . . . 1000 fr.
Payé pour impositions, patente, appointements et ports de lettres. . . . . 1000 fr.
                                              —————
                                              3700 fr.

194. Désirant connaître exactement à combien s'élèvent les dépenses de ménage ou de ma maison d'une part, et celles de mon commerce d'autre part, ainsi que mes dépenses particulières ou personnelles, j'ouvrirai un compte particulier à chacune de ces diverses natures de dépenses. Je pourrai voir ainsi journellement à combien s'élève chacune d'elles.

J'ouvrirai également un compte séparé pour les frais généraux de mon commerce.

Ces nouveaux comptes que je vais ouvrir ne sont que des subdivisions du compte de *Pertes et Profits* (139). On pourrait en multiplier le nombre ; mais nous nous bornerons ici aux distinctions principales de *frais de maison,* de *dépenses personnelles* et de *frais généraux.*

On comprend que le compte de frais généraux lui-même pourrait se subdiviser en comptes de *ports de lettres,* d'*appointements,* de *frais de bureaux,* etc. ; celui de dépenses personnelles en comptes d'*habillement,* de *voitures et chevaux,* de *deniers de poche,* etc. ; mais il faut s'en tenir aux trois précédents.

Dans l'article proposé, je crédite la *Caisse* de l'argent qui en est sorti ; je débite chacun de ces comptes des articles qui le concernent. Et j'écris au Journal, art. 77.

195. ——————— DU 1ᵉʳ NOVEMBRE. ———————

Des contre-parties.

Ayant reconnu que le mois dernier j'ai débité par erreur sur le Journal le compte de Nanteuil et crédité la *Caisse* de 9754 fr. 38 c., au lieu de le créditer au contraire par le débit de *Caisse,* il faut rectifier cette erreur qui m'est échappée.

Comme la loi défend de faire aucune rature ou surcharge au Journal, je n'ai pas d'autre moyen de rectification que de *contre-passer* d'abord cet article pour l'annuler, et de le passer ensuite tel qu'il devait être ; ainsi, j'écris au Journal :

Caisse à Nanteuil, fr. 9754 38 pour contre-passer et annuler un article de pareille somme, porté par erreur au débit de Nanteuil et au crédit de caisse. . . . . 9754 fr. 38 c.

Cet article rapporté au Grand-Livre au crédit de Nanteuil, balancera ou annulera la somme pareille qui figure à son débit; il opérera une rectification analogue au compte de *Caisse*.

Cela fait, je passe l'article tel qu'il aurait dû l'être, et j'écris au Journal, art. 79.

Si l'on commettait une erreur au Grand-Livre, on pourrait la rectifier en effaçant les sommes, mais au Journal la loi le défend expressément : en conséquence il faut d'abord contre-passer l'article erroné, c'est-à-dire passer un article absolument inverse, qui l'annule, et ensuite il faut passer un second article tel qu'il devait être rédigé primitivement.

196. ———————— DU 1ᵉʳ NOVEMBRE. ————————

J'ai renouvelé mon mobilier et j'ai payé pour achat de meubles nouveaux. . . . . 15000 fr.

[Mon mobilier prenant de l'importance, j'ouvre un compte spécial sous le nom de *Mobilier* (122).

Je débite ce compte par le crédit de la *Caisse* de la somme que j'ai déboursée à cette occasion.] Et j'écris au Journal, art. 80.

197. ———————— DUDIT. ————————

J'ai reçu en espèces pour quelques parties que j'ai vendues de mon ancien mobilier. . . . . 3000 fr.

[Je crédite le compte de *mobilier* de cette vente par le débit de la *Caisse*, qui en reçoit le prix.] Et j'écris au Journal, art. 81.

198. ———————— DU 3 NOVEMBRE. ————————

J'ai expédié à Arnaud 20 tonneaux de vin de Médoc dont la facture s'élève à 10,100 fr; et je lui ai donné l'ordre d'en payer le montant à Didier de Lyon.

[Je crédite *Marchandises générales,* puisque je livre des marchandises; Arnauld qui les reçoit devrait être débité, mais comme je lui donne ordre d'en compter le montant à Didier, c'est Didier qui reçoit en définitive pour mon compte les 10,100 fr. qu'il faut débiter (100).] Et j'écris au Journal, art. 82.

199.   ————————   DU 4 NOVEMBRE.   ————————

Raymond de Sédan m'a expédié une balle de draps divers, montant à 8355 fr. dont il m'a donné ordre de compter la valeur à Nanteuil, ce que j'ai fait en remettant acquitté audit Nanteuil son billet de 8000 fr. au 11 mars, que j'avais en portefeuille, et en lui comptant pour solde 355 fr.

8355 fr.

Ces marchandises ont fait 100 fr de frais que j'ai payés à leur réception. . . . .   100 fr.

——————
8455 fr.

[Je reçois une balle de draps de la valeur de 8355 fr., à la réception j'ai payé 100 fr. de frais qui sont une augmentation du prix coûtant (80); donc il faut débiter *Marchandises générales* de 8455 fr. Raymond, à qui je dois les 8355 fr. de draps qu'il me fournit, m'ordonne de les compter pour son compte à Nanteuil, ce que je fais; je ne dois donc plus créditer Raymond, mais à sa place le compte d'*Effets à recevoir* d'où sort le billet de Nanteuil que je lui rends acquitté. La *Caisse* doit être également créditée des 100 fr. déboursés à la réception et des 355 fr. que j'ai comptés pour solde à Nanteuil, qui, dans cette circonstance, ne doit être ni débité ni crédité (66). J'écris au Journal, art. 83.

200. RÈGLE GÉNÉRALE. *Lorsqu'on reçoit l'ordre d'un correspondant de payer pour son compte à un tiers une somme, ce n'est pas le tiers, qui nous est étranger, qu'il faut débiter, mais bien le correspondant pour le compte et par l'ordre duquel on opère.* Principe déjà donné (101).

201. ———————— DU 5 NOVEMBRE. ————————

J'ai acheté au comptant à Desbassyns de Richemont, 42 actions nominatives de la Compagnie d'assurances contre l'incendie, dite du *Soleil*, à 66 pour 0/0 de perte pour lui sur le pair des 1890 fr. de rentes à 5 pour 0/0 sur l'État, qui en forment la garantie (*a*)....., pour 18500 fr.

[J'achète des actions, je pourrais en débiter *Marchandises générales*, mais comme c'est un achat important qui peut donner lieu à plusieurs reventes, j'ouvre un compte spécial à *actions de la Compagnie du Soleil*, que je débite de mon achat, et je crédite la *Caisse* d'où sortent les fonds donnés en payement.] J'écris au Journal, art. 84.

202. ———————— DUDIT. ————————

J'ai payé mon acceptation à la traite de Barry, ordre de Léonard, échue ce jour. . . . . 4500 fr.

[Je débite les *Effets à payer* pour l'acceptation qui me rentre acquittée (66), et je crédite la *Caisse* d'où sortent les fonds pour la payer.] J'écris au Journal, art. 85.

203. ———————— DU 12 NOVEMBRE. ————————

J'ai acheté aux suivants ce qui suit, et je leur ai donné ordre de tirer pour mon compte sur Didier de Lyon, le montant de leur facture.

Acheté à Garnier 7 ton^ux de vin de Médoc pour 3500 fr.
Id. . . . Paul 10   *id.* . . . . . . 4000 fr.
Id. . . . Lebrun 5   *id.* . . . . . 2600 fr.
                                          10100 fr.

[Puisque j'achète des marchandises, je débite le compte de

(*a*) Cet achat a eu lieu lorsque cette compagnie était sous le coup d'un appel de fonds ; sans se préoccuper des détails, il faut ne passer écriture que de la somme déboursée

Marchandises générales. Je devrais créditer ceux qui me les fournissent; mais comme je les leur paye aussitôt en les autorisant à disposer pour mon compte du montant de ce que je leur dois, sur Didier de Lyon, c'est Didier que je dois créditer, parce qu'il opère pour mon compte un payement dont je dois lui donner crédit (100).] J'écris au Journal, art. 86.

204. RÈGLE GÉNÉRALE. *Quoique le payement ne soit pas encore fait, il n'en faut pas moins créditer le correspondant chargé de l'effectuer; il suffit qu'on lui en ait donné l'ordre pour que son compte doive être crédité.*

205. —————— DU 16 NOVEMBRE. ——————

J'ai vendu aux suivants ce qui suit :

A Durand, 10 tonneaux de vin de Médoc payables à l'escompte de 3 1/4 p. 0/0. . . . . 5060 fr.

A Beaufond, 12 tonneaux, même qualité, payables
en papier sur Hambourg . . . . 6990 fr.
                                         ————————
                                          12050 fr.

[Je vends des marchandises, les *Marchandises générales* doivent être créditées; Durand et Beaufond qui les achètent doivent être débités.] J'écris au Journal, art. 87.

206. —————— DU 18 NOVEMBRE. ——————

Beaufond m a remis une traite sur Hambourg de 3678 m. b. 7 s., faisant, au change de 190, la somme de 6990 fr. en payement des marchandises à lui vendues le 16 du courant. . . . . 6990 fr.

[Je reçois un effet à recevoir, ce compte doit être débité; et Beaufond qui le remet doit être crédité.] J'écris art. 88.

207. —————— DUDIT. ——————

Les suivants m'ont payé leurs billets échus ce jour :

Garnier, son billet à mon ordre. . . . . 4000 fr. »
   Id.   *id.* . . . . 3000 fr. »
Nanteuil, *id.* . . . . 9000 fr. »
   Id.   *id.* . . . . 5959 fr. 50 c.
Lebrun, *id.* . . . . 3000 fr. »
   Id.   *id.* . . . . 4000 fr. »
   Id.   *id.* . . . . 2245 fr. »
31204 fr. 50 c.

[Je débite la *Caisse* de l'argent qui entre en caisse, et je crédite le compte d'*Effets à recevoir* pour les billets qui sortent de mon portefeuille (66). J'écris au Journal, art. 89.

208. ———————— DU 24 NOVEMBRE. ————————

Durand m'a compté 5060 fr. sous escompte de 3 1/4 p. 0/0. en payement des marchandises que je lui ai vendues le 16 courant. L'escompte qu'il a retenu est de. . 164 fr. 48 c.
Espèces reçues. . . . . 4895 fr. 52 c.
[Je reçois 4895 fr. 52 c. en espèces, et un escompte de 164 fr. 48 c., m'est retenu; je débite donc la *Caisse* de 4895 fr. 52 c., et le compte de *Pertes et Profits* de cet escompte. Il faut créditer de la somme totale Durand qui éteint réellement une dette de 5060 fr.] Et j'écris au Journal, art. 90.

209. ———————— DU 27 NOVEMBRE. ————————

J'ai acquitté mon billet, ordre Lebrun, échu ce jour.
6000 fr.

[Je crédite la *Caisse* de l'argent que je donne, et je débite les *Effets à payer* du billet qui me rentre acquitté (66).] J'écris au Journal, art. 91.

210. ———————— DU 28 NOVEMBRE. ————————

Arnauld m'ayant expédié 80 pièces de drap de soie assorties pour vendre pour son compte à la commission, j'ai déboursé 200 fr. de frais à la réception de ces marchandises.

200 fr.

[Je reçois des marchandises que je n'achète pas, mais que je dois, au contraire, vendre à la commission pour le compte d'Arnauld ; par conséquent ce n'est pas *Marchandises générales* qu'il faut débiter, mais Arnauld pour compte de qui je débourse les 200 fr. de frais de la réception : ainsi je devrais écrire *Arnauld à Caisse.* . . . . 200 fr.

Mais comme cette consignation importante va donner lieu à de nombreux articles, je puis ouvrir un compte spécial à cette opération, sous le nom d'*Arnauld son compte de marchandises,* pour ne pas le confondre avec son compte courant (*voyez :* Des divers comptes qu'on peut ouvrir au même correspondant (161). Et j'écris au Journal, art. 92.

211. ——————— DU 30 NOVEMBRE. ———————

Payé pour les dépenses de maison. . . 850 fr.
Pris en caisse pour mes dépenses personnelles. . . . . 750 fr.
Versé dans la petite caisse des ports de lettres. . . . . 200 fr.
Payé les appointements. . . 500 fr. 700 fr. 2300 fr.

[Je crédite la *Caisse* des 2300 fr. payés pour dépenses diverses ; et, au lieu d'en débiter *Pertes et Profits,* comme précédemment, je débite les comptes de *dépenses de maison, dépenses personnelles* et *frais généraux* de la somme qui concerne chacun d'eux.] Et j'écris au Journal, art. 93.

212. ——————— DU 3 DÉCEMBRE. ———————

J'ai vendu à Strekeysen 60 pièces de drap de soie d'Arnauld, montant à 20000 fr.; en payement desquelles il m'a ouvert un crédit sur le banquier Rougemont de Lowemberg.

20000 fr.

[Je vends des marchandises d'Arnauld et non des miennes,

c'est donc *Arnauld son compte de Marchandises* qu'il faut
créditer et non *Marchandises générales.* Je devrais débiter
Strekeysen qui les achète; mais, comme il les paye en m'ouvrant un crédit sur Rougemont de Lowemberg, c'est Rougemont qu'il faut débiter à sa place.] J'écris au Journal, art. 94.

213. ———— DU 8 DÉCEMBRE. ————

J'ai tiré une lettre de change à vue sur Rougemont de Lowemberg à l'ordre d'Arnauld, à qui j'ai fait cette remise à valoir sur la vente de ses draps de soie. . . . . . 10,000 fr.

[Je fais une remise à Arnauld à valoir sur le produit de la
vente de ses draps de soie, je dois donc débiter spécialement
son compte de marchandises.

La remise que je donne ne sort point de mon portefeuille,
je la crée à l'instant pour la donner; je ne crédite donc pas
Effets à recevoir, mais Rougemont, sur qui je tire la traite et
qui doit en être crédité.] J'écris au Journal, art. 95.

214. ———— DU 9 DÉCEMBRE. ————

J'ai tiré une traite à vue sur Rougemont à l'ordre de Pey-
rayre, qui m'en a compté le montant au pair.   10,000 fr.

[Je tire une traite sur Rougemont, je dois le créditer; Pey-
rayre, à qui je la négocie, m'en remet aussitôt le montant, je
débite la *Caisse.*] Et j'écris au Journal, art. 96.

215. ———— DUDIT. ————

Je me suis fait ouvrir un compte courant à la Banque de
France, et j'y ai versé 30,000 fr. en espèces.

[J'ouvre un compte à Banque de France, que je débite de
l'argent que j'y verse; je crédite la *Caisse.*] Et j'écris au Journal, art. 97.

216. ———— DU 13 DÉCEMBRE. ————

Bonneval m'a fait un billet de 1000 fr. au 15 juin; je

lui en ai fait un en retour de la même somme à la même
échéance. . . . . , ... 1000 fr.

Il m'a compté 10 p. 0/0 de bonification pour lui
avoir prêté ma signature. . . . . **400 fr.**

[Je reçois un effet à recevoir et de l'argent, je débite la *Caisse*
et les *Effets à recevoir ;* je donne mon billet et je fais un bénéfice, je crédite *Effets à payer* et *Pertes et Profits.*] J'écris au
Journal, 98.

217. ———————— DU 17 DÉCEMBRE. ————————

J'ai vendu à Décliéver les 20 dernières pièces de drap de
soie d'Arnauld, montant, suivant facture, à 7345 fr. Il m'a
payé en une traite sur ledit Arnauld au 8 avril prochain,
qu'il a passée à mon ordre, et que j'ai envoyée à Arnauld acquittée, à valoir sur ses draps de soie. . . . . 7345 fr.

J'ai vendu des marchandises provenant de la consignation
d'Arnauld ; je dois donc créditer *Arnauld son compte de marchandises* (161) ; quant à Décliéver, qui les achète, comme il
me les paye immédiatement en une traite sur Arnauld, ce
serait les *Effets à recevoir* que je devrais débiter à sa place, si
je ne donnais cette traite aussitôt en payement à Arnauld lui-
même ; c'est donc *Arnauld son compte de marchandises* qu'il
faut débiter, puisque cette remise lui est faite à valoir sur le
produit de ses draps de soie.] J'écris au Journal, art. 99, AR-
NAULD SON COMPTE DE MARCHANDISES à ARNAULD SON COMPTE DE
MARCHANDISES, fr. 7345, etc.

218. Voilà un compte débité et crédité de la même somme,
ce qui s'annule.

En effet, il est certain que le solde du compte de *Arnauld
son compte de marchandises* restera le même ; puisque le même
chiffre va figurer au débit comme au crédit. Cependant il est
utile de passer ainsi cet article, qui se balance ; car, si on
le supprimait, il manquerait au débit la mention de cette
remise de 7345 fr. que je fais à Arnauld en son propre billet,
à valoir sur ses draps de soie ; il manquerait aussi au crédit
la mention de la vente des 20 dernières pièces de draps de

soie. Le compte serait donc incomplet dans les renseignements qu'il présenterait (186 *bis*).

219. ———— **DU 17 DÉCEMBRE.** ————

La vente des draps de soie d'Arnauld étant terminée, il faut passer écriture de la commission de vente et de garantie de 4 0/0 qui me revient et s'élève à. . . . 1093 fr. 80 c.

[Cette commission est un bénéfice pour moi, dont je crédite *Pertes et Profits*; j'en débite Arnauld son compte de marchandises (161).] Et j'écris au Journal, art. 100.

220. ———— DUDIT. ————

Il faut solder le compte de *Arnauld son compte de marchandises*, qui est aujourd'hui sans objet puisque la vente est terminée : en conséquence, j'additionne les sommes du débit de ce compte au Grand-Livre et celles du crédit. Il en résulte une différence ou solde qui s'élève à 8706 fr. 20 c., qui se trouve en excédant au crédit et revient nécessairement à Arnauld.

[Comme, pour balancer son compte de marchandises, il faut que j'y porte au débit ce solde de 8706 fr. 20 c., j'en débite Arnauld son compte de marchandises, et j'en crédite par le même article Arnauld son compte courant.] J'écris au Journal, art. 101.

221. ———— **DU 21 DÉCEMBRE.** ————

J'ai pris à l'escompte à Martin les effets ci-après :
Une traite sur Londres de 82 livres 17 sous 6 deniers, faisant, au change de 25, 10. . . . . 2080 16 c.
Une traite sur Amsterdam de 1283 florins 19 sous, faisant au change de 54. . . . . . 2750 50 c.
Une traite sur Hambourg de 1832 marcs banco 13 sols au change de 188. . . . . . 3445 88 c.

                                                     8276 54 c.

[Je reçois des effets, le compte d'*Effets à recevoir* doit être débité ; je donne en payement de l'argent, je crédite la *Caisse.*] Et j'écris au journal, art. 102.

222. Quand on escompte des traites sur l'étranger, en monnaies étrangères, il n'y a pas d'escompte, parce que le prix du change est fixé plus ou moins haut, suivant le temps à courir, ce qui tient lieu d'escompte.

223. —————— DU 21 DÉCEMBRE. ——————

J'ai escompté à Forestier son billet à mon ordre au 20 juin, de. . . . . 1000 fr.

Escompte que j'ai retenu. . . . . 30 fr.

Net payé. . . . . . . 970 fr.

Il y a deux manières de passer écriture des escomptes et négociations de billets ; celle que nous avons suivie jusqu'à présent est plus en usage chez les commerçants ; elle consiste à passer par *Pertes et Profits* la différence en escompte qu'ils gagnent ou perdent à chaque négociation.

224. Mais on sent bien que chez les banquiers ou chez les escompteurs, qui font le commerce spécial du papier et qui donnent ou prennent des effets en grand nombre, il serait fort difficile et très-long de passer par *Pertes et Profits* les pertes ou le gain qu'ils peuvent faire à chaque opération ; en conséquence, ils tiennent leur compte d'*Effets à recevoir* absolument comme les commerçants tiennent celui de *Marchandises générales ;* ils débitent le compte d'*Effets à recevoir* de tous les billets qu'ils escomptent ou achètent, au prix coûtant ; ils créditent le compte d'*Effets à recevoir* de ceux qu'ils négocient au prix de vente ou négociation, sans s'occuper de l'escompte ni de la somme pour laquelle ils sont entrés.

225. A la fin de l'année, lorsque tout est négocié ou encaissé, la différence du crédit, où sont portés les effets négociés ou vendus, avec le débit où figurent les effets achetés ou escomptés, détermine nécessairement le bénéfice ou la perte que

l'ensemble des négociations de l'année a produit ; bénéfice ou perte qu'on porte au compte de *Pertes et Profits*.

Ainsi, c'est passer en bloc à la fin de l'année par le compte de *Pertes et Profits* toutes les différences qu'on y eût portées artiellement à chaque négociation dans le cours de l'année.

226. Dans cette manière abrégée on ne passe jamais écriture que du produit net des effets escomptés ou négociés, c'est-à-dire seulement de la somme déboursée ou reçue en espèces, sans s'occuper ni de l'escompte retenu ni des sommes stipulées dans le corps du billet ; mais, ces sommes devant être nécessairement énoncées, on pratique au compte d'*Effets à recevoir*, au Grand-Livre, une colonne intérieure dans laquelle ces sommes sont placées, et l'on ne sort dans la dernière colonne que le produit net figurant au Journal, afin qu'il y ait toujours concordance entre ces deux livres.

Pour appliquer cette manière à l'article proposé, on écrirait au journal :

EFFETS A RECEVOIR A CAISSE fr. 970, escompté, le billet de Forestier à mon ordre, au 20 juin, de . . . . . 1000 fr.

Escompte déduit. . . . . 30 fr.

Net payé. . . . . . 970 fr.

Ainsi, les effets ne sont débités que de 970 fr., bien que la somme stipulée au corps du billet s'élève à 1000 fr., et le compte de *Pertes et Profits* n'est pas crédité de l'escompte ; mais cela n'est que différé et suspendu jusqu'à la fin de l'année, époque où cette différence avec toutes les autres provenant des escomptes et négociations seront portées ensemble et en un seul article au compte de *Pertes et Profits* (225).

Nous continuerons à passer écriture selon la première méthode usitée par les négociants, en portant chaque fois l'escompte à *Pertes et Profits*.

Dans l'article ci-dessus, il entre un billet à recevoir de 1000 fr. ; j'en débite le compte d'*Effets à recevoir*. Je crédite

7

la *Caisse* des 970 fr. qui en sortent, et le compte de *Pertes et Profits* des 30 fr. d'escompte que je gagne. J'écris au Journal, art. 103.

227. ——————— DU 21 DÉCEMBRE. ———————

Arnauld m'a donné ordre de remettre à Williams de Londres 2113 fr. 31 c., au change de 25, 50, ce que j'ai fait en remettant à Williams la traite sur Londres que j'avais en portefeuille, de 82 livres 1 sous 6 deniers, et qui m'avait été cédée au change de 25, 10. . . . . **2113 fr. 31 c.**

Arnauld m'ayant donné ordre de remettre pour son compte à Williams 2113 fr. 31 c., c'est Arnauld qu'il faut débiter et non Williams (101). [Je remets à Williams une traite, il faut créditer *Effets à recevoir*; mais, en vérifiant pour combien cette traite était entrée (180), je vois que c'était seulement pour 2080 fr. 16 c. : je ne puis donc la faire sortir, ou, en d'autres termes, créditer le compte d'*Effets à recevoir* que de cette somme. En conséquence je crédite *Pertes et Profits* de la différence 33, 15, qui est un bénéfice pour moi.] J'écris au Journal, art. 104.

228. Dans la seconde manière, on dirait seulement : *Arnauld à Effets à recevoir* fr. 2113, 31 c., sans s'occuper de la somme pour laquelle est entrée la traite sur Londres, ni de la différence en plus que présente la somme pour laquelle elle est sortie ; parce que cette différence doit se retrouver à la fin de l'année au compte d'*Effets à recevoir*, et sera portée en bloc au compte de *Pertes et Profits* avec toutes les autres différences (225).

229. ——————— DUDIT. ———————

J'ai vendu au comptant vingt actions de la Compagnie du Soleil à 50 pour 0/0 de perte, y compris les 900 fr. de rente 5 0/0 qui en forment la garantie. . . . . . **10000 fr.**

J'en ai vendu 10 autres au comptant à Lefebvre, à 30 pour 0/0 de perte sans les divers accessoires. . . **7000 fr.**

[Je débite la *Caisse* de l'argent que je reçois, et je crédite le compte ouvert aux actions de la Compagnie du Soleil pour les 30 actions qui en sortent.] J'écris, art. 105. [Cette perte de 50 pour 0/0 n'est pas une perte pour nous, ce n'est qu'une manière usitée d'exprimer commercialement le discrédit de cette compagnie.]

230. ———————— DU 21 DÉCEMBRE. ————————

La rente étant tombée à 105, j'ai acheté à ce cours 2000 fr. de rentes 5 0|0, sans courtage :

Payé en espèces. . . . . 22000 fr.
En un mandat sur la Banque de France. . . 20000 fr.
                                          —————————
                                          42000 fr.

[J'ouvre un compte spécial à *rentes sur l'État* (117), que je débite du prix d'achat de ces rentes; je crédite la *Caisse* et la Banque de France, par lesquelles j'en effectue le payement.] J'écris au Journal, art. 106.

231. ———————— DUDIT. ————————

J'ai prêté à Neuville 10000 fr., pour lesquels il m'a donné sur sa maison une première hypothèque remboursable dans dix ans, à 5 0/0 à partir du 1er janvier. . . . . . . 10000 fr.

Le contrat d'hypothèque étant à une trop longue échéance, je ne le porterai pas au compte d'*Effets à recevoir*; j'ouvre un compte à *obligations hypothécaires à recevoir*, que je débite de celle qui entre dans mon portefeuille (133), et je crédite la *Caisse*.] J'écris au Journal, art. 107.

232. ———————— DU 22 DÉCEMBRE. ————————

J'ai négocié à Wells et compagnie une traite sur Hambourg de 3678 marcs 7 sol lubs., faisant, au change de 197, 8/10.   7278 fr. 20 c.

[Je négocie à Wells et compagnie une traite sur Hambourg contre de l'argent, je débite d'abord la *Caisse* des 7278 fr.

20 c. que je reçois en espèces; je vérifie ensuite pour quelle somme cette traite m'avait été donnée, afin dé créditer les *Effets à recevoir* de pareille somme (180) : elle était entrée pour 6990 fr. Je crédite donc les *Effets à recevoir* de 6990; il me faut créditer aussi *Pertes et Profits* des 288 fr. 20 c. le différence, qui sont un gain pour moi.] J'écris au Journal, art. 108.

Selon la manière des banquiers, je débiterais seulement la *Caisse* et créditerais les *Effets à recevoir* de 7278 fr. 20 c., sans apprécier de suite le bénéfice que je fais; ce bénéfice se trouverait à la fin de l'année, avec tous les autres, compris dans le solde du compte d'effets à recevoir et porté au compte de *Pertes et Profits* (225).

233. ——————— DU 22 DÉCEMBRE. ———————

J'ai acheté à Lebrun 10 tonneaux de vin rouge à 400 fr. le tonneau, et je les ai expédiés de suite à Arnault pour être vendus pour mon compte. . . . . 4000 fr.
J'ai déboursé 250 fr. de frais d'expédition. . .   250 fr.
                                                  —————
                                                  4250 fr.

[J'achète des marchandises, *Marchandises générales* doivent être débitées; mais comme je les expédie en consignation à Arnault pour être vendues pour mon compte, désirant me rendre un compte particulier de cette consignation, j'ouvre un compte spécial sous le nom de *Marchandises en consignation chez Arnauld* (119), je crédite Lebrun de ces marchandises fournies à crédit, et la *Caisse* des 250 fr. de frais déboursés.] J'écris au Journal, art. 109.

234. ——————— DUDIT. ———————

J'ai acheté à Lebrun 10 tonneaux de vin rouge montant à 6676 fr. 21 c. que je lui ai payés comme suit :

En mòn billet à son ordre au 22 mars. . 4000 fr.

En un mandat sur la Banque de France. . 2676 fr. 21 c.

6676 fr. 21 c.

[J'achète des marchandises, je débite le compte de *Marchandises générales;* je crédite le compte d'*Effets à payer* pour mon billet, et le compte de *Banque de France* pour le mandat tiré sur elle.] J'écris au Journal, art. 110.

235. ——————— DU 23 DÉCEMBRE. ———————

J'ai emprunté à Tixier 20000 fr. en espèces et je lui en ai fait mon billet à son ordre au 10 janvier, sur lequel il a retenu l'escompte de 1 p. 0/0. . . . . 20000 fr.

[Je souscris un billet à l'ordre de Tixier; donc il faut que je crédite le compte d'*Effets à payer:* je débite la *Caisse* des espèces seulement qui y entrent en numéraire, et le compte de *Pertes et Profits* de la perte ou escompte que Tixier me retient. J'écris au Journal, art. 111.

236. ——————— DUDIT. ———————

J'ai acheté au comptant à Jackson 20 tonneaux de vin de Médoc à 1000 fr. le tonneau, et je les ai expédiés de suite à Arnault pour qu'il les vende pour mon compte à la commission de 1/2 pour 0/0. . . . . 20000 fr.

Frais d'expédition. . . . . 300 fr.

20300 fr.

[J'achète des marchandises que j'adresse à Arnault pour les vendre pour mon compte; je débite le compte de *Marchandises en commission chez Arnault,* et je crédite la *Caisse* des espèces données en payement.] J'écris au Journal, art. 112.

237. ——————— DUDIT. ———————

J'ai expédié également à Arnault pour être vendu pour mon compte, au mieux de mes intérêts, un baril d'indigos ava-

riés qui se trouvait dans mes magasins, et que j'évalue
à. . . . . 1000 fr.

[Puisque j'expédie un baril de marchandises à Arnault, je
dois créditer les *Marchandises générales* et débiter le
compte spécial de *Marchandises en commission chez Arnault*
du prix de ce baril avarié.] J'écris au Journal, art. 113.

238. ——————— DUDIT. ———————

J'ai acheté à Nanteuil 20 tonneaux de vin rouge montant à
8700 fr. que je lui ai payés.

En mon billet à son ordre au 15 juin, de. . . . 4350 fr.
En un mandat sur la Banque de France. . . 4350 fr.
                                        ———————
                                         8700 fr.

[Je débite *Marchandises générales* des marchandises que
j'achète, et je crédite *Effets à payer* et le compte de *Banque
de France* de mon billet et du mandat sur elle donnés en
payement.] J'écris au Journal, art. 114.

239. ——————— DUDIT. ———————

J'ai emprunté à Nanteuil 6000 fr. pour deux mois à l'escompte de 1/2 pour 0/0 par mois.

Espèces que j'ai reçues. . . . . 5940 fr.
Escompte retenu. . . . . 60 fr.
                                        ———————
                                         6000 fr.

[Je crédite Nanteuil de la somme de 6000 fr. qu'il me prête;
je débite la *Caisse* des espèces qui entrent dans ma caisse, et
le compte de *Pertes et Profits* de l'escompte qui m'a été retenu.] J'écris au Journal, art. 115.

240. ——————— DUDIT. ———————

J'ai escompté à 6 pour 0/0 à Lebrun son billet à mon ordre
au 20 décembre de. . . . . 6000 fr.
Escompte que j'ai retenu. . . . . 360 fr.
                                        ———————
             Net payé. . . . . 5640 fr.

[Il entre dans mon portefeuille un billet de 6000 fr., je débite le compte d'*Effets à recevoir ;* je crédite la *Caisse* des espèces qui en sont sorties, et le compte de *Pertes et Profits* de 360 fr. d'escompte que j'ai gagnés.] J'écris au Journal, art. 116.

241. ———————— DU 24 DÉCEMBRE. ————————

J'ai payé mes billets échus ce jour avec des mandats à vue sur la Banque de France :

Mon billet ordre Paul au 24 courant.	.	2914 fr. 48 c.
Id. ordre Lebrun au 24. . . .		5000 «
		7914 fr. 48 c.

[Je débite les *Effets à payer* de mes billets qui rentrent acquittés, et je crédite la *Banque de France* des mandats tirés sur elle servant à payer mes billets.] J'écris au Journal, art. 117.

242. ———————— DUDIT. ————————

Les suivants m'ont compté les sommes ci-après, pour l'acquit de leurs billets échus ce jour :

Nanteuil, son billet à mon ordre au 24 courant.	1029 fr.
Boyer *id.*	1024 fr.
	2053 fr.

[Je débite la *Caisse* de l'argent que je reçois ; je crédite les *Effets à recevoir* des billets que je rends en échange.] Et j'écris au Journal, art. 118.

243. ———————— DU 25 DÉCEMBRE. ————————

J'ai hérité de mon oncle ce qui suit :

En espèces.	25000 fr.
10000 fr. de rente 5 p. 0/0 sur l'État, valant au cours de 108.	216000 fr.
D'une maison à Bordeaux, estimée.	40000 fr.
D'un château à C***.	50000 fr.
	331000 fr.

Le montant des legs et des créanciers de la succession s'élève à. . . . . 50000 fr.

[L'héritage de mon oncle est un bénéfice dont je pourrais créditer le compte de *Pertes et Profits;* mais comme c'est un accroissement considérable de ma fortune, je le porte directement au crédit du compte de *capital* (148) en débitant les comptes qui reçoivent les valeurs dont se compose l'héritage : tels que celui de *Caisse,* de *rentes sur l'Etat* (117), de *maison à Bordeaux* (121), de *château de C**** (121); car il faut ouvrir de nouveaux comptes à ces nouvelles parties de mon avoir.] J'écris au Journal, DIVERS à CAPITAL, art. 119.

244. Quant aux legs et dettes de la succession, s'élevant à 50000 fr., comme ils diminuent d'autant mon héritage, j'en débite le compte de capital et je crédite nominativement chacun des légataires ou créanciers s'ils sont en petit nombre ; mais s'ils sont trop nombreux, j'ouvre un seul compte de *légataires et créanciers divers de la succession* (165) que je crédite de la somme de 50000 fr. en détaillant au Grand-Livre comme au Journal le nom des légataires et des créanciers. Et j'écris au Journal, art 120.

Ce compte sera débité par le crédit de *Caisse,* lorsqu'on acquittera les legs ou créances.

On établit des folios de rencontre, comme dans le compte d'*Effets à payer* (*voir* GRAND-LIVRE, f° 4).

245. On pourrait encore, si la succession était très-compliquée et la liquidation difficile, ouvrir un seul compte à *succession* (146) que l'on créditerait, au lieu de capital, de toutes les valeurs actives de la succession, et qu'on débiterait de tous les legs, dettes et charges quelconques de la succession.

Tout ce qu'on recevrait pendant la liquidation serait porté au crédit de la succession, tout ce qu'on payerait au débit, et à la fin de la liquidation on solderait le compte de succession par celui de capital. Ce solde serait le produit net de la succession.

246. —————— DU 26 DÉCEMBRE. ——————

La rente 5 pour 0/0 étant montée à 108 fr., j'ai donné ordre à mon agent de change de vendre 2000 fr. de rentes à ce cours; ce qu'il a fait et livré : il m'en a compté le montant sous la déduction de 1/8 de courtage, s'élevant à 54 fr.

Net reçu. . . . . . 43146 fr.

[Je reçois de l'argent, je débite la *Caisse*; je vends des rentes, je crédite le compte de *rentes sur l'État*.] Et j'écris au Journal, art. 121.

247. —————— DUDIT. ——————

J'ai payé à Châteaubourg le legs que lui avait fait mon oncle, de. . . . . 10000 fr.

[Je donne de l'argent, je crédite la *Caisse*; c'est un légataire qui le reçoit; je débite le compte de *légataires et créanciers divers de la succession* (244) de ce payement d'un legs : ce qui diminue d'autant ceux qui restent à payer.] J'écris au Journal, art. 122.

248. —————— DUDIT. ——————

J'ai acheté de compte à 1/3 avec Boyer et Darnay 50 boucauts de café pesant 20000 liv. à 1,50. . . . 30000 fr.

[J'achète des marchandises de compte à 1/3 que je paye. Je crédite la *Caisse*, qui fournit les 30000 fr., et je débite chacun des co-intéressés de son tiers de l'achat (118), Boyer de 10000 fr., Darnay de 10000 fr., et moi de mon tiers sous le nom de *Marchandises générales*.

Je pourrais porter mon tiers au compte de *Marchandises de compte à 1/3*; mais cette manière est obscure, nous l'avons déjà dit (118 *bis*).] J'écris au Journal, art. 123.

249. —————— DU 28 DÉCEMBRE. ——————

J'ai payé les frais de transport et magasinage des marchandises de compte à 1/3, s'élevant à. . . . . . . 600 fr.

[Au lieu de partager par tiers les frais et les produits des marchandises en participation, à chaque article, ce qui serait trop long, on en débite en entier le compte de *Marchandises de compte à* 1/3; mais lorsqu'on en fera le solde, on devra porter au compte de chaque intéressé sa part afférente de ce solde (118 *bis*).] J'écris au Journal, art. 124.

250. ———— DU 28 DÉCEMBRE. ————

J'ai vendu au comptant les 50 boucauts de café en compte à 1/3 avec Boyer et Darnay, pesant 20000 liv., à 1 fr. 75 c. la livre.. . . . . 35000 fr.

Je débite la *Caisse*, qui reçoit, et je crédite le compte de *Marchandises de compte à* 1/3 de la totalité des produits, bien qu'il en revienne le 1/3 à chaque intéressé; mais lorsqu'on soldera ce compte ils seront crédités en consequence.] J'écris au Journal, art. 125.

251. ———— DUDIT. ————

La vente des marchandises en société étant terminée, il faut passer écriture de la commission de vente à 2 pour 0/0 qui m'est allouée en particulier. . . . . 700 fr.

[Je débite le compte de *Marchandises de compte à* 1/3 *avec Boyer et Darnay*, et je crédite *Pertes et Profits* de ce bénéfice. J'écris au Journal, art. 126.

252. ———— DUDIT. ————

Il faut aussi solder le compte de *Marchandises de compte à* 1/3 *avec Boyer et Darnay*, qui présente le résultat suivant :

COMPTE DE VENTE ET NET PRODUIT *des 50 boucauts de café*
en comvte à 1/3 avec MM. Boyer et Darnay.

20000 liv. de café Bourbon à 1 fr. 75 c. la livre.   35000 fr. »

Frais à déduire :

Magasinage et port.	600		
Ma commission de 2 p. 0/0. . . .	700	1300	»
Produit net à partager. . . .		33700 fr.	»
Le 1/3 qui revient à Boyer est de. . . .		11233 fr.	33
Id. . . . . à Darnay		11233	33
Mon 1/3 est de.		11233	34

[Je crédite Boyer et Darnay de leur part de ce produit
net des marchandises en société, s'élevant pour chacun à
11233 fr. 33 c., et j'en débite le compte de *Marchandises
de compte à 1/3* pour la raison que j'avais provisoirement
porté en entier à ce compte le produit total de la vente,
quoiqu'il en revînt le 1/3 à chacun des intéressés (118 *bis*);
je débite également le compte de *Marchandises de compte à*
1/3 avec Boyer et Darnay, de mon 1/3 du produit, et j'en
crédite le compte de *Marchandises générales*, qui a été débité
de mon 1/3 de l'achat (248) : ainsi mon bénéfice se trouvera
confondu dans le compte de *Marchandises générales*.

Mais si je veux constater de suite le bénéfice de cette opération particulière, je puis créditer *Marchandises générales*
de 10000 fr. seulement, pour rentrée de mon prix coûtant,
et le compte de *Pertes et Profits* de 1233 fr. 34 c. pour mon
bénéfice net.] J'écris au Journal, art. 127.

253. ——————— DU 28 DÉCEMBRE. ———————

Article du 18 décembre omis à sa date.

J'ai négocié à la Banque de France les effets ci-après :

Billet de Durand au 21 janvier. . . . . . 1200 fr.

Acceptation Bosc et compagnie au 15 février. . 1000 fr.

Billet de Durieu au 30 mars. . . . . . . 1000 fr.

Traite sur Davidson au 2 mars. . . . . . . 5000 fr.

8200 fr.

Escompte à déduire. . . . 31 fr.

Net à recevoir. . . . . . 8169 fr.

[Je crédite les *Effets à recevoir* des effets que je négocie; je débite la Banque du net produit du bordereau qu'elle m'escompte, et le compte de *Pertes et Profits* doit être débité des 31 fr. de perte.] J'écris au Journal, art. 128.

254. ———— DU 28 DÉCEMBRE. ————

J'ai payé les comptes de construction d'une aile de bâtiment de ma maison de Bordeaux, s'élevant à. . 20000 fr.

Pour les frais de plantations et réparations intérieures du château de C***. . . . . 10000 fr.

[Je crédite la *Caisse* de l'argent qui en sort, et je débite chacune de ces propriétés des frais faits pour chacune d'elles (121).] J'écris au Journal, art. 129.

255. ———— DUDIT. ————

Arnauld m'a écrit que mes vins en consignation chez lui étaient vendus, et il m'en a remis le compte de vente s'élevant à. . . . . 28000 fr.

[Dès que la vente de mes marchandises en consignation est terminée, Arnauld devient personnellement débiteur de son produit; en conséquence je débite son compte courant de cette somme, dont je crédite le compte de *Marchandises en consignation chez Arnauld.*] Et j'écris au Journal, art. 130.

256. —————————— DU 31 DÉCEMBRE. ——————————

J'ai touché les loyers de ma maison à Bordeaux. 6000 fr
Et les produits de vente de la coupe de bois et
des foins du château de C***. . . . . 4000 fr.

————————
10000 fr.

[Je débite la *Caisse;* je crédite chacune de ces propriétés de
leur produit (121).] Et j'écris au Journal, art. 131.

257. —————————— DUDIT. ——————————

J'ai payé cette fin d'année tous les comptes de mes ouvriers
et fournisseurs :

Ceux relatifs aux frais de ma maison s'élevaient à 2100 fr.
    Id.   aux frais généraux. . . . . . 1800 fr.
    Id.   à mes dépenses personnelles . . . 1500 fr.

————————
5400 fr.

[Je crédite la *Caisse* de ces sommes, et je débite chacun des
comptes ouverts à ces diverses natures de dépenses.] J'écris au
Journal, art. 132.

MANIÈRE DE CLORE LES LIVRES.

ET D'EN TIRER LE RÉSULTAT.

---

258. Maintenant qu'on est parvenu à la fin de l'année, il faut tirer le résultat des livres qu'on a tenus et en extraire le résumé, appelé bilan, état de situation ou inventaire général.

On ne peut obtenir le bilan exact et conforme aux livres, que par la balance générale.

DE LA BALANCE GÉNÉRALE.

259. On fait la balance générale des livres tous les semestres ou tous les ans, à l'époque du décès, de la faillite, de l'association d'un négociant ou de la dissolution d'une Société.

Cette opération, la plus essentielle de la tenue des livres, est nommée *balance générale*, parce que, pour l'opérer, on balance généralement tous les comptes (a).

260. Elle a pour objet :

1° De faire connaître la perte ou le bénéfice net du semestre ou de l'année.

2° De déterminer, d'après les livres et avec leur contrôle, le bilan, état de situation ou inventaire général du négociant.

Il y a quelques préparations nécessaires qui doivent précéder la balance.

(a) On sait que balancer ou solder un compte, c'est rendre le débit et le crédit égaux ; en d'autres termes, c'est ajouter, soit au débit, soit au crédit d'un compte, mais du côté où la somme se trouve la plus faible, la différence ou *solde* qui le rend égal ou plus fort.

Préparations qui précèdent la balance générale.

261. Pour déterminer le solde d'un compte, il faut nécessairement avoir fait l'addition du débit de ce compte et aussi celle du crédit.

On doit donc, avant de se livrer à la balance générale ou solde de tous les comptes, avoir opéré la balance mensuelle ou trimestrielle de vérification (113); qui consiste en additions de tous les débits et de tous les crédits des comptes ouverts, afin de s'assurer que le montant de tous ces débits est égal au montant de tous les crédits.

262. On place alors sur une *feuille séparée* tous ces montants à la suite les uns des autres en laissant entre eux quelque distance pour figurer à peu près le Grand-Livre, et de manière à pouvoir écrire les soldes dans l'intervalle.

Ces préparations terminées, on balance successivement tous les comptes sur cette *feuille* qui n'est, pour ainsi dire, qu'un brouillon du Grand-Livre.

263. Il faut aussi avoir fait, avant tout, l'inventaire des marchandises non vendues qui restent dans le magasin, en les évaluant au prix du jour; avoir dressé le bordereau des espèces en caisse, des effets en portefeuille, et avoir relevé sur le carnet d'échéances la note des effets en circulation.

264. *Pour faire la balance générale, on ne fait usage que de deux comptes, de celui de* Pertes et Profits *et de* Balance de sortie.

Le premier sert à solder les seuls comptes qui présentent bénéfice ou perte, et le second sert à balancer tous les autres (149).

En conséquence nous allons, à l'aide de ces deux comptes, solder successivement tous les autres.

Manière de solder le compte de Marchandises générales.

263. Le débit du compte de *Marchandises générales* se compose des achats au prix coûtant, et le crédit des ventes au prix de vente : conséquemment, si toutes les marchandises étaient vendues, l'excédant du débit sur le crédit indiquerait la perte, et l'excédant, au contraire, du crédit sur le débit déterminerait le bénéfice.

Supposons, par exemple, que le débit du compte de *Marchandises générales* se monte à 100000 fr., cela veut dire qu'on a acheté pour 100000 fr., de marchandises; que le crédit de ce compte s'élève à 125000 fr., cela veut dire que les mêmes marchandises, ayant coûté 100000 fr., ont été vendues 125000 fr., d'où il résulte un gain de 25000 fr., qu'il faut porter au compte de *Pertes et Profits.* Ceci a lieu lorsque les marchandises achetées ont toutes été vendues; mais, quand il en reste encore en magasin, il faut d'abord ajouter au crédit la valeur de celles qui restent, suivant l'inventaire qu'on en a préalablement dressé (263), et balancer après le compte de *Marchandises générales* par celui de *Pertes et Profits.*

Ainsi, pour exemple, supposons que le débit du compte de *Marchandises générales* s'élève à 100000 fr., le crédit seulement à 75000 fr., et qu'il reste encore pour 50000 fr. de marchandises en magasin; il faut bien ajouter aux 75000 fr. de marchandises vendues, figurant au crédit, les 50000 fr. de marchandises non vendues, pour obtenir un total de 125000 fr. qui, comparé aux 100000 fr., de marchandises achetées figurant au débit, donne un excédant ou bénéfice de 25000 fr., qu'on passe alors par *Pertes et Profits.*

Ainsi, quand il reste des marchandises, il faut, avant de solder ce compte, porter leur valeur, d'après l'inventaire, au crédit de *Marchandises générales*, par le débit de *balance de sortie;* car on se rappelle que *balance de sortie*, qu'on sup-

pose prendre la suite de nos affaires (149), est censé nous
acheter ces marchandises comme toutes les autres valeurs actives : il doit, par conséquent, en être débité.

266. RÈGLE GÉNÉRALE. On balance le compte de *Marchan-*
dises générales et toutes ses subdivisions, en portant d'abord
au crédit, par le débit de balance de sortie, la valeur, suivant
inventaire, des marchandises qui restent invendues : ensuite
on solde le compte par celui de *Pertes et Profits*. On peut voir
l'application de ce principe au compte de *Marchandises géné-*
rales (f° 1 du GRAND-LIVRE).

Manière de solder le compte de Caisse.

267. Le débit du compte de *Caisse* est l'argent reçu, le crédit
celui donné ; or, si l'on ajoute à la somme de l'argent donné,
celle qui reste dans la *Caisse*, on obtiendra un montant égal
à celui de l'argent reçu.

Supposons au débit de la *Caisse* 100000 fr. qui ont été reçus, et au crédit 75000 fr. qu'on a payés; si l'on ajoute au
crédit les 25000 fr. de numéraire qui restent suivant l'inventaire, le compte de la *Caisse* sera nécessairement balancé.

268. Ainsi ce compte, qui ne présente ni bénéfice ni perte,
puisque les pièces de monnaie entrent et sortent pour la
même valeur, est balancé sans le secours de *Pertes et Profits*.
Il faut seulement porter au crédit, par le débit de balance de
sortie, le montant des espèces qui restent en caisse.

S'il existait une différence, elle proviendrait d'une erreur
qu'il faudrait rechercher et faire disparaître.

(Voir, au compte de *Caisse*, la manière dont on l'a balancé,
f° 2 du GRAND-LIVRE.)

Manière de balancer le compte d'Effets à recevoir.

269. Le débit du compte d'*Effets à recevoir* se compose des
effets entrés en portefeuille; le crédit, des effets qui en sont
sortis. Or, si l'on ajoute aux effets sortis ceux qui restent en-

8

core en portefeuille suivant l'inventaire, ce compte doit se trouver balancé.

Supposons, par exemple, qu'il soit entré 100000 fr. de billets à recevoir, qu'il en soit sorti pour 75000 fr.; si l'on ajoute aux 75000 fr. de billets sortis les 25000 fr. qui restent, le débit sera nécessairement égal au crédit.

Mais, pour cela, il faut que les effets soient entrés et sortis pour la même somme, c'est-à-dire qu'on ait passé par le compte de *Pertes et Profits* la perte ou le gain fait à chaque escompte ou négociation, comme dans les exemples précédemment proposés (223).

270. Dans ce cas le compte d'*Effets à recevoir* est balancé comme celui de *Caisse* par balance de sortie, en portant à son crédit, par le débit de balance de sortie, le montant des effets qui restent en portefeuille.

271. Mais si, au contraire, on a suivi la manière des banquiers qui passent toujours écriture des effets comme d'une marchandise, seulement pour leur prix coûtant ou produit net, reçu ou payé, sans porter à *Pertes et Profits* la perte ou le gain de chaque négociation ou escompte; en un mot, si les effets sont entrés et sortis pour des sommes inégales, qui produisent une perte ou un gain quelconque, il faut alors solder le compte comme celui de *Marchandises générales* avec le concours de balance de sortie et de *Pertes et Profits*.

Ainsi, on porte d'abord au crédit du compte d'*Effets à recevoir*, par le débit de balance de sortie (149), le montant des effets qui restent en portefeuille; cela fait, la différence qui existe entre le débit et le crédit, ne pouvant provenir que des escomptes, doit être portée au compte de *Pertes et Profits*.

De cette manière, les différences qui n'ont pas été passées par *Pertes et Profits* à chaque négociation se trouvent portées à la fin de l'année en bloc en un seul et même article (225).

272. En résumé, comme il y a deux manières de tenir le compte d'*Effets à recevoir*, il y a nécessairement aussi deux manières de balancer.

1° Quand les effets sont entrés et sortis pour la même

somme, on le solde par balance de sortie en portant au crédit du compte d'*Effets à recevoir* le montant de ceux qui restent en portefeuille.

2° Lorsque les effets sont entrés pour des sommes inégales, on doit balancer le compte d'*Effets à recevoir* en portant d'abord à son crédit, par balance de sortie, le montant des effets qui restent en portefeuille; on solde ensuite par le compte de *Pertes et Profits*.

On peut voir au Grand-Livre, au compte d'*Effets à recevoir*, l'une des deux manières suivies pour le balancer.

De la manière de solder le compte d'Effets à payer.

273. Le débit du compte d'*Effets à payer* se compose des effets rentrés à leur échéance, et, en d'autres termes, des effets payés; et le crédit, des effets souscrits ou donnés en payement.

Or, si l'on ajoute aux effets payés figurant au débit, ceux qui restent encore à payer suivant l'inventaire (263), on obtiendra nécessairement une somme égale aux billets souscrits, qui sont portés au crédit.

Supposons, par exemple, que nous ayons souscrit pour 100000 fr. de billets, ils sont notés au crédit : que nous en ayons payé pour 75000 fr., lesquels figurent comme rentrés au débit, si nous ajoutons à ce débit les 25000 fr. de billets encore en circulation, il est évident que le compte sera balancé.

274. Ainsi, on solde le compte d'*Effets à payer* en portant au débit, par le crédit de balance de sortie (149), le montant des effets qui restent à payer.

On doit remarquer que le compte d'*Effets à payer* est balancé d'une manière toute contraire à celle employée pour solder le compte d'*Effets à recevoir;* car on a débité *balance de sortie* des effets qui restent en portefeuille, tandis qu'on le crédite des effets à payer qui sont en circulation.

La raison en est simple ; c'est que *balance de sortie*, qui est supposée prendre la suite de nos affaires, doit être débitée de toutes les valeurs actives dont il doit recevoir le montant, telles que les *Effets à recevoir ;* et créditée, au contraire, des valeurs passives, telles que les *Effets à payer,* qu'il s'oblige à acquitter à leur échéance (149).

On peut voir au Grand-Livre, au compte d'*Effets à payer,* la manière dont il est balancé.

Manière de solder le compte de Pertes et Profits.

275. Le débit de *Pertes et Profits* se compose de toutes les dépenses ou pertes partielles ; le crédit, de tous les bénéfices : par conséquent l'excès du débit sur le crédit détermine la perte, et l'excès du crédit sur le débit présente le bénéfice net fait dans l'ensemble des opérations.

Or, cette perte ou ce bénéfice net, qui diminue ou accroît notre capital, doit être porté au compte du capital.

Le compte de *Pertes et Profits* doit donc être soldé par le compte de capital.

On réserve ce compte pour le balancer un des derniers, parce que, servant à solder beaucoup d'autres comptes, il est indispensable, avant de le balancer lui-même, d'y avoir rapporté les soldes qui ont servi à clore ces comptes.

276. Toutes les subdivisions de *Pertes et Profits* doivent être soldées par ce compte ; ainsi, dans la balance des affaires proposées pour exemple, nous avons commencé par solder ainsi les comptes de frais de maison, de dépenses personnelles, de frais généraux (*voir ces comptes soldés au Grand-Livre*).

Tout cela fait, on a soldé le compte de *Pertes et Profits* par capital qui se trouve le dernier de tous à balancer.

De la manière de solder tous les autres comptes généraux.

277. Tous les comptes imaginables, quelle que soit leur dénomination, ne peuvent être que des subdivisions des cinq comptes généraux.

On balance ces derniers comptes comme le compte général
ou générique dont ils proviennent.

Ainsi, les comptes de *fers, cotons, usines, maison, navires,*
etc., doivent être balancés comme celui de *Marchandises générales,* en portant d'abord au crédit, par le débit de balance de
sortie, la valeur, au prix coûtant, des fers, des cotons, de l'u-
sine, de la maison, du navire, etc., et en soldant après par le
compte de *Pertes et Profits.*

(On peut voir, par exemple, les comptes soldés de rentes sur
l'État, maison, actions, château, au GRAND-LIVRE, f° 11.)

De la manière de balancer les comptes des particuliers.

278. Les comptes des particuliers, ne présentant ni bénéfice
ni perte, sont toujours soldés par balance de sortie, parce que
le solde qu'un correspondant doit ou qui lui est dû sera payé
ou reçu par balance de sortie (149), qu'on suppose prendre la
suite de nos affaires.

De la manière de solder le compte de capital et de balance de sortie.

279. Après avoir soldé successivement tous les comptes du
Grand-Livre, avoir reporté au débit et au crédit du compte de
Pertes et Profits les soldes qui ont servi à balancer tous les
comptes, on le solde lui-même par capital.

On rapporte ce solde au compte de capital, qu'on balance
enfin le dernier par balance de sortie.

280. Il restait encore à solder le compte que nous avons ouvert à *balance de sortie;* mais ce compte doit se trouver naturellement balancé, si toutefois on n'a commis aucune erreur
dans tout le cours de la balance générale.

En effet, avant de commencer la balance générale des
comptes, ne s'est-on pas assuré que le montant de tous les débits du Grand-Livre était égal au montant de tous les crédits

(261)? Supposons, pour exemple, qu'il s'élevât à 100000 fr. de part et d'autre.

Maintenant que la balance est achevée et que, par conséquent, le débit de chacun des comptes en particulier est égal à son crédit, il est évident que le montant général de tous les débits est égal au montant général de tous les crédits.

Supposons ce montant général s'élever à 150000 fr., par exemple. Il faut en conclure qu'on a ajouté, pour opérer la balance, 50000 fr. de soldes au débit et 50000 fr. de soldes au crédit du Grand-Livre.

Or, comme tous ces soldes ont été rapportés, les uns au débit et les autres au crédit de balance de sortie, il est tout simple qu'il se trouve naturellement balancé.

281. Il faut donc vérifier si toutes les sommes rapportées, au débit de balance de sortie, produisent le même total que celles rapportées à son crédit, en opérant effectivement le rapport de tous les soldes obtenus par l'opération de la balance générale au compte de balance de sortie qu'il faut ouvrir sur la feuille dont on a déjà parlé (262).

282. Ce travail fait, tous les comptes sont soldés sur la feuille qui représente le Grand-Livre et qui a servi de brouillon pour faire la balance (262); cette feuille sert encore à guider le teneur de livres pour passer au Journal les quatre articles qui devront produire au Grand-Livre la balance générale des comptes. Comme on n'a fait usage que des comptes de *Pertes et Profits* et de *balance de sortie* (264), ces articles sont au nombre de quatre :

1° Un article de *Divers* à *Pertes et Profits ;*

2° Un second de *Pertes et Profits* à *Divers ;*

3° Un troisième de *balance de sortie* à *Divers ;*

4° Enfin un quatrième de *Divers* à *balance de sortie.*

283. Ces articles, qui sont le résumé et la base de la balance générale, doivent être inscrits sur le Journal et rapportés ensuite sur le Grand-Livre, dont ils solderont évidemment tous les comptes; il faudra renfermer, entre deux lignes à l'encre, les montants au débit comme au crédit.

Conclusion de la balance générale.

284. Examinons maintenant les résultats que présentent les quatre articles (133, 134, 135, 136) qui ont été passés au Journal pour clore tous les comptes du Grand-Livre.

1º Dans le premier article, où le compte de *Pertes et Profits* est crédité, on a les bénéfices particuliers et distincts faits sur les *Marchandises générales*, sur les *actions*, sur les *rentes* et les revenus de chacune des propriétés.

2º Dans le second article, où le compte de *Pertes et Profits* est débité, on a le montant distinct et séparé des *frais de maison*, des *dépenses personnelles*, des *frais généraux*, des *commissions*, etc., si l'on a tenu tous ces comptes ; enfin, on a le solde même du compte de *Pertes et Profits*, solde qui présente les gains nets ou les pertes faits en définitive dans l'ensemble des affaires pendant l'année ou le semestre.

3º Dans l'article de *balance de sortie à divers* on a tous les soldes qui fournissent les valeurs dont l'actif se compose, et cet actif n'est point le résultat de relevés faits sans moyen de vérification, mais il est doublement contrôlé sur les objets matériellement existant en magasin, en caisse, en portefeuille, etc.

4º Enfin, l'article de *Divers à balance de sortie* représente avec la même exactitude le passif, et, en outre, le *capital*, qui, additionné avec le passif, doit donner une somme égale au montant de l'article de balance de sortie à divers, s'il n'y a pas eu d'erreur dans tout le cours de cette opération.

Tous ces articles se balancent donc entre eux, se contrôlent mutuellement et sont vérifiés indépendamment par des inventaires dressés sur les objets mêmes (263) avec lesquels il faut qu'ils soient d'accord : de sorte qu'on arrive à des résultats rigoureux, qui ne peuvent varier d'un centime, à des résultats de la plus haute importance, puisqu'ils éclairent parfaitement le négociant sur sa véritable situation.

C'est ainsi que la balance générale remplit complétement

le but pour lequel elle a été imaginée, d'extraire des livres qu'on a tenus un résumé qui en présente les résultats avec une exactitude et une précision mathématiques.

Du bilan et du livre d'inventaire.

285. La loi prescrit à chaque commerçant de faire, au moins une fois tous les ans, un inventaire général, et de l'inscrire sur un livre spécial appelé *livre d'inventaire*, qui doit être timbré, coté et paraphé comme le Journal, circonstance qui indique l'importance qu'on attache à ce livre d'inventaire.

Il faut donc transcrire sur ce registre l'inventaire général, ou, en d'autres termes, le bilan que nous venons d'extraire par la balance générale des livres déjà tenus pendant l'année, et dont tous les éléments se trouvent au compte de balance de sortie, mais par totaux et sans détails.

Nous avons déjà fait observer précédemment (284) que le débit du compte de balance de sortie réunissait toutes les sommes qui forment l'actif, et que son crédit présentait toutes celles dont le passif se compose, et, en outre, le chiffre du capital, qui rend le passif égal à l'actif.

Le compte de balance de sortie n'est donc autre chose que le bilan ou inventaire général, présenté en résumé, sans détails, et revêtu de formes particulières à la méthode en partie double qui ne sont pas familières à tout le monde.

286. Il ne s'agit maintenant, pour inscrire le bilan ou inventaire général sur le livre prescrit par la loi, que de dépouiller le compte de balance de sortie de la forme spéciale de la double méthode pour lui en donner une autre, sinon plus simple, du moins plus intelligible pour tous, en y ajoutant les renseignements les plus circonstanciés de quantité, poids, qualités et prix.

287. C'est, en effet, sur l'inventaire qu'on relègue tous ces détails. On relate sur le Journal seulement les sommes totalisées, pour éviter des répétitions longues et minutieuses :

enfin c'est au livre d'inventaire qu'on est convenu de leur donner beaucoup d'étendue.

288. Voici dans quelle forme le bilan est ordinairement inscrit sur le livre d'inventaire par le teneur de livres ; ce sont, comme on peut le voir, les mêmes éléments que le compte de balance de sortie, les mêmes sommes, les mêmes résultats, présentés seulement avec *beaucoup* plus de détails, dans un autre arrangement, et sous des dénominations différentes de celles consacrées en partie double.

Il faut qu'un bilan ou inventaire général renferme bien peu de détails pour pouvoir être dressé de manière à placer l'actif en regard du passif, comme il est indiqué dans la récapitulation du modèle suivant (291).

Plus ordinairement on dresse d'abord l'actif, et l'on place le passif à la suite ; enfin, on termine par la *récapitulation*.

289. Bilan ou Inventaire général *tant des marchandises, effets en portefeuille, immeubles, argent,* etc., *que de dettes actives et passives de* M. Raymond, *arrêté au 31 décembre 18. ..*

ACTIF.

Marchandises invendues (a).

(Ici les détailler avec leurs quantité, qualités et prix coûtant.) 50000 »

Rentes sur l'État.

10000 fr., rentes 5 pour cent au cours de 108. 216000

Argent en caisse.

Espèces suivant bordereau de ce jour. . .	44427 68	
Id. à la Banque de France.	3228 31	47655 99

Effets en portefeuille.

Billet n° 27 à M/O. de Villeneuve, au 1er mars.	1688 »	
Id. n° 29 à M/O. de Bonneval, au 15 juin.	1000 »	
Traite n° 31 à M/O., sur Amsterdam, de 1283 flor. 19 s.; à 54.	2750 50	
Id. n° 32 à M/O., sur Hambourg, de 1832 marcs banco 13 s., à 188 . .	3445 88	
Billet n° 33 à M/O. de Forestier, au 20 juin.	1000 »	
Id. n° 34 de Lebrun, au 20 décembre . .	6000 »	
	15884 38	
Obligation hypothécaire de Neuville au 31 décembre 18...	10000 »	25884 38

Mobilier.

Valeur actuelle dudit apprécié . . . . 12000 »

Actions.

12 Actions de la Comp. du Soleil de 6000 fr. chacune, prix coûtant	3500 »	
Pour appel de fonds, 8400 fr. évalués. . .	2500 »	6000 »

Immeubles.

Maison de Bordeaux évaluée, après construction, à	60000 »	
Château de C*** évalué, après réparations, à.	60000 »	120000 »

Débiteurs par compte.

Arnaud, solde de son compte. 16694 58

Montant de l'ACTIF. 494234 95

(*a*) Soit en magasin, soit en route, soit en consignation.

Report du total de l'Actif. . . 494234 95

290. PASSIF.

Effets en circulation (a).

M/B. n° 1 O. Paul,	au 15 janvier.	1000 »
Traite n° 7 de Morton et Cᵉ.,	au 16 mars. .	2000 »
M/B n° 9 O. Lafond,	au 31 janvier.	1000 »
Idem, n° 10 O. Durieu,	au 31 mars. .	1000 »
Idem, n° 11 O. Arnauld,	au 15 mars. .	9000 »
Idem, n° 12 O. id.	au 31 id. . .	8000 »
Idem, n° 13 O. id.	au 15 avril . .	7408 08
Traite n° 15 O. Léonard.	au 31 mars. .	9563 12
M/B. n° 16 O. Bonneval,	au 15 juin . .	1000 »
Idem, n° 17 O. Lebrun,	au 22 mars. .	4000 »
Idem, n° 18 O. Tixier,	au 10 janvier.	20000 »
Idem, n° 19 O. Nanteuil,	au 15 juin . .	4350 »
		68321 20

Légataires et créanciers de la succession.
(Il faut ici les détailler). . . . . 40000 »

Créanciers par compte.

Lebrun, solde de son compte. . .	4000 »	
Darnay, idem.	1233 33	
Nanteuil, idem.	6000 »	
Boyer, idem.	1233 33	
Bulton, idem.	1000 »	13466 66

Montant du PASSIF à déduire de l'Actif. . . . 121787 86

Conséquemment mon CAPITAL net est de. . . 372447 09

291. RÉCAPITULATION.

ACTIF.		PASSIF.	
Marchandises . . .	50000 »	Effets en circulation.	68321 20
Rentes sur l'État. .	216000 »	Légataires et créan-	
Argent en Caisse. .	47655 99	ciers de la succes-	
Effets en portefeuille	25884 38	sion	40000 »
Mobilier. . . .	12000 »	Créanciers par compte	13466 66
Actions de la Comp.			
du Soleil. . . .	6000 »	Montant du passif.	121787 86
Immeubles. . . .	120000 »	Partant, mon capital	
Débiteurs par compte	16694 58	net est de . . .	372447 09
Montant de l'actif.	494234 95		494234 95

Certifié le présent état sincère et conforme aux livres.
Paris, le 31 décembre 1853.

Signé RAYMOND.

(a) Créanciers chirographaires ou créanciers par billets; c'est ainsi qu'on intitule les billets dans les bilans après faillite.

Manières de rouvrir de nouveaux comptes soldés sur les anciens.

292. Pour rouvrir les comptes que l'on vient de clore par les deux articles de balance de sortie, il faut passer au Journal deux articles de balance d'entrée semblables aux précédents, avec cette seule différence que l'on crédite le compte de balance d'entrée des sommes dont balance de sortie se trouve débitée, et qu'on le débite, au contraire, de celles dont on a crédité balance de sortie.

C'est par la raison que, pour ouvrir des livres, on fait une supposition inverse de celle qu'on a imaginée pour les clore; ce qui doit nécessairement conduire à des résultats inverses.

Ainsi on a supposé que *balance de sortie* prenait la suite de nos affaires; aujourd'hui l'on suppose, au contraire, que *balance d'entrée* nous cède la suite des siennes : en conséquence, il faut débiter tous les comptes où entrent les valeurs qui composent l'actif, en créditant balance d'entrée, qui est censée les fournir, et il faut débiter balance d'entrée, au contraire, de toutes les valeurs passives que nous prenons la charge d'acquitter. *Voir* au compte de balance d'entrée (150).

293. Ces deux articles de balance d'entrée, absolument calqués sur ceux de balance de sortie, ont pour effet et pour but de rétablir les choses dans leur état.

Ainsi, par exemple, les marchandises en magasin portées au crédit du compte de *Marchandises générales*, uniquement pour servir à le solder (266), reprendront leur place naturelle au débit; il en est de même pour l'argent en caisse, les effets en portefeuille : portés au crédit pour servir à balancer la *Caisse* et les *Effets à recevoir*, cet argent en caisse et ces effets en portefeuille reprendront, par le compte de balance d'entrée, leur place naturelle qui est au débit.

294. Les effets en circulation qui restent à payer, portés au débit du compte d'*Effets à payer*, uniquement pour balan-

cer ce compte (273), reparaîtront à nouveau à son crédit, qui est la place naturelle des billets en circulation.

Le compte de Lebrun, à qui nous devions 4000 fr., a été débité, par le crédit de balance de sortie, de cette somme, uniquement pour balancer son compte. Mais ce solde de 4000 fr. reparaîtra, par le débit de balance d'entrée, au crédit de Lebrun, où est sa place naturelle.

Il en est de même pour tous les autres comptes.

294 *bis.* D'où il suit que les comptes de balance de sortie et de balance d'entrée sont imaginés, le premier pour solder tous les comptes, qu'on doit arrêter et clore au moins une fois par an, et le second pour rouvrir ces comptes et reporter à nouveau les soldes des comptes précédents.

Manière d'établir pour la première fois des livres.

295. Quand il s'agit d'établir des livres pour quelqu'un qui n'en a jamais tenu, on lui fait dresser son inventaire général, semblable à celui qui précède (289), et on en passe écriture : 1° en débitant tous les comptes, qu'il faut ouvrir, des valeurs qui composent l'actif, dont on crédite balance d'entrée ; 2° en créditant tous les comptes, qu'on doit ouvrir, des valeurs composant le passif et celui de capital, par le débit de balance d'entrée qu'on suppose, dans ce cas, nous céder la suite de ses affaires (150).

296. On peut encore commencer les livres à l'aide du compte de *capital* au lieu de balance d'entrée.

On crédite le compte de capital de toutes les valeurs composant l'*actif*, et on le débite de toutes celles composant le *passif.*

De cette manière le capital net restera en excédant au crédit, déterminé par la différence entre son débit et son crédit.

297. Enfin, on peut commencer les livres par un article de *Divers à Divers*, où tous les comptes qu'il faut ouvrir aux valeurs actives seront les débiteurs, et tous les comptes ouverts aux valeurs passives et au capital seront les créanciers.

298. Quelle que soit la manière qu'on adopte, il faut tou-

jours commencer les livres par des articles qui établissent la situation ou inventaire général du négociant dont on organise pour la première fois la comptabilité ; de même qu'il faut, à la fin du semestre ou de l'année commerciale, terminer par deux articles semblables présentant également sa situation (a).

MÉMORIAL

Troisième série d'Articles.

EXEMPLES SUR LES ASSOCIATIONS, LES OPÉRATIONS MARITIMES ET LES INTÉRÊTS DIVERS SUR LES NAVIRES.

299. ————— DU 2 JANVIER 18··· —————

J'ai contracté une société avec notre sieur Berard, sous la raison Raymond et Berard, dont l'objet est la banque et les armements de navires.

J'apporte dans la société l'actif et le passif de ma précédente maison de commerce, d'après l'inventaire qui précède (289), excepté mes meubles et mes immeubles, qui s'élèvent à 132000 fr., et aussi les légataires et créanciers de la succession, s'élevant à 40000 fr., qu'il faut retrancher du passif.

Toutes les autres valeurs actives et passives sont versées

(a) Dans nos exemples nous avons commencé par les suppositions les plus simples, afin d'éviter d'abord les difficultés ; nous avons donc supposé que nous entrions dans les affaires sans capital, pour n'avoir pas à nous occuper de ce compte. Mais c'est un cas fort rare ; ainsi, de règle générale, il faut commencer des livres par deux articles qui présentent l'inventaire général, ou la situation du négociant.

par moi et acceptées par la société au prix fixé sur mon dernier inventaire (289), à la condition cependant que je reste personnellement garant et responsable envers la société de la rentrée intégrale de mes débiteurs et de mes effets de portefeuille.

Ainsi, mon versement s'élève à 280447 fr. 09 c. — Je m'engage à compléter la somme de 300000 fr. dans 3 mois.

Notre sieur Berard versera dans la société 600000 fr. en espèces, dont 400000 fr. ont été versés à la signature du présent, et le reste doit l'être dans le courant de l'année.

Notre sieur Berard aura les 2/3 et moi le 1/3 dans le partage des bénéfices ou des pertes.

J'ai la faculté, en versant 300000 fr. de plus d'avoir moitié dans les bénéfices, et, tant que ce versement ne sera pas au complet, les fonds versés me rapporteront intérêt à 6 p. 0/0.

[Le capital de la société devant s'élever à 900000 fr. dont je dois fournir le 1/3, et notre sieur Berard les deux autres tiers, je commence par créditer le capital de cette somme, à laquelle il doit s'élever, en débitant les associés chacun de la part qu'il s'est obligé à verser, sous le nom de *notre sieur tel son compte de mise en fonds* (156).] Et j'écris au Journal, art. 139.

Notre sieur Berard ayant versé un *à-compte* de 400000 fr., je débite la *Caisse* de cette somme et j'en crédite *notre sieur Berard son compte de mise en fonds.* J'écris au Journal, art. 140.

De cette manière, son compte de versement reste débité des 200000 fr. qu'il doit encore. Quand il fera d'autres versements on créditera également son compte de mise de fonds, qui ne se trouvera soldé que lorsqu'il aura complété sa mise de fonds.

300. —————— DU 2 JANVIER. ——————

Quant à moi, qui, pour versement, apporte à la société mon actif et mon passif en nature,

Je dois d'abord débiter tous les comptes, qui reçoivent, de *Marchandises générales*, de *Caisse*, de *rentes*, d'*Effets à recevoir*, d'*actions* et d'*Arnauld*, en me créditant à mon compte de *notre sieur Raymond S/Cte de mise de fonds*. J'écris au Journal, art. 141.

301. Ensuite, je débite *notre sieur Raymond S/Cte de mise de fonds* de toutes les valeurs passives que la société agrée et se charge de payer pour moi, ce qui diminue d'autant l'importance du versement de mon actif, et je crédite les comptes d'*Effets à payer* et de mes créanciers. J'écris au Journal, art. 142.

Mon compte de mise de fonds se trouve ainsi présenter un excédant, entre son crédit (362234 fr. 95 c.) et son débit (81787 fr. 86 c.), de 280447 fr. 09 c., ce qui est conforme à l'acte de société; et quand je parferai ma mise de fonds de 300000 fr. par le versement des 19552 fr. 91 c. d'appoint, je créditerai pour solde mon compte de mise de fonds par le débit de *Caisse* ou de tout autre compte qui recevra.

302. ———————   **DU 4 JANVIER.**   ———————

Les nouvelles de Bourbon nous apprenant que les mules, qui sont dans cette colonie un moyen de culture fort important, se vendent de 1800 à 2000 fr., nous avons, sur cet avis, conçu le plan d'une opération maritime fort simple et qui doit produire de beaux résultats : elle consiste à importer à Bourbon une cargaison de mules du Poitou, et à revenir à Bordeaux avec un fret de sucre ou de café et des passagers.

Nous avons soumis le plan et les comptes simulés des débours et des produits probables de cette opération à un capitaine nantais de navires muletiers, ayant déjà fait de semblables voyages, et à quelques capitalistes de nos amis qui, après vérification des calculs et après mûr examen des probabilités de succès que leur présentait cette spéculation, nous ont déclaré qu'ils la trouvaient sagement conçue, et qu'ils désiraient y prendre intérêt chacun pour un cinquième. Nous y avons consenti, en nous réservant, indépendamment de notre cinquième d'intérêt, une commission particulière d'armateur, de 3 pour 0/0, prise sur l'ensemble de l'armement que nous allons exécuter, et nous nous sommes chargés en outre de fournir, à nos risques et périls et à forfait, le navire nécessaire à l'opération, moyennant la somme de 110000 fr.

Les actes d'intérêt ont été signés en conséquence; nous devons tout acheter au comptant et faire l'avance à nos co-intéressés de leur mise de fonds qu'ils nous rembourseront, une partie, après l'achat du navire, et le solde après son départ. L'opération doit se renouveler tous les ans.

Cette vaste opération devant donner lieu à des mouvements de fonds importants, nous ouvrirons un compte intitulé : *Expédition à Bourbon*.

Du compte d'expédition à Bourbon.

303. Ce compte représentera l'opération en général et comprendra l'achat du navire, l'armement et la cargaison.

Nous débiterons ce compte de tous les débours quelconques faits à l'occasion de cette expédition.

Nous obtiendrons ainsi le montant du prix coûtant de l'opération, au départ.

Quand le navire sortira du port, on soldera ce compte, à son crédit, en débitant les intéressés chacun de sa part d'intérêt, et nous, pour notre cinquième, sous le nom d'*intérêt pour 1/5 dans l'expédition à Bourbon*.

Quand le navire sera rentré :

Nous créditerons le compte d'*expédition à Bourbon* de tous les produits quelconques provenant du fret, des passagers, de la vente de la cargaison, de la vente du navire, si on le vend; et nous le débiterons des frais de désarmement.

Enfin, nous balancerons ce compte en portant à son débit le solde qui présentera le produit net de l'opération à partager entre les divers intéressés, et en créditant chacun d'eux de sa part proportionnelle de ce solde.

9

304. Quant au navire que nous nous sommes obligés à fournir à nos risques et périls pour un prix à forfait de 110000 fr., nous ouvrirons un compte spécial intitulé : *Traité à forfait où entreprise sur le navire.*

Du compte d'entreprise sur le navire.

305. Nous débiterons ce compte de l'achat primitif du navire, des frais de réparations, enfin de tous les débours occasionnés par le marché et à sa charge ; nous le créditerons du prix à forfait convenu de 110000 fr. dont nous débiterons le compte de l'*expédition à Bourbon*.

La différence, quelle qu'elle soit, en plus ou en moins, indiquera notre perte ou notre gain dans ce marché chanceux : ainsi, ce compte sera soldé par celui de *Pertes et Profits*.

306. ——————— DU 8 JANVIER. ———————

Après quelques recherches, nous avons découvert dans le port de Bordeaux un grand et beau navire, nommé *le Duc de Bordeaux*, fin voilier de mille tonneaux, ayant une batterie couverte, parfaitement convenable à l'installation des mules ; nous l'avons acquis 41000 fr. sans l'artillerie, que le vendeur s'est réservée ; et nous l'avons payé comptant.

Ce vieux navire étant excellent dans ses fonds, mais très-endommagé dans ses hauts, nous avons, pour le réparer entièrement à neuf dans toutes ses parties détériorées, traité avec un constructeur qui est convenu de prendre en payement une propriété à sa convenance, dont notre sieur Raymond vient d'hériter de sa mère, pour la somme de 38000 fr.; notre sieur Raymond lui en a passé le contrat de vente à ce prix, comme à-compte sur les réparations qu'il fait au navire *le Duc de Bordeaux*.

Nous venons de payer 41000 fr. pour l'achat du navire *le Duc de Bordeaux*, et un à compte sur les réparations qu'il nécessite ce sont des payements à la charge du traité à forfait;

en conséquence, on débite le compte d'*entreprise sur le navire le* *** de cette somme de 79000 fr., nous créditons la *Caisse* de 41000 fr. qui en sont sortis; et quant aux 38000 fr. de la propriété donnée en payement, appartenant à notre associé, il faut en créditer les comptes de N/S Raymond, savoir : *N/Sr Raymond S/Cte de mise de fonds* de 19332 fr. 91 c. qui complètent la mise de fonds de 300000 fr. qu'il doit faire, et *N/Sr Raymond S/Cte de versement à intérêts* de 18447 fr. 09 c. qu'il se trouve verser de plus; car on se rappelle que notre sieur Raymond peut verser des sommes qui lui porteront intérêt, ce qui donne lieu à un nouveau compte de *notre sieur Raymond S/Cte de versement* (158). J'écris au Journal, art. 143.

307. ———— DU 8 JANVIER. ————

Ayant fait avec mes co-intéressés un marché à forfait pour la fourniture du navire que je dois livrer à l'opération à mes risques et périls, tout réparé et en bon état pour 110000 fr., je commence par débiter le compte d'*expédition à Bourbon* du prix convenu et arrêté du navire, en créditant le compte d'*entreprise sur le navire le Duc de Bordeaux* de cette somme de 110000 fr. (303). En conséquence, nous écrivons au Journal, art. 144.

308. ———— DU 10 JANVIER. ————

Nous avons envoyé en Poitou un homme de confiance avec deux artistes vétérinaires pour acheter aux diverses foires 120 mules de choix, et engager des muletiers pour le voyage; nous lui avons remis en or 70000 fr. dont il nous rendra compte à son retour du Poitou. . . . . 70 000 fr.

Nous avons acheté et payé comptant à M. Otard sa récolte de foins pressés à l'anglaise, en bottes carrées, propres à l'embarquement. . . . . . . 4 000 fr.

Report. . . . . 74 000 fr.

Report. . . 74000 fr.

M. Otard nous a frété en entier notre navire pour lui rapporter de Bourbon une cargaison de sucre et café, à raison de 110 fr. le tonneau.

Nous avons payé pour 400 barriques vides cerclées en fer et pour les remplir d'eau. . . . . 6000 fr.

Pour vivres de l'équipage et de la chambre. . 8000 fr.

Pour avances à l'équipage et aux muletiers. . 4000 fr.

Et réglé en nos billets les primes d'assurances diverses du navire, de la cargaison, du fret, de retour, etc., s'élevant à. . . . . 8000 fr.

100000 fr.

309. Nous avons soldé le compte du constructeur pour ses réparations qui s'élèvent à. . . . . 60630 fr.

A-compte qu'il a déjà reçu en une propriété. . 38000 fr.

A lui payé pour solde. . . . . 22630 fr.

Payé menues dépenses diverses. . . . . . 1370 fr.

24000 fr.

Tous les débours que nous venons de faire étant pour le compte de l'*expédition de Bourbon,* nous débitons ce compte de 100000 fr. de débours par le crédit de *Caisse* et d'*Effets à payer* qui ont servi à régler les assurances ; et nous écrivons au Journal, art. 145.

Quant au dernier payement de 24000 fr. effectué à notre constructeur, comme ces réparations sont relatives à notre marché à forfait, on en débite le compte d'*entreprise sur le navire.* J'écris au Journal, art. 146.

310. ————— DU 20 JANVIER. —————

Nous avons reçu des divers co-intéressés les à-comptes ci-après à valoir sur le payement de leur 1/5 d'intérêt.

Du capitaine Villebogard. . . . . 35000 fr.

De Gauthier et Ransay, consignataires. . . . 30000 fr.

Du général comte d'H***. . . . . 30000 fr.

Du comte de R***. . . . . 18000 fr.

Nous débitons la *Caisse* qui reçoit ces fonds, et nous crédi-tons chacun des intéressés de l'à-compte qu'il a donné sur son intérêt. J'écris au Journal, art. 147.

311. ——————— DU 25 JANVIER. ———————

Nous avons payé pour solde de l'acquisition des mules et de la note de commission des vétérinaires la somme de   6000 fr.

Pour divers frais de courtage, de sortie de ri-vière et autres qui restaient à payer pour l'opéra-tion dont l'armement est terminé. . . . . . 2000 fr.

Nous débitons le compte d'*expédition à Bourbon* de tous ces débours par le crédit de la *Caisse*.

Nous débitons également ce compte de la commission à 3 p. 0/0 qui nous revient, prélevée sur le montant général de l'expédition, s'élevant à 218000 fr., ce qui produit un bénéfice pour nous de 6540 fr. dont nous créditons le compte de *Pertes et Profits*. J'écris au Journal, art. 148.

312. ——————— DU 27 JANVIER. ———————

Le navire *le Duc de Bordeaux* ayant mis à la voile, nous en avons donné avis à tous nos co-intéressés, en leur remettant le relevé de la mise dehors ou prix coûtant de l'*expédition*, d'après le débit de ce compte, lequel s'élève à.   . 224540 fr.

Enfin on solde ce compte, au crédit, en débitant chacun des co-intéressés pour son cinquième, et nous, pour notre cin-quième, sous le nom d'*intérêt dans l'expédition à Bourbon*, art. 149 du Journal.

313. Pour compléter leur versement d'intérêt, dont nous avions fait l'avance pour eux, nos co-intéressés nous ont re-mis, savoir :

Le capitaine au moment de son départ. . . . .   9908 fr.

Le consignataire. . . . .   14908 fr.

Le général comte d'H***. . . : . . . . .   14908 fr.

Le comte de R*** en son billet à un an. . . .   26908 fr.

Nous débitons la *Caisse*, les *Effets à recevoir*, et nous créditons les divers intéressés pour solde. Nous écrivons au Journal, art. 150 et 151.

De cette manière le compte ouvert à l'*expédition à Bourbon* est balancé au départ du navire; chacun a soldé par appoint son intérêt; et cette opération ne doit plus avoir de compte ouvert sur nos livres que pour le cinquième d'intérêt que nous y avons conservé.

Nous balançons également le compte ouvert à *entreprise sur le navire*, puisqu'il n'a plus d'objet, le traité se trouvant accompli; il nous présente un solde en bénéfice de 7000 fr. que nous portons au compte de *Pertes et Profits*, art. 164.

Le compte d'*expédition à Bourbon* doit se trouver soldé après le départ du navire; cela fait, il faut attendre le retour du navire qui donnera lieu à le rouvrir pour d'autres écritures relatives au résultat de l'expédition.

314. ——————— DU 1er FÉVRIER. ———————

Le gouvernement accordant une prime d'encouragement assez élevée pour l'introduction dans nos colonies de la morue pêchée sur le banc de Terre-Neuve, nous avons conçu un projet d'opération maritime, d'une courte durée, et qui nous paraît productif : il a pour objet l'importation avec gain de prime, à la Martinique, d'un chargement de morue venant de Saint-Pierre-Miquelon, sur un navire qui, après avoir vendu sa cargaison à la Martinique, reviendra au Havre avec un fret et des passagers.

Sur l'exposé de notre plan et l'examen de nos comptes simulés, vingt-trois personnes y ont pris des intérêts divers, pour des sommes fixes de 5, 10, 15, 20, ou 30000 fr. Notre maison restera intéressée pour la différence entre le total de ces intérêts s'élevant à 180000 fr., et le montant de la mise dehors qu'on présume devoir s'élever à 300000 fr., dont nous ferons les débours au comptant et l'avance entière à nos associés, moyennant une commission d'armement de 3 p. 0/0, et la fourniture à forfait d'un navire pour le prix de 97500 fr.; les divers co-intéressés ne devant nous rembourser leur part qu'après l'achat et le départ du navire.

Nous ouvrirons, comme dans l'opération précédente (303), un compte intitulé : *Expédition à la Martinique*, qui sera débité de tous les débours qu'elle occasionnera, soit pour l'achat de la cargaison et des vivres, les avances à l'équipage, soit pour toute autre cause.

On le débitera également du prix à forfait convenu à 97500 fr. pour le navire, en créditant le compte d'*entreprise sur le navire le***.

On le débitera encore de la commission d'armement qui nous est allouée.

De manière que le débit du compte d'*expédition à la Martinique* donnera le chiffre auquel s'élève l'opération au départ du navire.

Après son départ on soldera le compte de l'*expédition*, au crédit, en débitant les co-intéressés chacun de sa portion d'intérêt, et, nous, sous le nom d'*intérêt sur tel navire*, de ce qui nous restera d'intérêt, comme il est déjà dit (303).

On peut, dans ces sortes d'opérations à intérêts pour des sommes fixes, créditer de suite le compte d'*expédition* de ces intérêts, en débitant chacun des co-intéressés de sa part. Alors il ne reste plus au départ du navire qu'à solder le compte d'expédition à la Martinique par notre compte d'*intérêt dans l'expédition à la Martinique*.

315. Au retour du navire, et après la terminaison de l'opération, nous créditerons le compte d'*expédition à la Martinique* de tous les produits quelconques, tels que ceux de fret, de passagers, de vente de la cargaison, du navire et autres.

On le débite de tous les frais de désarmement ; enfin, le

solde de ce compte, qui présente le produit net à partager entre tous les co-intéressés, est porté au crédit de chacun d'eux, divisé en parts *proportionnelles* à sa mise de fonds.

Ce partage proportionnel s'opère par une règle de *proportion composée* dont on peut, en cas de besoin, prendre connaissance dans l'*Arithmétique commerciale* du même auteur (*a*).

Quant au compte de *traité à forfait* ou *entreprise sur le navire*, il est tenu et soldé absolument comme il a été indiqué précédemment (305), la convention ayant été la même que dans l'opération précédente.

316. —————— DU 5 FÉVRIER. ——————

Nous avons acheté au comptant à MM. Jonajones de Bordeaux un navire très-fin voilier de 300 tonneaux, nommé *le Pactole*, en assez bon état. . . . . 70000 fr.

Nous débitons le compte ouvert à *entreprise sur le navire* le Pactole, du prix primitif d'achat, et nous créditons la *Caisse*. Nous le débiterons plus tard de ce que nous coûtera la réparation ou mise en bon état de ce navire. Nous écrivons au Journal, art. 152.

317. —————— DU 28 FÉVRIER. ——————

Nous avons payé pour l'expédition à la Martinique, savoir :

Pour armement, vivres et avances à l'équipage. 16500 fr.
Pour achat d'une cargaison de morue à livrer à Saint-Pierre-Miquelon par Beautems et Lecoupé, armateurs-pêcheurs de Granville. . . . . . 86200 fr.
Par achat d'un chargement de sel. . . . . 6000 fr.
Pour achat de boucauts feuillard et osier. . . 4000 fr.
Payé pour frais divers. . . . . 1300 fr.

——————
114000 fr.

<hr>

(*a*) A Paris, chez Hachette et Cⁱᵉ.

Nous avons réglé en notre billet à six mois les primes d'assurances diverses sur le corps du navire, le fret, la cargaison, etc. . . . . 10200 fr.

Il faut débiter le compte d'expédition à la Martinique du prix à forfait du navire, convenu à 97500 fr., et de la commission de 3 p. 0/0 qui nous est allouée sur l'ensemble de l'armement, qui est terminé.

En conséquence, nous débitons le compte d'*expédition à la Martinique* de tous les débours ci-dessus qu'elle vient d'occasionner, en créditant la *Caisse* de ceux effectués en argent, les *Effets à payer* des billets souscrits pour assurances, le compte d'*entreprise sur le navire* le Pactole du marché à forfait pour 97500 fr., et le compte de *Pertes et Profits* de notre commission d'armateur. Nous écrivons au Journal, art. 153.

318. ———————— DU 28 FÉVRIER. ————————

Le navire *le Pactole* ayant mis à la voile, il faut solder le compte d'*expédition à la Martinique*.

Nous avons d'abord débité chacun des co-intéressés du montant à payer de son intérêt, et nous en avons crédité le compte d'*expédition à la Martinique*, art. 154 du Journal.

Après quoi, nous l'avons soldé par le compte d'*intérêt sur le navire* le Pactole, où nous portons la part d'intérêt qui nous reste dans l'opération, art. 155 du Journal.

Nous n'avons ouvert qu'un seul compte à *divers intéressés sur le navire* le Pactole, au lieu d'en ouvrir un à chacun des vingt-trois intéressés, parce que ce serait une multiplication de travail inutile, leur intérêt devant être versé peu après le départ du navire. Alors nous débiterons le compte de *Caisse* ou d'*Effets à recevoir* des valeurs qu'ils nous remettront, en créditant le compte de divers intéressés qui se trouvera ainsi soldé sans qu'il y ait eu besoin d'ouvrir 23 comptes séparés.

Au moyen des colonnes de numéros de rencontre, telles qu'elles sont pratiquées au compte d'*Effets à payer* (au GRAND-LIVRE, fº 4), on évitera toute confusion, et l'on verra parfaite-

ment ceux qui auront payé leur intérêt et ceux qui seront en
retard (165).

319. —————— DU 3 MARS. ——————

Divers intéressés dans l'expédition à la Martinique m'ont
payé leur intérêt :

Lesueur, 15000 fr. à valoir. . . . . 15000 fr.
1e marquis et le comte d'Oys..., en entier. . 40000 fr.
Le général comte d'H***. . . . *id.* . . 20000 fr.
                                              ————
                                          75000 fr.

Je débite la *Caisse* qui reçoit, et je crédite le compte de *divers intéressés sur le navire* le Pactole (art. 156 du Journal).

En rapportant au Grand-Livre, j'expliquerai en détail les
sommes reçues, en énonçant ceux des intéressés qui les ont
versées, et je mettrai comme aux *Effets à payer* (f° 4 du GRAND-
LIVRE) des numéros de rencontre, qui avertiront, au débit, que
ces intérêts sont soldés.

320. —————— DU 1er JUILLET. ——————

Le capitaine du navire *le Duc de Bordeaux* nous a écrit que
tous nos calculs et nos prévisions s'étaient réalisés au delà
de nos espérances, car il est arrivé sans perdre dans la tra-
versée une seule de ses mules, qui ont été vendues au débar-
quement, à l'encan public, à raison de 1800 fr. à 2000 fr. chacune, aux divers propriétaires qui ont réglé en leurs billets à
un an.

Que le fret pour compte de M. Otard est prêt, qu'il va
l'embarquer prochainement et revenir avec de nombreux
passagers.

Il nous recommande de faire assurer le fret et le passage,
ce que nous avons fait à 1 p. 0/0, sur 130000 fr. auxquels s'é-
lèvent le fret et les passagers; soit 1300 fr. que nous avons
réglés en notre billet à un an.. . . . . 1300 fr.

Les 1300 fr. de prime d'assurances étant une dépense à la charge de l'opération, nous en débitons le compte d'*expédition à Bourbon,* par le crédit d'*Effets à payer* (art. 157).

Voilà le compte d'expédition à Bourbon qui se trouve ouvert de nouveau, on y portera tous les produits au crédit, et toutes les dépenses au débit; enfin, il sera soldé à la fin de l'opération par le compte de chacun des intéressés.

321. ────────── DU 31 AOUT. ──────────

Le navire *le Duc de Bordeaux,* de retour à Bordeaux, vient de débarquer son chargement, et nous avons touché du sieur Otard pour fret. . . . . 110000 fr.
Nous avons reçu du capitaine :
Le produit des passagers. . . . . 21000 fr.
Le produit de la vente des tonneaux vides. . 10000 fr.
Le récépissé des réglements des planteurs de Bourbon pour produit de la vente de mules, lesquels billets il n'a pas voulu négocier à 18 p. 0/0 et les a laissés entre les mains de M. Camin, pour en encaisser le montant à l'échéance, qu'il prendra dans un second voyage. . . . . 225000 fr.
Nous avons désarmé le navire, soldé les gages de l'équipage et autres frais, s'élevant à. . . . 12000 fr.
Nous débitons la *Caisse* des sommes versées en argent par le capitaine, et nous en créditons le compte d'*expédition à Bourbon;* nous débitons ce compte des 12000 fr. de frais de désarmement; et nous écrivons au Journal, art. 158 et 159.

Cette opération étant terminée, nous allons solder le compte d'*expédition à Bourbon :* nous ne vendrons pas le navire, qui doit recommencer l'opération au beau temps.

Mais le capitaine ayant laissé les 225000 fr. d'effets à l'encaissement chez le sieur Camin et compagnie de Bourbon, on ne peut encore raisonnablement en créditer le compte d'*expédition à Bourbon;* car ce serait répartir et porter au crédit des intéressés une somme qui peut subir des réductions considérables et que nous n'avons pas encore en notre possession : il faut donc attendre que le produit de ces valeurs soit revenu en Europe avant d'en créditer le compte d'expédition à Bourbon.

Si l'opération nous appartenait en entier, et n'était pas à partager entre divers co-intéressés, nous pourrions ouvrir un compte de *fonds dans l'Inde*, que nous débiterions de ces 225000 fr , et nous en créditerions le compte d'expédition ; ce serait sans inconvénient, parce qu'il n'y aurait dans ce cas rien à partager entre des étrangers.

Mais ici le compte d'expédition à Bourbon présente à son crédit seulement pour les produits réalisés du fret et des passagers. . . . . 141000 fr.

Au débit, pour les assurances et le désarmement du navire. , ... 13300 fr.

D'où il résulte un solde à partager de. . . 127700 fr. Dont le 1/5 est de 25540 fr.

En conséquence, nous créditons chacun des intéressés de son 1/5 de cette rentrée, et nous aussi, sous le nom d'*intérêt sur le navire* le Duc de Bordeaux, du cinquième qui nous revient. Nous écrivons au Journal, art. 150.

On peut fort bien porter au crédit d'expédition à Bourbon les produits de la cargaison restés dans l'Inde, par le débit du compte de *fonds dans l'Inde ;* mais cette somme ne peut pas être partagée comme celles réalisées: elle doit donc rester seulement en note au crédit, et dans ce cas le compte d'expédition à Bourbon n'est pas soldé.

322. ———— DU 2 SEPTEMBRE. ————

Le navire *le Pactole* étant de retour au Havre après avoir accompli son opération, nous avons reçu du capitaine les sommes ci-après :

Pour produit de la vente au comptant de la cargaison de morue. . . . . 83500 fr.

Touché la prime au Trésor. . . . . . . 85000 fr.

Touché pour fret. . . . . 25000 fr.

Touché pour passagers. . . . . 12000 fr.

Vente du chargement de sel, à Saint-Pierre. 15000 fr.

—————————

220500 fr

Nous créditons *expédition à la Martinique* de tous ces produits et aussi du montant de la vente pour 81000 fr. du navire *le Pactole,* qu'il nous a fallu vendre parce que sa capacité n'est pas convenable à l'opération. Nous écrivons au Journal, art. 161.

Nous avons désarmé le navire *le Pactole* et déboursé pour frais de désarmement la somme de 7500 fr., dont nous débitons le compte d'expédition à la Martinique par le crédit de *Caisse.* On écrit au Journal, art. 162.

323. ——————— DU 2 SEPTEMBRE. ———————

Nous avons soldé le compte d'expédition à la Martinique en créditant chacun des intéressés de sa part proportionnelle dans le produit qui s'élève à. . . . . . . 301500 fr.

D'où à déduire le débit s'élevant à. . . . 7500 fr.

Reste à partager. . . . . 294000 fr.

Nous nous sommes crédités sous le nom d'*intérêt sur le navire* le Pactole, de la part qui nous revient, et nous avons écrit au Journal, art. 163.

JOURNAL
COMMENCÉ LE 1ᵉʳ JUILLET 18...

	1. ——— DU 1ᵉʳ JUILLET. ———	
1 — 6	*MARCHANDISES GÉNÉRALES à PAUL,* fr. 4000, *pour achat de 10 balles de laine, à 400 fr. l'une, payables dans le courant.* . . .	4000
	2. ——— DU 10 JUILLET. ———	
1 — 2	*MARCHANDISES GÉNÉRALES à CAISSE,* fr. 1000, *pour achat fait à Paul d'une balle de laine que je lui ai payée comptant.*	1000
	3. ——— DU 15 JUILLET. ———	
1 — 4	*MARCHANDISES GÉNÉRALES à EFFETS A PAYER,* fr. 1000, *pour achat à Paul d'une balle de laine, payée en mon billet à son ordre, au 15 janvier prochain.*	1000
	4. ——— DU 16 JUILLET. ———	
1 —	*MARCHANDISES GÉNÉRALES à DIVERS,* fr. 3860, *pour les achats ci-après faits aux suivants :*	
6	A DURAND, fr. 3500, *pour 175 quintaux de farine à 20 fr. le cent.* . . . . . 3500 »	
6	A LEBRUN, fr. 360, *pour 180 kil. de sucre, à 2 fr. le kil.* . . . . . 360 »	3860
	5. ——— DU 17 JUILLET. ———	
6 — 1	*DURAND à MARCHANDISES GÉNÉR.,* fr. 4400, *pour vente à lui faite de 10 balles de laine à 440 fr. l'une, payables dans le courant du mois prochain.*	4400
	6. ——— DU 20 JUILLET. ———	
2 — 1	*CAISSE à MARCHANDISES GÉNÉRALES,* fr. 1100, *pour vente faite à Durand d'une balle de laine qu'il m'a payee en espèces.* . .	1100
	Reporté.	15360

Report.	15360	»

7. ——— DU 21 JUILLET. ———

5/1 EFFETS A RECEVOIR à MARCH. GÉN.,
*fr. 1200, pour vente à Durand d'une balle
de laine qu'il m'a payée en son billet à mon
ordre à six mois. . . . .* | 1200 | »

8. ——— DU 25 JUILLET. ———

1 DIVERS à MARCHANDISES GÉNÉRALES,
*fr. 5965, pour les ventes ci-après faites aux
suivants :*

6 PAUL, *fr. 5425, pour 175 quintaux de farine
à 31 fr. le cent . . . .* 5425 »

6 GARNIER, *fr. 540, pour 180 kil.
de sucre à 3 fr. le kilog. . . . . .* 540 » | 5965 | »

9. ——— DU 26 JUILLET. ———

1/4 MARCH. GÉNÉR. à EFFETS A PAYER,
*fr. 945, pour achat fait à Paul de 4 pièces
de toile de Hollande que je lui ai payées en
mon billet à son ordre au 4 septembre pro-
chain. . . . .* | 945 | »

10. ——— DU 28 JUILLET. ———

1 DIVERS à MARCHANDISES GÉNÉRALES,
*fr. 1370, pour ventes ci-après faites aux
suivants :*

7 MÉNARD, *fr. 763, pour 2 pièces de toile
payables en son billet à mon ordre à un mois.*
763 »

7 BEAUFOND, *fr. 607, pour 2 pièces
de toile payables en son billet à
mon ordre à un mois. . . . . . .* 607 » | 1370 | »

Reporté.	24840	»

	Report.	24840	»

11. ——— DU 31 JUILLET. ———

3 | EFFETS A RECEVOIR à DIVERS, fr. 1370,
pour les effets ci-après que les suivants m'ont
remis :

7 | A MÉNARD, fr. 763, pour son billet à mon
ordre au 31 août. . . . . 763 »

7 | A BEAUFOND, fr. 607, pour son
billet à mon ordre au 31 août. . . 607 » | | 1370 | »

| | | 26210 | |

12. ——— DU 1er AOUT. ———

2 / **6** | CAISSE à DURAND, fr. 4400, reçus dudit en
espèces pour payement de 10 balles de laine à
lui vendues le 17 du mois dernier. . . . . . | | 4400 | »

13. ——— DU 5 AOUT. ———

1 / **6** | MARCHANDISES GÉNÉR. à GARNIER,
fr. 15540, pour achat de 6 ballots indigo du
Bengale, pesant 777 kilog., à 20 fr. le kilog.
payables dans le courant du mois . . . . . . | | 15540 | »

14. ——— DUDIT. ———

1 | DIVERS à MARCHANDISES GÉNÉRALES,
fr. 18130, pour les ventes ci-après faites aux
suivants :

6 | PAUL, fr. 6216, pour 259 kilog. d'indigo Ben-
gale, à 24 fr. le kilog., payables le 26 courant. . . . . 6216 »

6 | LEBRUN, fr. 6216, pour idem . . 6216 »

2 | CAISSE, fr. 5698, pour 259 kilog.
d'indigo vendu à Dupui, qui m'a
payé comptant. . . . . 5698 » | | 18130 | »

| | Reporte. | 64280 | » |

	Report.	64280	»

15. —— DU 6 AOUT. ——

$\frac{3}{6}$ EFFETS A RECEVOIR à LEBRUN, *fr.* 6216,
pour son billet à mon ordre, au 2 octobre,
qu'il m'a remis en payement de marchandises
à lui vendues le 5 courant. . . . . | 6216 | »

16. —— DUDIT. ——

$\frac{1}{6}$ MARCHANDISES GÉNÉRALES à PAUL, *fr.*
8743. 40, *pour achat à Paul, de 4 pièces de*
toile de Frise, payables en mes billets à son
ordre à 3 et 6 mois. . . . . | 8743 | 40

17. —— DUDIT. ——

$\frac{2}{6}$ CAISSE à DIVERS, *fr.* 5965, *reçus en espèces*
des suivants :

6 A PAUL, *fr.* 5425, *qu'il m'a comp-*
tés. . . . . 5425 »

6 A GARNIER, *fr.* 540, *idem.* . . . 540 » | 5965 | »

18. —— DU 7 AOUT. ——

$\frac{6}{4}$ PAUL à EFFETS à PAYER, *fr.* 8743. 40,
pour mes billets à lui remis.
Mon billet à son ordre au 10 octobre 2914. 46
Idem, au 26 octobre. 2914. 46
Idem, au 24 décembre. . . . . . 2914. 48 | 8743 | 40

19. —— DU 10 AOUT. ——

$\frac{2}{6}$ DIVERS à CAISSE. *fr.* 7860, *payés aux sui-*
vants :

6 PAUL, *fr.* 4000, *à lui comptes.* . . . 4000 »
6 DURAND, *fr.* 3500, *idem.* . . . . . 3500 »
6 LEBRUN, *fr.* 360, *idem.* . . . . . . 360 » | 7860 | »

| | *Reporté.* | 101807 | 80 |

	Report.	101807	80

20. ——— DU 11 AOUT. ———

1 DIVERS à MARCHANDISES GÉNÉRALES, fr. 10673. 50, pour les ventes ci-après :

2 CAISSE, fr. 2880, reçus en espèces de Durand, pour une pièce de toilt qu'il m'a payée comptant . . . . 2880 »

7 BEAUFOND, fr. 1793. 50, pour une pièce de toile payable en son billet à mon ordre. 1793 50

7 MÉNARD, fr. 6000, pour une pièce de toile payable en papier sur Paris. . . . . 6000 »

		10673	50

21. ——— DU 13 AOUT. ———

1
—
6 MARCHANDISES GÉNÉR. à LEBRUN, fr. 14581, pour achat à lui fait de 28 barriques de gomme du Sénégal, à 520ᶠ 75ᶜ la barrique, payable comme suit :

En papier sur Paris. . . . . 6000 »
En mes billets . . . . 6000 »
En argent . . . . 2581 »   14581 »

22. ——— DU 16 AOUT. ———

3
— EFFETS A RECEVOIR à DIVERS, fr. 7793 50, pour les billets ci-après que m'ont remis les suivants :

7 A BEAUFOND, fr. 1793. 50, pour son billet à mon ordre au 24 septembre . . . 1793. 50

7 A MÉNARD fr. 6000, pour sa traite à mon ordre sur André, au 16 novembre. . . . . 6000 »   7793 50

	Reporté.	134855	80

	Report.	134855	80

23. ———— DU 19 AOUT. ————

6 | **LEBRUN**, *à DIVERS, fr.* 14581, *pour les re-mises ci-après à lui faites :*

4 | *A EFFETS A PAYER, fr.* 6000, *mon billet à son ordre, au* 27 *novembre.* . . . . 6000 »

3 | *A EFFETS A RECEVOIR, fr.* 6000 *la traite sur André, au* 16 *novembre* . . . . 6000 »

2 | *A CAISSE, fr.* 2581, *à lui comptés pour solde.* . . . . 2581 » | 14581 | » |

24. ———— DU 22 AOUT. ————

2 / 6 | *CAISSE A PAUL, fr.* 6216, *reçu dudit en espèces en payement des indigos à lui vendus le* 5 *courant.* . . . . | 6216 | » |

25. ———— DU 26 AOUT. ————

1 / 6 | *MARCHANDISES GÉNÉR. à GARNIER, fr.* 2123, *pour achat à Garnier de* 250 *caisses de prunes d'Ante, payables le* 16 *du mois prochain.* . . . . | 2123 | » |

26. ———— DU 28 AOUT. ————

6 / 2 | *GARNIER à CAISSE, fr.* 15540, *payé en espèces audit les indigos achetés le* 5 *courant.* . . | 15540 | » |

27. ———— DU 31 AOUT. ————

2 / 3 | *CAISSE à EFFETS A RECEVOIR, fr.* 1370, *encaissé les effets suivants :*

Le billet de Ménard à mon ordre, au 31 *courant.* . . . . 763 »

Idem, Beaufond, au 31 *courant.* . . 507 » | 1370 | » |

	Reporté.	174685	80

		Report.	171685	80

28. ——————— DU 2 SEPTEMBRE. ———————

1   *DIVERS à MARCHANDISES GÉNÉRALES,*
    fr. 16580, *ventes aux suivants :*

7   *DARNAY, fr.* 10200, *pour* 17 *tonneaux vin rouge*
    de Bordeaux, à 600 *fr.*, *payables en son billet*
    à mon ordre à 5 *mois.* . . . . 10200 »

7   *MÉNARD, fr.* 6380, *pour* 11 *ton-*
    neaux du même vin, à 580 *fr.*,
    payables à 4 *mois ou à l'escompte*
    de 3 *pour cent.* . . . . 6380 »

			16580	»

29. ——————— DU 4 SEPTEMBRE. ———————

3
—   *EFFETS A RECEVOIR à DARNAY,* 10200, *pour*
7   *son billet à mon ordre, au* 31 *janvier; qu'il m'a*
    remis en payement. . . . .

			10200	»

30. ——————— DUDIT. ———————

4
—   *EFFETS A PAYER à CAISSE, fr.* 945, *payé mon*
2   *billet ordre Paul, échu ce jour.* . . . .

			945	»

31. ——————— DU 6 SEPTEMBRE. ———————

7   *DIVERS à MÉNARD., fr.* 6380, *qu'il m'a payés*
    sous escompte pour solder son achat du 2 *cou-*
    rant :

2   *CAISSE, fr.* 6188. 60, *reçu dudit en es-*
    pèces. 6188. 60

5   *PERTES ET PROFITS, fr.* 191. 40,
    escompte de 3 *pour cent qu'il a re-*
    tenu. 191. 40

			6380	»

		Reporté.	208790	80

	Report.	208790	80

32. ———— DU 8 SEPTEMBRE. ————

$\frac{2}{1}$ *CAISSE à MARCHANDISES GÉNÉRALES,*
fr. 970, reçu en espèces sous escompte de 3
pour cent, de Bulton, pour 1000 fr. d'indigos
à lui vendus . . . . | | 970 | » |

33. ———— DU 10 SEPTEMBRE. ————

1 *DIVERS à MARCHANDISES GÉNÉRALES,*
fr. 2593, pour ventes aux suivants :

7 *NANTEUIL, fr. 1029, pour 80 cais-*
ses de prunes d'Ante . . . . . . 1029 »

8 *BOYER, fr. 1024, pour 100 idem.* . 1024 »

8 *VILLENEUVE, fr. 540, pour 70 id.* 540 » | | 2593 | » |

34. ———— DU 13 SEPTEMBRE. ————

$\frac{6}{2}$ *GARNIER à CAISSE, fr. 2123, payé audit en*
espèces sa facture du 26 du mois dernier. . . | | 2123 | » |

35. ———— DUDIT. ————

DIVERS à DIVERS, fr. 1569, reçu des sui-
vants ce qui suit :

3 *EFFETS A RECEVOIR, fr. 1029, entré le*
billet de Nanteuil à mon ordre, au 24 décem-
bre . . . . 1029 »

2 *CAISSE, fr. 540, reçus en espèces*
de Villeneuve. . . . . 540 »

1569 »

7 *A NANTEUIL, fr. 1029, pour son billet à*
mon ordre au 24 déc., qu'il m'a remis.
1029 »

8 *A VILLENEUVE, fr. 540, qu'il m'a*
comptés . . . . 540 » | | 1569 | » |

	Reporte.	216045	80

	Report.	216045	80

36. —— — DU 15 SEPTEMBRE. ——

3 | *EFFETS A RECEVOIR à BOYER, fr.* 1024.
— | *pour son billet à mon ordre, au 24 décembre,*
8 | *qu'il m'a remis* . . . .   1024 | »

37. ——DU 16 SEPTEMBRE. ——

1 | *MARCHANDISES GÉNÉR. à LEBRUN,*
— | *fr.* 38966, *pour achat fait audit, et frais de*
6 | *32 tonneaux vin de Médoc, à* 1200 *francs le*
| *tonneau*. . . . . 38400 »
| *Frais divers et de transport*. . . . . 566 »   38966 | »

38. ——   DUDIT.   ——

1 | *MARCHANDISES GENERALES à DIVERS,*
— | *fr.* 2100, *pour envoi que m'a fait Morton et*
| *compagnie d'une cargaison de café de Bour-*
| *bon sur le navire* le Duc de Bordeaux.

4 | *A EFFETS A PAYER, fr.* 2000, *pour mon ac-*
| *ceptation à la traite de Morton et compagnie,*
| *au 16 mars prochain*. . . . . . . 2000 »

2 | *A CAISSE, fr.* 100, *payé pour la*
| *prime d'assurances*. . . . . . . : 100 »   2100 | »

39. —— — DU 24 SEPTEMBRE. ——

1 | *DIVERS à MARCHANDISES GÉNÉRALES,*
| *fr.* 31951, *ventes faites aux suivants* :

7 | *NANTEUIL, fr.* 11019, *pour* 5 *tonneaux de*
| *vin de Sauterne, payables en son billet à mon*
| *ordre à 6 mois*. . . . . 11019 »

7 | *MÉNARD, fr.* 20932, *pour* 15 *ton-*
| *neaux idem, payables en son bil-*
| *let à mon ordre à 6 mois*. . . . . 20932 »   31951 | »

	Reporté.	290086	80

		Report.	290086	80

40. ———— DU 24 SEPTEMBRE. ————

$\frac{2}{3}$ CAISSE à EFFETS A RECEVOIR, fr. 1793. 50, encaissé le billet de Beaufond, échu ce jour.   ... 1793 | 50

41. ———— DU 25 SEPTEMBRE. ————

DIVERS à DIVERS, fr. 31951, reçu des suivants :

3 EFFETS A RECEVOIR, fr. 28426, pour entrée des effets ci-après :

Le billet de Nanteuil à mon ordre au 17 juin . . . . 11019 »

Idem, de Ménard, à
mon ordre, au 22
janvier. . . . . . 17407 »   28426 »

2 CAISSE, fr. 3525, reçus en espèces
de Ménard . . . . 3525 »

                                                    31951 »

7 A NANTEUIL, fr. 11019, pour son
billet à mon ordre. . . . . . . 11019 »

7 A MÉNARD, fr. 20932, pour son
billet et solde en espèces. . . . . 20932 »   31951 | »

42. ———— DU 26 SEPTEMBRE. ————

6 LEBRUN à DIVERS, fr. 38966, à lui remis ce
qui suit :

3 A EFFETS A RECEVOIR, fr. 28426, les effets
suivants :

Le billet de Ménard, à mon ordre, au 22 janvier. . . . . 17407 »

Idem, de Nanteuil, à mon ordre, au

		Reporté.	323831	30

			Report.	323831	30
	Report.	17407 »			
	17 juin.	11019 »			
		28426 »			
4	A EFFETS A PAYER, fr. 5000, mon billet ordre Lebrun, au 24 décembre.	5000 »			
2	A CAISSE, fr. 5540, compté pour solde.	5540 »	38966	»	

43. ———— DU 30 SEPTEMBRE. ————

3	DIVERS à EFFETS A RECEVOIR, fr. 10200, négocié le billet de Darnay, au 31 janvier.			
2	CAISSE, fr. 10065. 70, reçu en espèces pour produit net.	10065. 70		
5	PERTES ET PROFITS, fr. 134. 30, escompte retenu de 1/4 pour cent et le courtage.	134. 30	10200	»

44. ———— DUDIT. ————

3 — ç	EFFETS A RECEVOIR à DIVERS, fr. 1000, escompté l'acceptation de Bosc et compagnie, au 15 février.			
2	A CAISSE, fr. 992. 50, payé en espèces, net.	992. 50		
5	A PERTES ET PROFITS, fr. 7.50, escompte retenu.	7. 50	1000	»

45. ———— DUDIT. ————

8 — 4	LAFOND à EFFETS A PAYER, fr. 1000, remis audit mon billet à son ordre, valeur au 31 décembre.			1000	»
		Reporté.	374997	30

	Report.	374997	30

46. ———— DU 30 SEPTEMBRE. ————

8 | DIVERS à LAFOND, fr. 1000, *pour solder le*
compte de Lafond, failli, ayant concordaté à
20 *pour cent.*

2 | CAISSE, *fr.* 200, *reçu comptant le*
dividende   200   »

5 | PERTES ET PROFITS, *fr* 800,
perte ou remise faits sur cett.
créance · . . . . : . 800   » | 1000 | » |

47. ———— DUDIT. ————

2 |
— | CAISSE à PERTES ET PROFITS. *fr.* 3600,
5 | *reçu de Johnson, de New-York, pour ma*
commission de 2 pour cent sur les 180000 *fr.*
de grains que j'ai vendus de son ordre et pour
son compte . . . . | 3600 | » |

48. ———— DUDIT. ————

2 |
— | CAISSE à PERTES ET PROFITS, *fr.* 10000,
5 | *reçu en espèces pour héritage, gain à la lo-*
terie, dans un pari, au jeu, ou reçu en cadeau
de mon père. . . . . | 10000 | » |

49. ———— DUDIT. ————

5 |
-- | PERTES ET PROFITS à CAISSE, *fr.* 1000,
2 | *donnés en présent à ma sœur, ou perdus au*
jeu, dans un pari, ou dérobés dans ma caisse. | 1000 | » |

50. ———— DUDIT. ————

5 |
-- | PERTES ET PROFITS à CAISSE, *fr.* 500,
2 | *payé le semestre de rente ou pension que je*
fais à la veuve Laforêt . . . . | 500 | » |

	Reporté.	391097	30

		Report.	391097	30

51. —— DU 30 SEPTEMBRE. ——

$\frac{5}{2}$ *PERTES ET PROFITS à CAISSE, fr.* 2500, *payé les dépenses ci-après :*

Pour mes frais de maison. . . . .   1000 »

Pour mes dépenses personnelles. .   500 »

Pour frais généraux de patente, impositions, ports de lettres, etc.   1000 »   **2500**   »

52. —— DUDIT.

$\frac{5}{9}$ *PERTES ET PROFITS à ARNAULD, fr.* 2000, *achat à Williams d'un cheval anglais, payé pour mon compte par Arnauld de Londres.* .   **2000**   »

53. —— DUDIT. ——

$\frac{9}{2}$ *ARNAULD à CAISSE, fr.* 2000, *payé au sellier Guetting pour le compte d'Arnauld.* . . .   **2000**   »

54. —— DUDIT. ——

$\frac{2}{9}$ *CAISSE à ARNAULD, fr.* 1000, *reçu en espèces de Forbin pour le compte d'Arnauld.* . .   **1000**   »

55. —— DUDIT.

$\frac{2}{9}$ *CAISSE à ARNAULD, fr.* 1000, *reçu en espèces de Villeneuve pour le crédit que je lui ai ouvert chez Arnauld.* . . . .   **1000**   »

56. —— DUDIT. ——

$\frac{9}{8}$ *ARNAULD à BULTON, f.* 1000, *crédit que j'ouvre chez moi à Bulton pour compte d'Arnauld.*   **1000**

57. —— DUDIT. ——

$\frac{8}{9}$ *FOISSAC à ARNAULD, fr.* 1000, *crédit ouvert à Foissac pour mon compte chez Arnauld.* . . . .   **1000**   »

		Reporté.	401597	30

	Report.	401597	30

58. —— DU 30 SEPTEMBRE. ——

3/4	*EFFETS A RECEV.* à *EFFETS A PAYER,* fr. 1000, entré le billet de Durieu à mon ordre au 31 mars prochain, qu'il m'a remis en échange de mon billet à son ordre de la même somme et à la même échéance.	1000	»

59. —— DUDIT. ——

5/8	*PERTES ET PROFITS* à *FOISSAC,* fr. 1000, perte éprouvée avec Foissac, mort insolvable, et pour solder son compte.	1000	»

60. —— DU 2 OCTOBRE. ——   403597 | 30

6/1	*GARNIER* à *MARCHANDISES GÉNÉR.,* fr., 15545, vente à lui faite de 20 tonneaux de vin rouge à crédit	15545	»

61. —— DUDIT. ——

2/3	*CAISSE* à *EFFETS A RECEVOIR.* fr. 6216, encaissé le billet de Lebrun, échu ce jour. . .	6216	»

62. —— DU 4 OCTOBRE. ——

3/6	*EFFETS A RECEV.* à *GARNIER,* fr. 15545, pour les effets ci-après qu'il m'a remis en payement :		

La traite à mon ordre sur Davidson, au 2 mars . . . . 5000 »

Son billet à mon ordre, au 18 novembre . . . . 4000 »

Idem, au 18 novembre. . . . . . 3000 »

Billet de Didier, au 24 octobre . . 3545 »   15545 | »

	Reporté.	440903	30

		Report.	440903	30

63. ———— DU 6 OCTOBRE. ————

1 — | *MARCHANDISES GÉNÉRALES à DIVERS,* *fr. 53354, achat et frais de 440 douzaines de bas de soie, à 120 fr. la douzaine.*

9 | *A ARNAULD, fr. 53254, montant de sa facture s'élevant, frais compris, à . . . . 53254 »*

2 | *A CAISSE, fr. 100, payé pour frais à la réception . . . . 100 »* | 53354 | »

64. ———— DU 7 OCTOBRE. ————

1 — | *DIVERS à MARCHANDISES GÉNÉRALES,* *fr. 74427. 88, ventes ci-après faites aux suivants •*

7 | *NANTEUIL, fr. 32713. 88, pour 200 douzaines de paires de bas de soie 32713. 88*

6 | *LEBRUN, fr. 38338, pour 215 douzaines de paires de bas de soie . . . . 38338 »*

8 | *VILLENEUVE, fr. 3376, pour 25 douzaines de paires de bas de soie . . . . 3376 »* | 74427 | 88

65. ———— DU 10 OCTOBRE. ————

4 — 2 | *EFFETS A PAYER à CAISSE, fr. 2914. 46,* *payé mon billet ordre Paul, échu ce jour. . .* | 2914 | 46

66. ———— DUDIT. ————

| *DIVERS à DIVERS, fr. 74427. 88, pour ce qui suit :*

3 | *EFFETS A RECEVOIR, fr 63493. 88, entré les effets suivants :* | | »

		Reporté.	571599	64

		Report.	571599	64

La traite sur Londres, à 10 jours de vue, de 382 livres 10 sous 6 deniers sterling, faisant au change de 25.50. . . . 9754.38

Le billet de Nanteuil à mon ordre, au 18 novembre. . . . . 9000 »

Id. au 11 mars. . . . . 8000 »

Id. au 18 novembre. 5959.50

La traite sur Amsterdam de 2940 florins 3 deniers, faisant au change de 54. (a). 6533.50

La traite sur Cadix de 3915 piastres 3 réaux 50 maravédis, faisant au change de 3.40 (a). 13313.50

Le billet de Lebrun à mon ordre, au 18 novembre. . . . . 3000 »

Id. au 18 novembre. . . . . 4000 »

Id. au 18 id. . . . . 2245 »

Id. de Villeneuve, au 1er mars. . . . . 1688 »

63493.88

2 CAISSE, *fr.* 10900.24, *reçus en espèces :*

De Lebrun pour solde. 9246 »

De Villeneuve sous escompte. 1654.24 10900.24

5 PERTES ET PROFITS, *fr.* 33.76, *escompte retenu par Villeneuve.* 33.76

74427.88

		Reporté.	571599	64

(a) C'est l'ancien mode de change; voir note du paragraphe 176.

			Report.	571599	64
7	A NANTEUIL, *fr.* 32713. 88,				
	pour ses remises ci-dessus . . .	32713. 88			
6	A LEBRUN, *fr.* 38338, *id.* . . .	38338 »			
8	A VILLENEUVE, *fr.* 3376, *id.*	3376 »		74427	88

67. ——— DU 18 OCTOBRE. ———

3	DIVERS à EFFETS A RECEVOIR, *fr.* 9754. 38, *négocié la traite sur Londres de 382 livres 10 sous 6 deniers sterling, que Nanteuil m'avait donnée au change de 25. 50.*			
9	ARNAULD, *fr.* 9563. 12, *pour ladite traite que je lui ai négociée au change de 25, faisant à ce change.*	9563. 12		
5	PERTES ET PROFITS, *fr.* 191. 26, *perte sur la différence du change.* .	191. 26	9754	38

68. ——— DUDIT. ———

9	ARNAULD à DIVERS, *fr.* 6656. 77, *à lui négocié la traite sur Amsterdam de 2940 florins 3 deniers, au change de 53.*			
3	A EFFETS A RECEVOIR, *fr.* 6533. 50, *pour sortie de ladite traite, entrée au change de 54*	6533. 50		
5	A PERTES ET PROFITS *fr.* 123 27, *bénéfice provenant de la différence du change*	123. 27	6656	77

69. ——— DUDIT. ———

9	ARNAULD à DIVERS, *fr.* 37721. 58, *pour les valeurs ci-après que je lui ai remises :*			
3	A EFFETS A RECEVOIR, 13313. 50, *sortie de la traite sur Cadix de 3915 piastres*			»
			Reports.	662438	67

		Report.	662438	67

3 réaux 50 maravédis, au change
de 3.40, faisant. 13313. 50

4 | A EFFETS A PAYER, fr. 24408.
08, donné mes billets ci-après :
Mon billet à son ordre,

.au 15 mars . . .   9000 »
Id. au 31 mars . . .   8000 »
Id. au 15 avril . . .   7408. 08

		24408. 08	37721	58

70. ———— DU 21 OCTOBRE. ————

1 | MARCHANDISES GÉNÉRALES à DIVERS,
fr. 4700, pour achat de 4 caisses de borax raffiné, fait à Barry, qui s'est remboursé en tirant
sur moi la traite ci-après :

4 | A EFFETS A PAYER, fr. 4500, mon accep-
tation à la traite de Barry, ordre Léonard, au
5 novembre . . . .   4500 »

2 | A CAISSE, fr. 200, payé pour frais
à leur réception . . . .   200 » | 4700 | »

71. ———— DU 23 OCTOBRE. ————

1 | DIVERS à MARCHANDISES GÉNÉRALES,
fr. 6000, pour vente à Weymann de 4 caisses
de borax, en payement desquelles j'ai tiré sur
lui une traite au 31 courant, à l'ordre de
Ruffier, qui m'en a compté la valeur ainsi qu'il
suit :

2 | CAISSE, fr. 5985, reçu en espèces de Ruffier,
pour net produit . . . .   5985 »

5 | PERTES ET PROFITS, fr. 15, es-
compte déduit . . . .   15 » | 6000 | »

		Reporté.	710860	25

Report.	710860	25
72. ——— DU 24 OCTOBRE. ———		
$\frac{2}{3}$ *CAISSE* à *EFFETS A RECEVOIR*, *fr.* 3545, encaissé le billet de Didier, échu ce jour . . .	3545	»
73. ——— DUDIT. ———		
$\frac{1}{9}$ *MARCHANDISES GÉNÉR.* à *ARNAULD*, *fr.* 3400, pour achat fait à Garnier de 6 caisses d'indigo, que j'ai payées en un mandat sur Arnauld, au 20 janvier prochain	3400	
74. ——— DU 26 OCTOBRE. ———		
1 *NANTEUIL* à *DIVERS*, *fr.* 9754. 38, pour retour que je lui fais de la traite sur Londres qu'il m'avait négociée au change de 25. 50, revenue protestée.		
4 *A EFFETS A PAYER*, *fr.* 9563. 12, pour mon acceptation à la traite qu'a tirée sur moi Arnauld, au 31 mars, en remboursement de la traite sur Londres, que je lui avais cédée au change de 25, et qu'il m'a renvoyée protestée 9563. 12		
5 *A PERTES ET PROFITS*, *fr.* 191. 26, rentrée de la perte faite lors de la négociation 191. 26	9754	38
75. ——— DUDIT. ———		
$\frac{4}{2}$ *EFFETS A PAYER* à *CAISSE*, *fr.* 2914. 46, payé mon billet ordre Paul, échu ce jour. . .	2914	46
76. ——— DUDIT. ———		
$\frac{7}{2}$ *NANTEUIL* à *CAISSE*, *fr.* 9754. 38, reçu en espèces de Nanteuil pour remboursement de sa remise sur Londres, revenue protestée	9754	38
Reporté.	740228	47

| | | Report. | 740228 | 47 |

77. ———— DU 1er NOVEMBRE. ————

$\frac{2}{10}$ DIVERS à CAISSE, fr. 3700, payé diverses
dépenses du mois dernier.

10 FRAIS DE MAISON, fr. 2200, pour ce qui
suit :

Ceux du mois d'octobre. 1200 »
Ceux relatifs aux voitu-
res et chevaux . . . . 1000 » 2200 »

10 FRAIS GÉNÉRAUX, fr. 1000, appointements et ports de lettres. . . 1000 »

10 DÉPENSES PERSONNELLES ,
fr. 500, deniers de poche . . . . . 500 » | 3700 | » |

78. ———— DUDIT. ————

$\frac{2}{7}$ CAISSE A NANTEUIL, fr. 9754. 38, pour annuler et contrepasser un article de pareille
somme, porté par erreur au débit de Nan-
teuil . . . . | 9754 | 38 |

79. ———— DUDIT. ————

$\frac{2}{7}$ CAISSE à NANTEUIL, fr. 9754. 38, reçu dudit pour le remboursement de sa remise sur
Londres, revenue protestée . . . . | 9754 | 38 |

80. ———— DUDIT. ————

$\frac{10}{2}$ MOBILIER à CAISSE, fr. 15000, achat d'un
nouveau mobilier . . . . | 15000 | » |

81. ———— DUDIT. ————

$\frac{2}{10}$ CAISSE à MOBILIER, fr. 3000, reçu pour
prix de la vente de diverses parties de mon an-
cien mobilier . . . . | 3000 | » |

| | | Reporté. | 781437 | 23 |

Report.	781437	**23**

82. ——— DU 3 NOVEMBRE. ———

$\frac{9}{1}$ **DIDIER** *à* **MARCHANDISES GÉNÉR.,** *fr.*
10100, *pour vente faite à Arnauld de 20 ton-*
neaux de vin de Médoc, dont je lui ai donné
ordre de verser le prix pour mon compte à
Didier   10100   »

83. ——— DU 5 NOVEMBRE. ———

$\frac{1}{-}$ **MARCHANDISES GÉNÉRALES** *à* **DIVERS,**
fr. 8455, *pour achat et frais d'une balle de*
draps assortis, d'envoi de Raymond de Sédan,
qui m'a donné l'ordre d'en compter le prix à
Nanteuil; ce que j'ai fait en lui remettant son
billet ci-après acquitté.

3 *A* **EFFETS A RECEVOIR,** *fr.* 8000, *rendu le*
billet de Nanteuil à mon ordre, au 11 mars.
                                    8000 »

2 *A* **CAISSE,** *fr.* 455, *payé ce qui suit :*
Pour solde à Nanteuil. .   355 »
Pour frais à la réception.   100 »   455 »   8455   *

84. ——— DUDIT. ———

$\frac{11}{2}$ **ACTIONS DE LA Cⁱᵉ DU SOLEIL** *à* **CAISSE,**
fr. 18500, *achat au comptant fait à Desbas-*
syns de Richemont, à 66 pour cent de perte,
de 42 actions nominatives, y compris les 1800
fr. de rentes 5 pour cent sur l'État, qui
en forment la garantie et les autres acces-
soires.   18500   »

85. ——— DUDIT. ———

$\frac{4}{2}$ **EFFETS A PAYER** *à* **CAISSE,** *fr.* 4500, *payé*
mon acceptation à la traite de Barry, ordre
Léonard, échue ce jour   4500

Reporté.	822992	**23**

| | Report. | 822992 | 23 |

86. ——— DU 12 NOVEMBRE. ———

$\frac{1}{9}$ *MARCHANDISES GÉNÉRALES à DIDIER,*
fr. 10100, *pour les achats ci-après faits aux*
suivants, que j'ai autorisés à se prévaloir pour
mon compte du montant de ces marchandises
sur Didier :

Acheté à Garnier 7 ton. vin rouge. 3500 »

Id.   à Paul 10   id. . . . . 4000 »

Id.   à Lebrun 5   id. . . . . 2600 » | | 10100 | » |

87. ——— DU 16 NOVEMBRE. ———

$\frac{1}{-}$ *DIVERS à MARCHANDISES GÉNÉRALES,*
fr. 12050, *vente faite aux suivants :*

6 *DURAND, fr.* 5060, *pour* 10 *tonneaux de vin*
de Médoc, payables à l'escompte
de 3 1/4 %. . . . . 5060 »

7 *BEAUFOND, fr.* 6990, *pour* 12 *ton-*
neaux vin de Médoc, payables en
papier sur Hambourg . . . . . . 6990 » | | 12050 | » |

88. ——— DU 18 NOVEMBRE. ———

$\frac{3}{7}$ *EFFETS A RECEVOIR à BEAUFOND,*
fr. 6990, *remise qu'il m'a faite d'une traite*
sur Hambourg de 3677 *marcs banco, faisant*
au change de 190. . . . . | | 6990 | » |

89. ———   DUDIT.   ———

$\frac{2}{3}$ *CAISSE à EFFETS A RECEVOIR, fr.* 31204.
50, *reçu le montant des billets ci-après :*

| | Reporté. | 852132 | 23 |

		Report.	852132	23

Le billet de Garnier à mon ordre au 18 novembre . . . . 4000 »
Id.   --   au 18 novembre. 3000 »
Id. de Nant uil , au 18 novembre. 9000 »
Id.   —   au 18 novembre. 5959 50
Id   de Lebrun , au 18 novembre. 3000 »
Id.   —   au 18 novembre. 4000 »
Id.   —   au 18 novembre. 2245 »   31204 50

90. ——— DU 24 NOVEMBRE. ———

6 / 2

DIVERS à DURAND, fr. 5060, qu'il m'a payés sous escompte comme suit :

CAISSE, fr. 4895. 52, reçu dudit en espèces.
                          4895. 52

5 PERTES ET PROFITS, fr. 164. 48,
   escompte de 3 1/4 p. cent retenu. . 164.48   5060 »

91. ——— DU 27 NOVEMBRE. ———

4 / 2

EFFETS A PAYER à CAISSE, fr. 6000, payé mon billet ordre Lebrun, échu ce jour . . . .   6000 »

92. ——— DU 28 NOVEMBRE. ———

9 / 2

ARNAULD, S/ Cte DE MARCHses à CAISSE, fr. 200, payé pour son compte les frais à la réception des 80 pièces de drap de soie assorties qu'il m'a expédiées pour les vendre pour son compte. . . . .   200 »

93. ——— DU 30 NOVEMBRE. ———

2

DIVERS à CAISSE, fr. 2300, payé pour les dépenses du mois de novembre.   »

		Reporte.	894596	73

	Report.	894596	73
10	FRAIS DE MAISON, *fr.* 850, *ceux* *du mois.* . . . . 850 »		
10	DÉPENSES PERSONNELLES, *fr.* 750, *celles du mois* . . . . 750 »		
10	FRAIS GÉNÉRAUX, *fr.* 700, *appointements et ports de lettres* . . . 700 »	2300	»
		896896	73

94. ———— DU 3 DÉCEMBRE. ————

9 — 9	ROUGEMONT à ARNAULD, S/C^le DE MAR- CHANDISES, *fr.* 20000, *pour vente de 60 pièces de drap de soie d'Arnauld, faite à Stre- keysen, qui m'a ouvert en payement un crédit sur Rougemont de Lowemberg.*	20000	»

95. ———— DU 8 DÉCEMBRE. ————

9 — 9	ARNAULD S/C^le DE MARCH^ses à ROUGE- MONT, *fr.* 10000, *remise faite à Arnauld, à valoir sur ses draps de soie, en une traite à vue sur Rougemont de Lowemberg.*	10000	»

96. ———— DU 9 DÉCEMBRE. ————

2 — 9	CAISSE à ROUGEMONT, *fr.* 10000, *reçu en espèces pour ma traite à vue sur Rougemont, à l'ordre de Péraire, à qui je l'ai négociée au pair*	10000	»

97. ———— DUDIT. ————

10 — 2	BANQUE DE FRANCE à CAISSE, *fr.* 30000, *versés en espèces à la banque*	30000	»
	Reporté.	966896	73

		Report.	966896	73
	98. —————— DU 13 DÉCEMBRE. ——————			
	DIVERS à DIVERS. fr. 1100, pour échange de signature.			
3	EFFETS A RECEVOIR, fr. 1000, pour le billet de Bonneval à mon ordre, au 15 juin. 1000 »			
2	CAISSE, fr. 100, reçu dudit pour bonification. . . . . 100 »			
	1100 »			
4	A EFFETS A PAYER, fr. 1000, pour mon billet à l'ordre de Bonneval, au 15 juin. 1000 »			
5	A PERTES ET PROFITS, fr. 100, bénéfice pour avoir prêté ma signature . . . . 100 »	1100	»
	99. —————— DU 17 DÉCEMBRE. ——————			
9 — 9	ARNAULD, S/Cᵗᵉ DE MARCHANDISES à ARNAULD, S/Cᵗᵉ de MARCHˢᵉˢ, fr. 7345, pour vente des 20 dernières pièces de drap de soie d'Arnauld faite à Decliéver, qui en a effectué le payement en une traite à mon ordre sur ledit Arnauld, au 8 avril prochain, traite que j'ai envoyée acquittée à Arnauld à valoir sur ses draps de soie	7345	»
	100. —————— DUDIT. ——————			
9 — 5	ARNAULD, S/Cᵗᵉ DE MARCHˢᵉˢ à PERTES ET PROFITS, fr. 1093. 80, pour ma commission de vente et garantie de 4 pour cent.	1093	80
		Reporté.	976435	53

		Report.	976435	53

101. ———— DU 17 DÉCEMBRE. ————

$\frac{9}{9}$ *ARNAULD, S/Cte DE MARCHANDISES à*
S Cte COURANT, fr. 8706. 20, pour solde
de son compte de marchandises, solde qui re-
vient à Arnauld. . . . .   8706 | 20

102. ———— DU 21 DÉCEMBRE. ————

$\frac{3}{2}$ *EFFETS A RECEVOIR à CAISSE, fr. 8276.*
54, escompté les effets ci-après à Martin.

    Traite sur Londres de 82 liv. 17 sous 6 de-
    niers, au change de 25. 10 . . .   2080. 16

    Id. sur Amsterdam de 1283 florins
    19 sous, au change de 54. . . .   2750. 50

    Id. sur Hambourg de 1832 m. 13 s.
    au change de 188 . . . .   3445. 88   8276 | 54

103. ———— DUDIT. ————

3 *EFFETS A RECEVOIR à DIVERS, fr. 1000,*
escompté le billet de Forestier au 20 juin, ainsi
qu'il suit :

2 *A CAISSE, fr. 970, à lui compté le net pro-*
duit. . . . .   970 . »

5 *A PERTES ET PROFITS, fr. 30,*
escompte retenu . . . .   30 »   1000 | »

104. ———— DUDIT. ————

9 *ARNAULD à DIVERS, fr. 2113. 31, qu'il m'a*
donné ordre de payer pour son compte à Wil-
liams de Londres; ce que j'ai fait en remettant
audit la traite ci-après :

		Reporté.	994418	27

			Report.	994418	27
3	A EFFETS A RECEVOIR, fr. 2080. 16, pour la traite sur Londres de 82 livres 17 sous 6 deniers, entrée et prise au change de 25. 10, faisant 2080. 16				
5	A PERTES ET PROFITS, fr. 33. 15, pour bénéfice provenant de la différence du change. 33. 15			2113	31

105. ———— DU 21 DÉCEMBRE. ————

2 — 11	CAISSE à ACTIONS DE LA Cie DU SOLEIL, fr. 17000, reçu en espèces pour ce qui suit :				
	Vente à Duclos de 20 actions nominatives à 50 pour cent de perte sans accessoires. 10000 »				
	De 10 actions à Lefebvre à 30 pour cent de perte. . . . . . . 7000 »			17000	»

106. ———— DUDIT. ————

11 —	RENTES SUR L'ÉTAT à DIVERS, fr. 42000, pour achat de 2000 fr. de rente 5 pour cent, au cours de 105, payés comme suit sans court.				
2	A CAISSE, fr. 22000, payés en espèces. 22000 »				
10	A BANQUE DE FRANCE, f. 20000, en mon mandat sur elle. . . . . . 20000 »			42000	»

107. ———— DUDIT. ————

10 -- 2	OBLIGATIONS HYPOTHÉCAIRES A RE-CEVOIR à CAISSE, fr. 10000, pour prêt fait à Neville, remb^{le} dans 10 ans du 1er janv. pr., int. 5 °/$_o$ avec gar. par 1re hyp. sur sa maison.			10000	»
			Reporté.	1065531	58

		Report.	1065531	58

108. ——— DU 22 DÉCEMBRE. ———

2 CAISSE à DIVERS, *fr.* 7278. 20, *reçu en es-*
pèces. produit de la négociation faite à Wells
et compagnie de la traite ci-après sur Ham-
bourg, au change de 189.

3 A EFFETS A RECEVOIR, *fr.* 6990, *sortie de*
la traite sur Hambourg de 3678 marcs 7 s.,
entrée à 197 pour . . . . 6990 »

5 A PERTES ET PROFITS, *fr.* 288.
20, *différence du change* . . . . . 288.20   **7278** | **20**

109. ———   DUDIT.   ——— ———

11 MARCHANDI*ses* EN COMMISSION CHEZ
ARNAULD à DIVERS, *fr.* 4250, *pour frais*
et achat fait à Lebrun de 10 tonneaux de
vin rouge à 400 fr. le tonneau, expédiés de
suite à Arnauld pour être vendus pour mon
ompte.

6 A LEBRUN , *fr.* 4000, *montant de sa fac-*
ture. . . . . 4000 »

2 A CAISSE, *fr.* 250, *payé pour frais*
à l'expédition . . . . 250 »   **4250** | **»**

110. ———   DUDIT.   ———

1 MARCHANDISES GÉNÉRALES à DIVERS,
fr. 6676. 21, *achat fait à Lebrun de 10 tonn.*
de vin rouge, que je lui ai payés comme
suit :

4 A EFFETS A PAYER, *fr.* 4000, *donné mon*
billet à son ordre au 22 mars. . . 4000 »

10 A BANQUE DE FRANCE, *f.* 2676.
21, *mon mandat sur elle* . . . . . 2676. 21   **6676** | **21**

		Reporte.	1083735	99

		Report.	1083735	99

111. —— DU 23 DÉCEMBRE. ——

4	DIVERS à EFFETS A PAYER, fr. 20000, empruntés à Tixier contre mon billet à son ordre de pareille somme, au 10 janvier.			
2	CAISSE, fr. 19800, reçus en espèces de Tixier.	19800 »		
5	PERTES ET PROFITS, fr. 200, escompte à 1 pour cent, qu'il a retenu	200 »	20000	»

112. —— DUDIT. ——

| 11 | MARCHANDIˢᵉˢ EN COMMISSION CHEZ ARNAULD à CAISSE, fr. 20300, pour envoi fait à Arnauld, pour vendre pour mon compte, de 20 tonneaux de vin de Médoc, que j'ai achetés au comptant à Jakson, à 1000 fr. le tonneau . . . . | 20000 » | | |
| 2 | Frais d'expéaition . . . . | 300 » | 20300 | » |

113. —— DUDIT. ——

| 11 | MARCHANDIˢᵉˢ EN COMMISSION CHEZ ARNAULD à MARCHANDISES GÉNÉRALES, fr. 1000, envoi d'un baril d'indigo avarié de la valeur de. . . . . | | 1000 | » |
| 1 | | | | |

114. —— DUDIT. ——

1	MARCHANDISES GÉNÉRALES à DIVERS, fr. 8700, pour achat fait à Nanteuil de 20 tonn. de vin rouge, payés comme suit :			
4	A EFFETS A PAYER, fr. 4350, donné mon billet ordre Nanteuil, au 15 juin. 4350 »			
10	A BANQUE DE FRANCE, f. 4350, pour mon mandat sur elle à vue. 4350 »		8700	»

		Reporté.	1133735	99

| | | Report. | 1133735 | 99 |

115. ——— DU 23 DÉCEMBRE. ———

7	DIVERS à NANTEUIL, fr. 6000, que je lui ai empruntés pour 2 mois, à demi pour cent par mois.			
2	CAISSE, fr. 5940, reçus en espèces dudit. 5940 »			
5	PERTES ET PROFITS, fr. 60, escompte qu'il m'a retenu . . . . . 60 »		6000	»

116. ——— DUDIT. ———

3	EFFETS A RECEVOIR à DIVERS, fr. 6000, escompté le billet de Lebrun, au 20 décembre de l'année prochaine.			
2	A CAISSE, f. 5640, payé en espèces. 5640 »			
5	A PERTES ET PROFITS, fr. 360, escompte de 6 pour cent. . . . . . 360 »		6000	»

117. ——— DU 24 DÉCEMBRE. ———

| 4 / 10 | EFFETS à PAY. à BANQUE DE FRANCE, fr. 7914. 48, payé mes billets ci-après en mandats sur la banque. Mon billet ordre Paul, au 24 courant, en un mandat sur elle . . . . 2914. 48 Id. ordre Lebrun, au 24 décembre, en un mandat sur elle. . . 5000 » | | 7914 | 48 |

118. ——— DUDIT. ———

| 2 / 3 | CAISSE à EFFETS A RECEVOIR, fr. 2053, encaissé les billets ci-après : Le billet de Nanteuil au 24 courant. 1029 » Id. de Boyer . . . . id. . . . 1024 » | | 2053 | » |

| | | Reporté. | 1155703 | 47 |

		Report.	1155703	47

119. ———— DU 25 DÉCEMBRE. ————

5	*DIVERS à CAPITAL, fr.* 331000, *pour héritage de mon oncle.*			
2	*CAISSE, fr.* 25000 *en espèces* . .	25000 »		
11	*RENT. SUR L'ÉTAT. fr.* 216000, *pour* 10000 *fr. de rentes 5 pour cent sur l'Etat à* 108	216000 »		
11	*MAISON A BORDEAUX, fr.* 40000, *pour sa valeur estimée.*	40000 »		
11	*CHATEAU DE C***, fr.* 50000, *estimé.*	50000 »	331000	»

120. ———— DUDIT. ————

5 — 12	*CAPITAL à LÉGATAIRES ET CRÉANC. DIVERS DE LA SUCCESSION, fr.* 50000, *montant du legs et des créances à payer dans la succession de mon oncle, dont le détail suit (les détailler) :*		50000	»

121. ———— DU 26 DÉCEMBRE. ————

2 — 11	*CAISSE à RENTES SUR L'ÉTAT, fr.* 43146, *reçu en espèces pour produit de la vente de* 2000 *fr. de rentes à* 108 *fr., déduction faite du courtage de* 1/8.		43146	»

122. ———— DUDIT. ————

12 — 2	*LÉGATAIRES ET CRÉANCIERS DIVERS DE LA SUCCESSION à CAISSE, fr.* 10000 *payé à Châteaubourg le legs que mon oncle lui avait fait*		10000	»
		Reporté.	1589849	47

		Report.	1589849	47

123. ——— DU 26 DÉCEMBRE. ———

$\frac{2}{}$	DIVERS à CAISSE, fr. 30000, payé pour l'a-chat fait de compte à 1/3 avec les suivants de 50 boucauts de café, pesant 20000 livres, à 1 fr. 50 c. la livre.			
8	BOYER, fr. 10000, pour son 1/3 de l'achat.	10000 »		
7	DARNAY, fr. 10000, pour idem.	10000 »		
1	MARCHANDISES GÉNÉR., fr. 10000, pour mon 1/3	10000 »	30000	»

124. ——— DU 28 DÉCEMBRE. ———

$\frac{12}{2}$	MARCH AN^{ses} DE Cte A 1/3 AVEC BOYER ET DARNAY à CAISSE, fr. 600, frais de transport et de magasinage des 50 boucauts de café de la Société.		600	»

125. ——— DUDIT. ———

$\frac{2}{12}$	CAISSE à MARCH^{ses} DE Cte à 1/3 AVEC BOYER ET DARNAY, fr. 35000, produit de la vente, faite au comptant à 1. 75, des 20000 livres de café en société avec lesdits. .		35000	»

126. ——— DUDIT. ———

$\frac{12}{5}$	MARCHAN^{ses} DE Cte A 1/3 AVEC BOYER ET DARNAY à PERTES ET PROFITS, fr. 700, ma commission de vente de 2 p. cent.		700	»
		Reporté.	1656149	47

| | | | *Report.* | 1656149 | 47 |

127. ———— DU 28 DÉCEMBRE. ————

12 — *MARCH^ses DE Cte à 1/3 AVEC BOYER ET DARNAY à DIVERS, fr. 33700, solde de ce compte présentant le produit net à partager des marchandises en société.*

8   *A BOYER, fr. 11233. 33, son 1/3 du produit net.* 11233. 33

7   *A DARNAY, fr. 11233. 33, id.* . .   11233. 33

1   *A MARCHANDISES GÉNÉRA-LES, fr. 10000, rentrée de mon débours d'achat.* . . . .   10000 »

5   *A PERTES ET PROFITS, f. 1233. 34, mon bénéfice particulier dans cette opération* . . . .   1233. 34   33700 »

128. ————   DUDIT.   ————

3 — *DIVERS à EFFETS A RECEVOIR, fr. 8200, négocié à la banque de France le bordereau ci-après :*

    Billet de Durand, au 21 janvier..   1200 »
    Acceptation Bosc et compagnie, au 15 février. . . . .   1000 »
    Billet de Durieu, au 30 mars. . .   1000 »
    Traite de Davidson, au 2 mars.. .   5000 »
                          8200 »

10 *BANQUE DE FRANCE, fr. 8169, net produit dont elle me crédite (rappel du 18).*   8169 »

5   *PERTES ET PROFITS, fr. 31, es-compte retenu* . . . .   31 »   8200 »

| | | | *Reporte.* | 1698049 | 47 |

	Report.	1698049	47

129. ———— DU 28 DÉCEMBRE. ————

2 — *DIVERS à CAISSE, fr.* 30000, *payé pour dépenses relatives à mes propriétés.*

11 — MAISON à BORDEAUX, *fr.* 20000, *pour la construction d'une aile de bâtiment.*
20000 »

12 — *CHATEAU DE* C***, *fr.* 10000, *plantations et réparations intérieures*. . . . . 10000 »   30000   »

130. ——— — DUDIT. ————

9 — *ARNAULD* S/Cᵗᵉ Cᵗ *à MARCHANDISES**11** — EN COMMISSION CHEZ ARNAULD, fr.* 28000, *produit de la vente qu'il a effectuée de mes marchandises à lui consignées*   28000   »

131. ————DU 31 DÉCEMBRE. ————

2 — *CAISSE à DIVERS, fr.* 10000, *reçus en espèces pour produit de mes propriétés.*

11 — A MAISON A BORDEAUX, *fr.* 6000, *pour les loyers touchés* . . . . 6000 »

12 — A CHATEAU DE C***, *fr.* 4000, *pour produit de la vente des bois et des foins.* . . . . : . . . . 4000 »   10000   »

132. ———— DUDIT. ————

2 — *DIVERS à CAISSE, fr.* 5400, *payé les dépenses du mois.*

	Reporté.	1766049	47

		Report.	1766049	47

10 | FRAIS DE MAISON, *fr.* 2100, *ceux de dé-*
cembre. . . . . 2100 »

10 | FRAIS GÉNÉRAUX, *fr.* 1800 *ap-*
pointements, gratification, etc. . . . 1800 »

10 | DÉPENSES PERSONNELLES ,
fr. 1500, *celles du mois et de la*
fin de l'année. . . . . 1500 »   5400 »

133. —— DU 31 DÉCEMBRE. ——

5 | DIVERS à PERTES ET PROFITS, *fr.* 93907.
— | 77, *pour les bénéfices ci-après :*

1 | MARCHANDISES GÉNÉRALES, *fr.* 75811.
77, *solde de ce compte présentant mes gains*
sur les marchandises 75811 77

11 | ACTIONS DE LA Cie DU SO-
LEIL, *fr.* 4500, *solde de ce*
compte présentant mon gain sur
lesdites. . . . . 4500 »

11 | RENTES SUR L'ÉTAT, *fr.* 1146,
idem. . . . . 1146 »

11 | MARCHANDIS. EN COMMISS
CHEZ ARNAULD, *fr.* 2450,
idem. . . . . 2450 »

11 | MAISON A BORDEAUX, *f.* 6000,
revenu de ladite. . . . . 6000 »

11 | CHATEAU DE C***, *fr.* 4000, *re-*
venu dudit . . . . 4000 »   93907 77

134. —— DUDIT. ——

5 | PROFITS ET PERTES à DIVERS, *f.* 102847.
— | 09 *pour solde des comptes ci-après :*

		Reporté.	1865357	24

	Report.	1865357	21
10	A FRAIS DE MAISON, fr. 5150, solde de ce compte. . . . . 5150 »		
10	A DÉPENSES PERSONNELLES, fr. 2750, idem. . . . . 2750 »		
10	A FRAIS GÉNÉRAUX , fr. 3500, idem. . . . . 3500 »		
	11400 »		
5	A CAPITAL, fr. 91447. 09, pour solde du compte de Pertes et Profits présentant mes bénéfices nets du semestre 91447. 09	102847	09

135. ——— DU 31 DÉCEMBRE. ———

12	BALANCE DE SORTIE à DIVERS, f. 494234. 95, pour les soldes ci-après composant mon actif.		
1	A MARCHANDISES GÉNÉRALES, f. 50000, pour les marchandises en magasin s'élevant, suivant inventaire, à. . . . . . 50000 »		
2	A CAISSE, fr. 44427. 68, pour espèces en caisse 44427. 68		
3	A EFFETS A RECEVOIR, fr. 15884. 38, pour les effets restant en portefeuille (les détailler) 15884. 38		
10	A MOBILIER, fr. 12000, valeur actuelle dudit. . . . . 12000 »		
11	A ACTIONS DE LA Cⁱᵉ DU SOLEIL, fr. 6000, valeur des Reporté. 122312. 06		

	Reporté.	1968204	33

		Report.	1968204	33
	Report.	122312. 06		
11	12 actions et accessoires qui me restent	6000 »		
11	A RENTES SUR L'ÉTAT, fr. 216000 pour 10000 fr. de rentes 5 pour cent au cours de 108.	216000 »		
10	A OBLIGATIONS HYPOTHÉ-CAIRES A RECEVOIR, fr. 10000, contrat souscrit par Neville, au 21 décembre 18. . . .	10000 »		
11	A MAISON A BORDEAUX, fr. 60000, sa valeur actuelle. .	60000 »		
11	A CHATEAU DE C***, f. 60000, idem	60000 »		
10	A BANQUE DE FRANCE, fr. 3228. 31, solde de son compte.	3228. 31		
9	A ARNAULD S/C^le C^t, fr. 16694. 58, ia.	16694. 58	494234	95
	136. —— DU 31 DÉCEMBRE. ——			
12	DIVERS à BALANCE DE SORTIE, f. 494234. 95, pour les soldes des comptes ci-après composant mon passif et pour mon capital. . . .			
4	EFFETS A PAYER, fr. 68321. 20. pour mes billets ci-après en circulation (les détailler):	68321. 20		
12	LÉGATAIR. ET CRÉANCIERS DIVERS DE LA SUCCESS., fr. 40000, pour ce qui leur reste dû (les détailler):	40000 »		
	Reporté.	108321 20		
	Reporté.		2462439	28

		Report.	2462439	28
	Report.	108321. 20		
6	*LEBRUN, j.. 4000, pour solde.*	4000 »		
7	*DARNAY , fr. 1233. 33, idem.* .	1233. 33		
7	*NANTEUIL, fr. 6000, idem.* . .	6000 »		
8	*BOYER, fr. 1233. 33, idem.* . .	1233. 33		
8	*BULTON, fr. 1000, idem*	1000 »		
	Montant de mon passif. . .	121787 86		
5	*CAPITAL, fr. 372447. 09, solde de ce compte formant mon capital actuel*	372447. 09	494234	95
			2956674	23

137. ——— DU 1er JANVIER 18... ———

12	*DIVERS à BALANCE D'ENTRÉE, f. 494234. 95, pour les soldes ci-après composant mon actif :*	
1	*MARCHANDISES GÉNÉRALES, fr. 50000, celles restant en magasin suivant inventaire.*	50000 »
2	*CAISSE, fr. 44427. 68, espèces en caisse*	44427. 68
3	*EFFETS A RECEVOIR, f. 15884. 38, effets restant en portefeuille (les détailler):*	15884. 38
10	*MOBILIER, fr. 12000, valeur dudit.*	12000 »
11	*ACTIONS DE LA Cie DU SOLEIL, jr. 6000, pour 12 actions à 500 fr. chacune et accessoires.*	6000 »
	Reporté.	128312. 06

	Reporté.	»	»

		Report.	»	»
	Report.	128312. 06		
11	RENTES SUR L'ÉTAT, fr. 216000 pour 10000 fr., rentes 5 pour cent à 108.	216000 »		
10	OBLIGATIONS HYPOTHÉCAI- RES A RECEVOIR, fr. 10000, pour l'obligation remboursable le 31 décembre 18.	10000 »		
11	MAISON A BORDEAUX, fr. 60000, pour sa valeur actuelle.	60000 »		
11	CHATEAU DE C***, fr. 60000 id.	60000 »		
10	BANQUE DE FRANCE, fr. 3228. 31, solde de ce compte	3228. 31		
9	ARNAULD S/Cte Ct, fr. 16694. 58, id.	16694. 58	494234	95

138. ——— DU 1er JANVIER. ———

12	BALANCE D'ENTRÉE à DIVERS, f. 494234. 95, pour les soldes ci-après composant mon passif et pour mon capital :			
4	A EFFETS A PAYER, fr. 68321. 20, pour les effets en circulation (les détailler) :	68321. 20		
12	A LÉGATAIRES ET CRÉAN- CIERS DIVERS DE LA SUC- CESSION, fr. 40000, pour ceux de la succession de mon oncle.	40000 »		
6	A LEBRUN, fr. 4000, pour solde de compte.	4000 »		
	Reporté.	112321. 20		
	Reporté.		494234	95

		Report.		494234	95
	Report. 112321.20				
7	A DARNAY, fr. 1233.33, id. . .	1233.33			
7	A NANTEUIL, fr. 6000, id. . . .	6000 »			
8	A BOYER, fr. 1233.33, id. . . .	1233.33			
8	A BULTON, fr. 1000, id.	1000 »			
		121787.86			
5	A CAPITAL, fr. 372447.09, *pour mon capital actuel.*	372347.09		494234	95

SOCIÉTÉ RAYMOND ET BÉRARD

JOURNAL

139. ——— DU 2 JANVIER. ———

DIVERS à CAPITAL, fr. 900000, pour le ca-pital de la Société, à verser dans les propor-tions suivantes :

N|Sr BÉRARD S/Cte DE MISE DE FONDS, fr. 600000, pour les 2/3 qu'il doit verser.

	600000 »		

N|Sr RAYMOND S/Cte DE MISE DE FONDS, fr. 300000, pour le 1/3 qu'il doit verser. . . . . . 300000 » | 900000 | »

140. ——— DUDIT. ———

CAISSE à N|Sr BÉRARD S/Cte DE MISE DE FONDS, fr. 400000, pour premier versement opéré en espèces . . . . | 400000 | »

141. ——— DUDIT. ———

DIVERS à N|Sr RAYMOND S/Cte DE MISE DE FONDS, fr. 362234.95, pour versement qu'il a fait dans la Société de l'actif de sa

Reporte.	1300000	»

| | Report. | 1300000 | » |

précédente maison de commerce, sauf les meubles et immeubles.

MARCHANDISES GÉNÉRALES, *fr.* 50000, celles en magasin suivant l'inventaire.

| | 50000 » |

CAISSE, *fr.* 44427. 68, argent . . 44427. 68

EFFETS A RECEVOIR, *f.* 15884. 38, ceux en portefeuille 15884. 38

RENTES SUR L'ÉTAT, *francs* 216000, *pour* 10000 *fr. de rente.* 216000 »

ACTIONS DE LA Cie DU SOLEIL, *fr.* 6000, *valeur desdites* . . . . 6000 »

OBLIGATIONS HYPOTHÉCAIRES A RECEVOIR, *fr.* 10000, celle de Neville à 10 ans . . . . 10000 »

BANQUE DE FRANCE, *fr.* 3228. 31, solde à la banque 3228. 31

ARNAULD, *fr.* 16694. 58, solde qu'il doit . . . . 16694. 58 | 362234 | 95

142. ——— DU 2 JANVIER. ———

N/Sr RAYMONDS/Cie DE MISE DE FONDS *a* DIVERS, *fr.* 81787. 86, *pour son passif dont se charge la Société, et qui diminue d'autant le versement de son actif,*

A EFFETS A PAYER, *fr.* 68321. 20, *ceux en circulation* 68321. 20

| | Reporté. . . . . 68321. 20 |

| | Reporté. | 1662234 | 95 |

		Report.	1662234	95
	Report. . . .	68321.20		
A LEBRUN, fr. 4000; solde qui lui est dû.		4000 »		
A DARNAY, fr. 1233.33, idem. .		1233.33		
A NANTEUIL, fr. 6000, idem. .		6000 »		
A BOYER, fr. 1233.33, idem . .		1233.33		
A BULTON, fr. 1000, idem. . . .		1000 »	81787	86

143. ———— DU 8 JANVIER. ————

ENTREPRISE SUR LE NAVIRE LE DUC
DE BORDEAUX à DIVERS, fr. 79000,
achat du navire et à-compte sur les réparations.

A CAISSE, fr. 41000, achat primitif du na-vire.	41000 »	
A N/Sr RAYMOND S/Cte DE MISE DE FONDS, fr. 19552. 91, pour solde de la mise de fonds qu'il a effectuée en passant con-trat de vente au constructeur d'une de ses propriétés	19552.91	
A N/Sr RAYMOND S/Cte DE VERSEMENT, fr. 18447. 09, pour l'excédant qui doit lui rappor-ter intérêt suivant l'acte de société.	18447.09	79000 »

144. ———— DUDIT. ————

EXPÉDITION A BOURBON à ENTRE-
PRISE SUR LE NAVIRE LE DUC DE
BORDEAUX, fr. 110000, prix à forfait du
navire que je dois fournir à mes risques et périls, tout réparé et en bon état pour . . . . .

	110000	»
Reporté.	1933022	81

| | | Report. | 1933022 | 81 |

145. ———— DU 10 JANVIER. ————

EXPEDITION A BOURBON à DIVERS, fr.
100000, *pour l'armement et la cargaison du*
navire le Duc de Bordeaux.

A CAISSE, fr. 92000.

    Payé pour achat de mules fait dans le Poi-
      tou. . . . . 70000 »
    Payé achat de foin. . . . 4000 »
    Id. de pièces à eau . . 6000 »
    Id. de vivres 8000
    Id. avances à l'équi-
      vage et aux mule-
      tiers . . . . 4000 »   92000 »

A EFFETS A PAYER, fr. 8000,
réglé en nos billets les primes
d'assurances diverses. . . . . . . 8000 »

| | | | 100000 | » |

146. ————   DUDIT.

ENTREPRISE SUR LE NAVIRE LE DUC
DE BORDEAUX à CAISSE, fr. 24000.

    Payé le solde du compte du constructeur s'éle-
      vant à 22630. . . . . 22630 »
    Pour diverses autres menues dé-
      penses . . . . 1370 »

| | | | 24000 | |

147. ———— DU 20 JANVIER. ————

CAISSE à DIVERS, fr. 113000, *reçu ce qui*
suit .

A VILLEBOGARD, fr. 35000, *à-compte sur*
son intérêt . . . . 35000 »

        Reporté. . . . . 35000 »

| | | Reporté. | 2057022 | 81 |

		Report.	2057022	81
	Report.	35000 »		
A GAUTIER ET RAMSAY, *fr.* 30000, *idem.*		30000 »		
A GÉNÉRAL D'H***, *fr.* 30000, *idem.*		30000 »		
A COMTE DE R***, *fr.* 18000, *idem.*		18000 »	113000	»

148. ——— DU 25 JANVIER. ———

EXPÉDITION A BOURBON à DIVERS, *fr.* 14540, *dépenses de l'armement.*

A CAISSE, *fr.* 8000, *payé ce qui suit :*

Appoint de l'achat des mules.	6000 »			
Autres menues dépenses diverses. . . .	2000 »	8000 »		

A PERTES ET PROF., *fr.* 6540, *pour notre commission d'armement de 3 pour cent* . . . . . . | 6540 » | 14540 | » |

149. ——— DU 27 JANVIER. ———

DIVERS à EXPÉDITION A BOURBON, *fr.* 224540, *pour solde de ce compte présentant le prix coûtant de l'opération à partager par 1/5 entre les intéressés :*

VILLEBOGARD, *fr.* 44908, *pour son cinquième.* . . . . | 44908 » |

GAUTIER ET RAMSAY, *f.* 44908, *idem.* . . . . | 44908 » |

	Reporté.	89816 »		
	Reporté.		2184562	81

		Report.	2184562	81
Report. . . .	89816 »			
GÉNÉRAL COMTE D'H***, fr. 44908, *idem*	44908 »			
COMTE DE R***, fr. 44908, *idem*	44908 »			
INTÉRÊT SUR LE NAVIRE LE DUC DE BORDEAUX , fr. 44908, *pour notre cinquième*. . .	44908 »	224540	»	

150. —— DU 27 JANVIER. ——

CAISSE à DIVERS, fr. 39724, *les suivants nous ont compté le solde de leur intérêt dans l'expédition à Bourbon.*

A VILLEBOGARD, fr. 9908, *solde de son intérêt*	9908 »		
A GAUTIER ET RAMSAY, fr. 14908, *idem*	14908 »		
A GÉNÉRAL COMTE D'H***, fr. 14908, *idem*.	14908 »	39724	»

151. —— DUDIT. ——

EFFETS A RECEVOIR à COMTE DE R***, fr. 26908, *pour son billet à notre ordre à un an qu'il nous a remis au lieu d'espèces.* . . . | 26908 | »

152. —— DU 5 FÉVRIER. ——

ENTREPRISE SUR LE NAVIRE LE PAC-TOLE *à CAISSE*, fr. 70000 , *acheté au comptant à M. Jonajones le navire le Pactole.* . . . . | 70000 | »

| | | Reporté. | 2545734 | 81 |

Report.	2545734	81

153. —— DU 28 FÉVRIER. ——

EXPÉD. A LA MARTINIQUE à DIVERS, *fr.* 228351, *pour le prix coûtant de l'opération qu'effectue* le Pactole.

A CAISSE, fr. 114000, *payé ce qui suit :*

Pour achat des vivres et frais d'armement de ce navire.	16500	»	
Pour une cargaison de morue fournie par Beautems et Lecoupé, armateurs-pécheurs à Granville.	86200	»	
Pour achat d'un chargement de sel.	6000	»	
Pour achat de boucauts, feuillards, osier, etc.	4000	»	
Payé pour menus frais divers. . .	1300	»	
	114000	»	

A EFFETS A PAYER, fr. 10200, *pour notre billet à 6 mois pour primes d'assurances diverses sur le corps du navire, le fret, la cargaison, etc.* . . . . | 10200 » |

A ENTREPRISE SUR LE NAVIRE LE PACTOLE, f. 97500, *prix à forfait auquel nous fournissons le navire.* . . . . | 97500 » |

	221700	»	
A PERTES ET PROFITS, fr. 6651, *pour notre commission.* . .	6651	»	228351	»

Reporté.	2774085	81

Report.	2774085	81

154. ———— DU 28 FÉVRIER. ————

DIVERS INTÉRESSÉS SUR LE NAVIRE LE PACTOLE à EXPÉDITION A LA MARTINIQUE, fr. 180000, *pour les intérêts ci-après que les suivants ont pris dans l'opération.*

Lesueur	30000 »	
Le marquis d'Oys***.	20000 »	
Le comte d'Oys***.	20000 »	
Le général comte d'H***. . . .	20000 »	
Divers autres (qu'il faut détailler) :	90000 »	180000	»

155. ———— DUDIT. ————

INTÉRÊT SUR LE NAVIRE LE PACTOLE à EXPÉDITION A LA MARTINIQUE, fr. 48351, *pour solde de ce compte présentant l'intérêt particulier que nous avons conservé dans l'opération* . . . . 48351 »

156. ———— DU 3 MARS. ————

CAISSE à INTÉR. SUR LE NAVIRE LE PACTOLE, fr. 75000, *reçu des suivants le payement ou un à-compte sur leur intérêt.*

De Lesueur, à-compte.	15000 »	
Du marquis et du comte d'Oys*** pour solde	40000 »	
Du général comte d'H***, idem.	20000 »	75000	»

Reporté.	3077436	81

Report.	3077436	81

157. —— DU 1ᵉʳ JUILLET 1848. ——

EXPÉD. A BOURBON à EFFETS A PAYER,
fr. 1300, réglé en notre billet à un an la prime
d'assurance du fret et des passagers sur le na-
vire le Duc de Bordeaux. . . . . | 1300 | » |

158. —— DU 31 AOUT. ——

CAISSE à EXPÉDITION A BOURBON,
fr. 141000, pour les produits ci-après :

Prix du fret de retour reçu d'O-
tar. . . . . 110000 »
Pour les passagers' . . . . . . 21000 »
Vente de tonneaux vides. . . . . 10000 » | 141000 | » |

159. —— DUDIT. ——

EXPÉDITION A BOURBON à CAISSE, fr.
12000, payé pour frais de désarmement, etc. . | 12000 | » |

160. —— DUDIT. ——

EXPÉDITION A BOURBON à DIVERS, fr.
127700, partage des produits réalisés :

A VILLEBOGARD, fr. 25540, son 1/5 des
produits réalisés . . . . 25540 »
A GAUTIER ET RAMSAY, fr.
25540, idem . . . . 25540 »
A GÉNÉRAL COMTE D'H***,
fr. 25540, idem . . . . . . 25540 »
A COMTE DE R***, fr. 25540,
idem. . . . . 25540 »
A INTERÊT SUR LE NAVIRE
LE DUC DE BORDEAUX,
fr. 25540, idem . . . . . . 25540 » | 127700 | » |

Reporté.	3359436	81

Report.	3359436	81

161. ——— DU 2 SEPTEMBRE. ———

CAISSE à EXPÉDITION A LA MARTINIQ.,
  fr. 301500, pour les produits de cette expédi-
  tion:

Reçu pour vente de la cargaison .	83500 »	
Reçu du Trésor pour la prime . .	85000 »	
Reçu pour fret et passagers. . .	37000 »	
Pour vente du chargement de sel.	15000 »	
Pour vente du navire	81000 »	304500 »

162. ——— DUDIT. ———

EXPÉDIT. A LA MARTINIQUE à CAISSE,
  fr. 7500, frais de désarmement du Pactole. | | 7500 » |

163. ——— DUDIT. ———

EXPÉDIT. A LA MARTINIQUE à DIVERS,
  fr. 294000, pour solde de ce compte et partage
  des produits de l'opération

A DIVERS INTÉRESSÉS DANS L'EXPÉD.,
  fr. 231717. 60, pour la part proportionnelle
  qui leur revient (les détailler) : . 231717. 60

A INTÉRÊT SUR LE NAVIRE
  LE PACTOLE, fr. 62282. 40,
  pour notre part particulière . . . 62282. 40 | 294000 » |

164. ——— DUDIT. ———

  Article omis en son rang, 27 janvier.
ENTREPRISE du NAVIRE LE DUC DE BOR-
  DEAUX à PERTES ET PROFITS, fr. 7000,
  bénéfice sur la fourniture à forfait du Navire. | | 7000 » |

TOTAL.	3969436	81

FIN DU JOURNAL.

GRAND-LIVRE

(VOIR LE JOURNAL DE LA PAGE 142 A LA PAGE 181)

Le Grand-Livre n'est qu'une copie au Journal faite par EXTRAIT et dans un autre ordre; les explications y doivent donc être très brèves; d'autant plus qu'on peut remonter au Journal pour les détails, quand on en a besoin.

RÉPERTOIRE.

Doivent   MARCHANDISES

18...							
Juillet.	1	A PAUL,	achat de 10 balles de laine. . .	142	4000	»
	10	A CAISSE,	id. de 1 balle de laine. . . .	»	1000	»
	15	A EFFETS A PAYER,	id. de 1 balle de laine. . . .	»	1000	»
	16	A DIVERS,	id. de sucre et farine. . . .	»	3860	»
	26	A EFFETS A PAYER,	id. de 4 pièces de toile. . .	143	945	»
			(a)		10805	»
Août.	5	A GARNIER,	id. de 6 caisses d'indigo. . .	144	15540	.
	6	A PAUL,	id. de 4 pièces de toile. . .	145	8743	40
	13	A LEBRUN,	id. de 28 tonneaux de vin. .	146	14581	»
	26	A GARNIER	id. de 250 c. prunes d'Ante.	147	2123	.
					51792	40
Sept.	16	A LEBRUN,	id. de 32 tonneaux de vin. .	150	38966	.
	»	A DIVERS,	id. de 10 sacs de café Bourbon.	»	2100	.
					92858	40
Octob.	6	A IDEM,	id. de 440 douz. bas de soie.	156	53354	.
	21	A IDEM,	id. de 4 caisses borax raffiné.	159	4700	.
	24	A ARNAULD,	id. de 6 caisses d'indigo. . .	160	3400	.
					154312	40
Nov.	5	A DIVERS,	id. ae 1 ballot drap assorti. .	162	8455	.
	12	A DIDIER,	id. de 22 tonn. de vin rouge.	163	10100	.
					172867	40
Déc.	22	A DIVERS,	id. de 10 tonn. de vin rouge.	169	6676	21
	23	A IDEM,	id. de 20 tonn. de vin rouge.	170	8700	»
	26	A CAISSE,	mon 1/3 de l'achat de c. à 1/3.	173	10000	.
					198243	61
	31	A PERTES ET PROFITS,	solde de ce com. prés. les bénéfic.	176	75811	77
					274055	38
Janvier	1	A BALANCE D'ENTRÉE,	murch. en mag. suiv. inventaire.	179	50000	.

(a) Pour les additions faites chaque mois, voyez explication à la balance de vérification (113).

GÉNÉRALES.

Avoir

18...						
Juillet.	17	Par DURAND,	vente de 10 balles de laine . . .	142	4400	»
	20	Par CAISSE,	id. de 1 balle de laine	»	1100	»
	21	Par EFFETS A RECEVOIR,	id. de 1 balle de laine . . .	143	1200	»
	25	Par DIVERS,	id. de sucre et farine	»	5965	»
	28	Par IDEM,	id. de 4 pièces de toile . .	»	1370	»
					14035	»
Août.	5	Par IDEM,	id. de 8 caisses indigo . .	144	18130	»
	11	Par IDEM,	id. de 4 pièces de toile . .	146	10673	50
					42838	50
Sept.	2	Par GARNIER,	id. de 28 tonn. de vin rouge.	148	16580	»
	8	Par CAISSE,	id. de 1 caisse indigo . . .	149	970	»
	10	Par DIVERS,	id. de 250 c. prunes d'Ante .	149	2593	»
	24	Par IDEM,	id. de 20 tonneaux de vin .	150	31951	»
					94932	50
Octob.	2	Par GARNIER,	id. de 20 tonneaux de vin.	155	15545	»
	7	Par DIVERS,	id. de 440 douz. bas de soie.	156	74427	88
	23	Par IDEM,	id. de 4 caisses borax raffiné.	159	6000	»
					190905	38
Nov.	1	Par DIDIER,	id. de 20 tonneaux de vin .	162	10100	»
	16	Par DIVERS,	id. de 22 tonneaux de vin .	163	12050	»
					243055	38
Déc.	23	Par MARCH. EN COMMI.,	expédié 1 baril indigo avarié .	170	1000	»
	26	Par MARCH. en Cᵉ à 1/3,	rentrée de mon 1/3 d'achat . .	174	10000	»
					224055	38
	31	Par BALANCE DE SORTIE,	march. invendues suiv. invent.	177	50000	»
					274055	38

Nota. On ne doit faire à ce compte que des explications relatives aux marchandises.

Folio 2.

Doit CAISSE

18...						
Juillet.	20	A MARCHANDISES GÉNÉR., *reçu en espèces*	142	1100	»
Août.	1	A DURAND, idem.	144	4400	»
	5	A MARCHANDISES GÉNÉR., idem.	144	5698	»
	6	A DIVERS, idem.	145	5965	»
	11	A MARCHANDISES GÉNÉR., idem.	146	2880	»
	22	A PAUL, idem.	147	6216	»
	31	A EFFETS A RECEVOIR, idem.	»	1370	»
				27629	»
Sept.	6	A MÉNARD, idem.	148	6188	60
	8	A MARCHANDISES GÉNÉR., idem.	149	970	»
	13	A DIVERS. idem.	»	540	»
	24	A EFFETS A RECEVOIR, idem.	151	1793	50
	25	A DIVERS, idem.	»	3525	»
	30	A EFFETS A RECEVOIR, idem.	152	10065	70
	»	A PERTES ET PROFITS, idem.	153	200	»
	»	A IDEM, idem.	»	3600	»
	»	A IDEM, idem.	»	10000	»
	»	A ARNAULD, idem.	154	1000	»
	»	A IDEM, idem.	154	1000	»
				66511	80
Oct.	2	A EFFETS A RECEVOIR, idem.	155	6216	»
	10	A DIVERS, idem.	157	10900	24
	23	A MARCHANDISES GÉNÉR., idem.	159	5985	»
	24	A EFFETS A RECEVOIR, idem.	160	3545	»
				93158	»
Nov.	1	A NANTEUIL, idem.	161	9754	38
	»	A IDEM, idem.	»	9754	38
	»	A MOBILIER, idem.	»	3000	»
	18	A EFFETS A RECEVOIR, idem.	163	31204	50
	24	A DURAND, idem.	164	4895	52
				151766	82
Déc.	9	A ROUGEMONT, idem.	165	10000	»
	13	A DIVERS, idem.	166	100	»
	21	A ACT. DE LA Cᵉ DU SOLEIL, idem.	168	17000	»
	21	A DIVERS, idem.	169	7278	20
	23	A EFFETS A PAYER, idem.	170	19800	»
	»	A NANTEUIL, idem.	170	5940	»
	24	A EFFETS A RECEVOIR, idem.	171	2053	»
	25	A CAPITAL, idem.	172	25000	»
	26	A RENTES SUR L'ÉTAT, idem.	»	43146	»
	»	A MARCH. DE Cᵉ A 1/3, idem.	173	35000	»
	31	A DIVERS, idem.	175	10000	»
				327084	02
Janvier	1	A BALANCE D'ENTRÉE, *solde du prés., espèces en Caisse*.	179	44427	68

Nota. Comme il y a d'ordinaire un livre auxiliaire de caisse, on ne met aucun détail au Grand-Livre, au compte de caisse.

Avoir

18...						
Juillet.	10	Par MARCHAND. GÉNÉR.,	paye en espèces	143	1000	»
Août.	10	Par DIVERS,	idem.	142	7860	»
	19	Par LEBRUN,	idem.	147	2581	»
	26	Par GARNIER,	idem.	»	15540	»
					26981	»
Sept.	5	Par EFFETS A PAYER,	idem.	148	945	»
	13	Par GARNIER,	idem.	149	2123	»
	16	Par MARCHAND. GÉNÉR.,	idem.	150	100	»
	26	Par LEBRUN,	idem.	150	5540	»
	30	Par EFFETS A RECEVOIR,	idem.	152	992	50
	»	Par PERTES ET PROFITS,	idem.	153	1000	»
	»	Par IDEM,	idem.	153	500	»
	»	Par IDEM,	idem.	154	2500	»
	»	Par ARNAULD,	idem.	154	2000	»
					42681	50
Octob.	6	Par MARCHAND. GÉNÉR.,	idem.	155	100	»
	10	Par EFFETS A PAYER,	idem.	156	2914	46
	21	Par MARCHAND. GÉNÉR.,	idem.	159	200	»
	26	Par EFFETS A PAYER,	idem.	160	2914	46
	»	Par NANTEUIL,	idem.	»	9754	38
					58564	80
Nov.	1	Par DIVERS,	idem.	161	3700	»
	»	Par MOBILIER,	idem.	»	15000	»
	5	Par MARCHAND. GÉNÉR..	idem.	162	455	»
	»	Par ACT. DE LA Cᵉ DU SOL.,	idem.	»	18500	»
	»	Par EFFETS A PAYER,	idem.	»	4500	»
	27	Par IDEM,	idem.	164	6000	»
	28	Par ROBERT S/Cᵉ DE MARCH.,	idem.	»	200	»
	30	Par DIVERS,	idem.	»	2300	»
					109219	80
Déc.	9	Par BANQUE DE FRANCE,	idem.	165	30000	»
	21	Par EFFETS A RECEVOIR,	idem.	167	8276	54
	»	Par IDEM,	idem.	»	970	»
	»	Par RENTES SUR L'ÉTAT,	idem.	168	22000	»
	»	Par OBL. HYPOTH. A REC.,	idem.	»	10000	»
	22	Par MARCH. EN Cᵒⁿ CHEZ A.,	idem.	169	250	»
	23	Par MARCH. EN COMMISS.,	idem.	170	20300	»
	»	Par EFFETS A RECEVOIR,	idem.	171	5640	»
	26	Par DIVERS,	idem.	173	30000	»
	»	Par MARCH. DE Cᵉ A 1/3,	idem.	»	600	»
	28	Par DIVERS,	idem.	175	30000	»
	31	Par IDEM,	idem.	»	5400	»
	»	Par LEG. ET CRÉANC. DIV.,	idem.	172	10000	»
					282656	34
	»	Par BALANCE DE SORTIE.	solde à nouv. espèces en Caisse.	177	44427	68
					327084	02

Doivent   EFFETS A RECEVOIR.

18...				(a)	(b)					
Juillet.	21	A M. GÉNÉR.	entré bill.	1	25	Durand,	au 21 janv.	143	1200	»
	31	A DIVERS,	id. ...	2	3	Menard,	au 31 août.	144	763	»
	»	A IDEM,	id. ...	3	2	Beaufond,	id.	144	607	»
									2570	»
Août.	6	A LEBRUN,	id. ...	4	8	Lebrun,	au 2 octobre.	145	6216	»
	16	A BEAUFON,	id. ...	5	4	Beaufond,	au 24 septem.	146	1793	50
	»	A MENARD,	id. traite.	6	1	André,	au 16 nov.	146	6000	»
									16579	50
Sept.	2	A DARNAY,	id. billet.	7	7	Darnay,	au 31 janv.	148	10200	»
	13	A DIVERS,	id. ...	8	23	Nanteuil,	au 24 déc.	149	1029	»
	15	A BOYER,	id. ...	9	24	Boyer,	id.	150	1024	»
	25	A DIVERS,	id. ...	10	5	Nanteuil,	au 17 juin.	151	11019	»
	»	A IDEM,	id. ...	11	6	Mesnard,	au 22 janv.	»	17407	»
	30	A IDEM,	id. acc.	12	26	Bosc et c.	au 15 févr.	152	1000	»
	»	A EFF. A PAY.,	id. billet.	13	27	Durieu,	au 30 mars.	155	1000	»
									59258	50
Octob.	4	A GARNIER,	id. traite.	14	28	Davidson,	au 2 id.	155	5000	»
	»	A IDEM,	id. billet.	15	14	Garnier,	au 18. nov.	»	4000	»
	»	A IDEM,	id. ...	16	15	Id.	id.	»	3000	»
	»	A IDEM,	id. ...	17	12	Didier,	au 24 oct.	»	3545	»
	10	A DIVERS,	id. traite.	18	9	Londres,	382 l. 10 s. 6 d.	156	9754	38
	»	A IDEM,	id. billet.	19	16	Nanteuil,	au 18 nov.	»	9000	»
	»	A IDEM,	id. ...	20	13	Id.	au 11 mars.	»	8000	»
	»	A IDEM,	id. ...	21	17	Id.	au 18 nov.	»	5959	50
	»	A IDEM,	id. traite.	22	10	Amsterdam,	2940 fl. 3 d.	»	6533	50
	»	A IDEM,	id. ...	23	11	Cadix,	3915 p. 3 r.	»	13313	50
	»	A IDEM,	id. billet.	24	18	Lebrun,	au 18 nov.	»	3000	»
	»	A IDEM,	id. ...	25	19	Id.	id.	»	4000	»
	»	A IDEM,	id. ...	26	20	Id.	id.	»	2245	»
	»	A IDEM,	id. ...	27		Villeneuve,	au 1er mars.	»	1688	»
									138297	38
Nov.	18	A BEAUFOND,	id. traite.	28	22	Hambourg,	de 3677 m.	163	6990	»
									145287	38
Déc.	13	A DIVERS,	id. billet.	29		Bonneval,	au 15 juin.	166	1000	»
	21	A CAISSE,	id. traite.	30	21	Londres,	82 l. 17 s. 6 d.	167	2080	16
	»	A IDEM,	id. ...	31		Amsterdam,	1283 fl. 19 s.	»	2750	50
	»	A IDEM,	id. ...	32		Hambourg,	1832 m. 13 s.	»	3445	88
	»	A DIVERS,	id. billet.	33		Forestier,	au 20 juin.	»	1000	»
	24	A IDEM,	id. ...	34		Lebrun,	au 20 déc.	171	6000	»
									161563	92
Janvier	1	A BAL. D'EN.	ef. en port.			(Les détailler) ensemble.		179	15884	38

(a) Numéros d'ordre d'entrée des effets au débit de ce compte.

(b) Numéros de leur sortie au crédit : voir l'explication de ces colonnes de numéros au compte d'effets à payer, f° 3, ci-après :

Avoir

18...					(c)	(d)					
Août.	19	Par LEBRUN,	sorti tr.		1	6	André,	au 16 nov. .	147	6000	»
	31	Par CAISSE,	enc. bil.		2	3	Beaufond,	au 31 août. .	»	607	»
	»	Par IDEM,	id. . .		3	2	Menard,	id.		763	»
										7370	»
Sept.	24	Par IDEM,	id. . .		4	5	Beaufond,	au 24 sept. .	151	1793	50
	26	Par LEBRUN,	sorti bil.		5	10	Nanteuil,	au 17 juin .	»	11019	»
	»	Par IDEM,	id. . .		6	11	Menard,	au 22 janv. .	»	17407	»
	30	PAR DIVERS,	nég. id.		7	7	Darnay,	id.	152	10200	»
										47789	50
Octob.	2	Par CAISSE,	enc. id.		8	4	Lebrun,	au 2 octob. .	155	6216	»
	18	Par DIVERS,	nég. tr.		9	18	Londres,	382 l. 10 s. 6.	158	9754	38
	»	Par ARNAULD,	id. . .		10	22	Amsterdam,	2940 fl. 3 d.	»	6533	50
	»	Par IDEM,	id. . .		11	23	Cadix,	3915 p. 3 r. .	»	13313	50
	24	Par CAISSE,	enc. bil.		12	17	Didier,	au 24 octob. .	160	3545	»
										87151	88
Nov.	5	Par MARC. GÉN.,	sorti bil.		13	20	Nanteuil,	au 11 mars. .	162	8000	»
	18	Par CAISSE,	enc. bil.		14	15	Garnier,	au 18 nov. .	163	4000	»
	»	Par IDEM,	id. .		15	16	Id.	id.	»	3000	»
	»	Par IDEM,	id. . .		16	19	Nanteuil,	id.	»	9000	»
	»	Par IDEM,	id. . .		17	21	Id.	id.	»	5959	50
	»	Par IDEM,	id. . .		18	24	Lebrun,	id.	»	3000	»
	»	Par IDEM,	id. . .		19	25	Id.	id.	»	4000	»
	»	Par IDEM,	id. . .		20	26	Id.	id.	»	2245	»
										126356	38
Déc.	21	Par ARNAULD,	nég. tr.		21	30	Londres,	82 l. 17 s. 6 d.	168	2080	16
	22	Par CAISSE,	id. . .		22	28	Hambourg,	3678 m. 7 s.	169	6990	»
	24	Par IDEM,	enc. bil.		23	8	Nanteuil,	au 24 déc. . .	171	1029	»
	»	Par IDEM,	id. . .		24	9	Boyer,	id.	»	1024	»
	28	Par DIVERS,	nég. bil.		25	1	Durand,	au 20 janv. .	174	1200	»
	»	Par IDEM,	id. acc.		26	12	Bosc. et c.	au 15 fév. .	»	1000	»
	»	Par IDEM,	id. bil.		27	13	Durieu,	au 3 mars. .	»	1000	»
	»	Par IDEM,	id. tr.		28	14	Davidson,	au 2 id. . . .	»	5000	»
										145679	54
	31	Par BAL. DE S.,	ef. en port.				N. 27, 29, 31, 33 et 34.		177	15884	38
										161563	92

(c) Numéros d'ordre de sortie des effets du crédit de ce compte.
(d) Numéros de leur entrée au débit.

Folio 4.

Doivent   EFFETS A PAYER.

18...					(a)	(b)					
Sept.	5	A CAISSE,	payé m. bil.		1	2	O/Paul,	au 4 sept. . .	148	945	»
Octob.	10	A IDEM,	id		2	3	O/id.	au 10 octob. .	156	2914	46
	26	A IDEM,	id		3	4	O/id.	au 26 id. . .	160	2914	46
										6773	92
Nov.	5	A IDEM,	id . . accep.		4	14	O/Barry,	au 5 nov. . .	162	4500	»
	27	A IDEM,	id. m. bil.		5	6	O/Lebrun,	au 27 id. . .	174	6000	»
										17273	92
Déc.	24	A B. DE FR.,	id		6	5	O/Paul,	au 24 déc.	171	2914	48
	»	A IDEM,	id		7	8	O/Lebrun,	id	178	5000	»
										25188	40
	31	A BA. DE SO.,	eff. rest. à p.				N. 1, 7, 9, 10, 11, 12, 13.		178	68321	20
										93509	60

(a) On inscrit les effets un par un, et on leur donne le numéro d'ordre de leur entrée au débit, qu'on place dans la colonne (a) du débit.

(c) On inscrit les effets que l'on donne, un à un, et on leur donne le numéro d'ordre de leur sortie qu'on place dans la colonne (c) du crédit.

(b) et (d) Les numéros d'ordre d'entrée et de sortie étant placés dans les colonnes (a) et (c), on échange les numéros, c'est-à-dire on place à côté du numéro d'entrée, celui de sortie, et réciproquement, à côté de celui de sortie le numéro d'entrée. Et cela dans les secondes colonnes, du débit ou du crédit (b) et (d).

Ainsi, pour exemple, l'effet entré sous le numéro 1 étant sorti sous le numéro 2, on a

Avoir

18...			(c)	(d)					
Juillet.	15	Par MAR. G., *donné m. b.*	1		O/Paul,	*au 15 janv.*	142	1000	»
	15	Par IDEM. id.	2	1	O/id.,	*au 4 sept.* . .	143	945	»
								1945	»
Août.	7	Par PAUL, id.	3	2	O/Paul,	*au 10 oct.*	145	2914	46
	»	Par IDEM, id.	4	3	O/id.,	*au 26 id.* . .	148	2914	46
	»	Par IDEM, id.	5	6	O/id,	*au 24 déc.* .	148	2914	48
	19	Par LEBRUN, id. . . .	6	5	O/Lebrun,	*au 27 nov.* . .	157	6000	»
								16688	40
Sept.	16	Par MAR. G. id. . . *acc.*	7		T/Morton,	*au 16 mars.* .	150	2000	»
	26	Par LEBRUN, id. . . *bil.*	8	7	O/Lebrun,	*au 24 déc.* .	150	5000	»
	30	Par LAFOND, id. . .	9		O/Lafond,	*au 31 déc.* .	151	1000	»
	»	Par EF. A R., id. . . .	10		O/Durieu,	*au 31 mars.* .	151	1000	»
								25688	40
Octob.	18	Par ARN., id. . . .	11		O/Arnaud,	*au 15 id.* . .	159	9000	»
	»	Par IDEM, id. . . .	12		O/id.,	*au 31 id.* . .	»	8000	»
	»	Par IDEM, id. . . .	13		id.	*au 15 avril.* .	»	7408	08
	21	Par MAR. G., id. . . *acc.*	14	4	T/Barry,	*au 5 nov.*	»	4500	»
	26	Par NANT., id. . . .	15		T/Léonard,	*au 31 mars*	160	9563	12
								64159	60
Déc.	13	Par DIVERS, id. . . *bil.*	16		O/Bonnev.,	*au 15 juin.* .	166	1000	»
	22	Par MAR. G., id. . . .	17		O/Lebrun,	*au 22 mars.* .	169	4000	»
	23	Par DIVERS, id. . . .	18		O/Tixier,	*au 10 janv.* .	170	20000	»
	»	Par MAR. G., id. . . .	19		O/Nanteuil,	*au 15 juin.* .	»	4350	»
								93509	60
Janvier	1	Par BA. D'E., *eff. en circ.*			(Les détailler)		180	68321	20

placé le numéro de sortie 2 dans la colonne (b), à côté du numéro 1 d'entrée, et en échange, on a placé le numéro d'entrée 1 de cet effet dans la colonne (d), à côté du numéro de sortie 2. En un mot, on a échangé les numéros.

De cette manière on reconnaît tous les effets qui restent à payer à l'absence d'un double numéro.

Il en est de même pour les numéros d'ordre du compte précédent, d'effets à recevoir; on les échange, c'est-à-dire on met le numéro de sortie d'un effet à côté de son numéro d'entrée; et réciproquement.

Chez beaucoup de négociants, et principalement chez les banquiers, on ne fait pas usage de ces colonnes de numéros au Grand-Livre, parce qu'il y a sur les livres auxiliaires une autre sorte de numéros d'ordre.

Folio 5.

Doivent   PERTES

18...						
Sept.	6	A MÉNARD,	escompte retenu par lui. . . .	148	191	40
	30	A EFFETS A RECEVOIR,	perte à la négociation.	152	134	30
	»	A LAFOND,	perte ou remise de 80 p. 0/0. .	153	800	»
	»	A CAISSE,	présent à ma sœur.	»	1000	»
	»	A IDEM,	semestre de la rente viagère. .	»	500	»
	»	A IDEM,	dépenses de maison et frais gén.	154	2500	»
	»	A ARNAULD,	achat d'un cheval anglais. . .	»	2000	»
	»	A FOISSAC,	solde du C° dudit, mort insol.	155	1000	»
					8125	70
Octob.	10	A DIVERS,	escompte de 2 p. 0/0 retenu. .	157	33	76
	18	A EFFETS A RECEVOIR,	perte sur différ. du change. .	158	191	26
	23	A MARCHANDISES GÉNÉR.,	escompte retenu par Ruffier. .	159	15	»
					8365	72
Nov.	24	A DURAND,	escompte retenu.	164	164	48
					8530	20
Déc.	23	A EFFETS A PAYER,	prime de 1 p. 0/0 accordée à T.	170	200	»
	»	A NANTEUIL,	escompte qu'il m'a retenu. . .	171	60	»
	28	A EFFETS A RECEVOIR,	escompte.	174	31	»
					8821	20
	31	A DÉPENSES DE MAISON,	solde de ce compte. . . 5150			
	»	A DÉPENSES PERSONNELL.,	id. 2750			
	»	A FRAIS GÉNÉRAUX,	id. 3500	176	11400	»
					20221	20
	31	A CAPITAL,	solde de ce C° prés. mes bénéf.	177	91447	09
					111668	29

Doit   CAPITAL

Déc.	25	A LÉG. ET CRÉANC. DIV.,	pour legs et créanciers divers.	172	50000	»
	31	A BALANCE DE SORTIE,	pour solde à nouveau. . . .	179	372447	09
					422447	09

ET PROFITS. *Avoir*

18...								
Sept.	30	Par EFFETS A RECEVOIR,	escompte gagné sur un billet. .	152		7	50
	30	Par CAISSE,	comm. de 2 p. 0/0 sur un achat.	153		3600	»
	»	Par IDEM,	héritage de mon père.	»		10000	»
						13607	50
Octob.								
	18	Par ARNAULD,	bénéf. prov. de la diff. du chang.	158		123	27
	26	Par NANTEUIL,	rentrée de la perte sur le ch. .	160		191	26
						13922	03
Déc.								
	13	Par DIVERS,	bénéfice de 1 p. 0/0 ac. par B.	166		100	»
	17	Par ARNAULD, S/Cᵗᵉ M.	comm. et garantie de 4 0/0. .	»		1093	89
	21	Par EFFETS A RECEVOIR,	escompte gagné sur un effet. .	167		30	»
	»	Par ARNAULD, S/Cᵗᵉ Cᵗ,	bénéfice sur différ. du change.	168		33	15
	22	Par CAISSE,	id.	169		288	20
	23	Par EFFETS A RECEVOIR,	escompte de 5 p. 0/0 retenu. .	171		360	»
	28	Par MARCH. DE Cᵗᵉ A 1/3,	ma commission de vente. . . .	173		700	»
	»	Par IDEM,	mon bénéfice net sur les dites. .	174		1233	34
						17760	52
	31	Par MARCHAND. GÉNÉR.,	bén. sur les dites. 75811 77				
	»	Par ACT. DE LA Cᵉ DU SOL.,	id. 4500				
	»	Par RENTES SUR L'ÉTAT,	id. 1146				
	»	Par MARCHAND. EN COMM.,	id. 2450				
	»	Par MAISON A BORDEAUX,	revenu net. . . . 6000				
	»	Par CHATEAU DE Cᵐᵉ.,	id. 4000	176		93907	77
						111668	29

Avoir

Déc.	25	Par DIVERS,	héritage de mon oncle. . . .	172		331000	»
	31	Par PERTES ET PROFITS,	solde prés. mes bénéfices nets. .	177		91447	09
						422447	09
Janvier	1	Par BALANCE D'ENTRÉE,	solde du précéd. capital actuel.	181		372447	09

Folio 6.

Doit   PAUL

18...						
Juillet.	25	A MARCHAND. GÉNÉR.,	pour 10 *barils de farine*. . .	143	5425	»
Août.	5	A IDEM,	pour 3 *caisses d'indigo*. . . .	144	6216	»
	7	A EFFETS A PAYER,	*à lui remis mes bill.*, *ensemble.*	145	8743	40
	10	A CAISSE,	*à lui compté.*	»	4000	»
					24384	40

Doit   DURAND

Juillet	17	A MARCHAND. GÉNÉR.,	*vente à lui faite de 10 balles*. .	142	4400	»
Août.	10	A CAISSE,	*à lui compté.*	145	3500	»
					7900	»
Nov.	16	A MARCHAND. GÉNÉR.	pour 10 *tonneaux de vin*. . .	163	5060	»
					12960	»

Doit   LEBRUN

Août.	5	A MARCHAND. GÉNÉR.,	pour 3 *caisses d'indigo*. . . .	144	6216	»
	10	A CAISSE,	*à lui compté.*	145	360	»
	19	A DIVERS,	*remises à lui faites.*	147	14581	»
					21157	»
Sept.	26	A IDEM,	*diverses valeurs à lui remises.* .	151	38966	»
					60123	»
Octob.	7	A MARCHAND. GÉNÉR.,	pour 215 *douz. paires bas de so*.	156	38338	»
					98461	»
Déc.	31	A BALANCE DE SORTIE,	*pour solde à nouveau*. . . .	179	4000	»
					102461	»

Doit   GARNIER

Juillet.	25	A MARCHAND. GÉNÉR.,	pour 100 *pains de sucre*. . . .	143	540	»
Août.	28	A CAISSE,	*à lui compté en espèces*. . . .	145	15540	»
					16080	»
Sept.	13	A IDEM,	*id.*	149	2123	»
					18203	»
Octob.	2	A MARCHAND. GÉNÉR.,	*à lui vendu 20 tonneaux de vin*.	155	15545	»
					33748	»

Avoir

18...						
Juillet.	1	Par MARCHAND. GÉNÉR.,	pour 10 balles de laine	142	4000	»
Août.	6	Par IDEM,	pour 4 pièces de toile.	145	8743	40
	6	Par CAISSE,	reçu dudit en espèces	»	5425	»
	22	Par IDEM,	id.	147	6216	»
					24384	40

Avoir

Juillet.	16	Par MARCHAND. GÉNÉR.,	pour 100 barils de farine. . .	142	3500	»
Août.	6	Par CAISSE,	reçu dudit en espèces. . . .	144	4400	»
					7900	»
Nov.	24	Par DIVERS,	id.	164	5060	»
					12960	»

Avoir

Juillet.	16	Par MARCHAND. GÉNÉR.,	pour 100 pains de sucre. . .	142	360	»
Août.	6	Par EFFETS A RECEVOIR,	pour s/ b. à m. ordre au 2 octo.	144	6216	»
	13	Par MARCHAND. GÉNÉR.,	pour 28 tonneaux vin rouge. .	146	14581	»
					21157	»
Sept.	16	Par IDEM,	pour 32 id.	150	38966	»
					60123	»
Octob.	10	Par DIVERS,	pour diverses remises. . . .	158	38338	»
					98461	»
Déc.	22	Par MARCHAND. EN COM.,	pour facture à 10 tonn. vin.	169	4000	»
					102461	»
Janvier	1	Par BALANCE D'ENTRÉE,	solde du précédent.	180	4000	»

Avoir

Août.	5	Par MARCHAND. GÉNÉR.,	vente de 6 ballots d'indigo. . .	144	15540	»
	6	Par CAISSE,	reçu dudit en espèces	145	540	»
	26	Par MARCHAND. GÉNÉR.,	vente de 250 c. prunes d'Ante.	147	2123	»
					18203	»
Octob.	4	Par EFFETS A RECEVOIR,	ses, diverses remises. . . .	155	15545	»
					33748	»

Folio **7.**

Doit MÉNARD

18...						
Juillet	28	A MARCHAND. GÉNÉR.,	*pour 2 pièces de toile*.	143	763	»
Août.	11	A IDEM,	id.	116	6000	»
					6763	»
Sept.	2	A IDEM,	*pour 11 tonneaux vin*. . . .	148	6380	»
	24	A IDEM,	*pour 15 id*.	150	20932	»
					34075	»

Doit BEAUFOND

Juillet	28	A MARCHAND. GÉNÉR.,	*pour 2 pièces de toile*.	143	607	»
Août.	11	A IDEM,	*pour 1 id*.	146	1793	50
					2400	50
Nov.	16	A IDEM,	*pour 12 tonneaux vin*. . . .	163	6990	»
					9390	50

Doit DARNAY

Sept.	2	A MARCHAND. GÉNÉR.,	*pour 12 tonneaux vin rouge*. .	148	10200	»
Déc.	26	A CAISSE,	*pour son 1/3 d'achat de march*.	173	10000	»
					20200	»
	31	A BALANCE DE SORTIE,	*pour solde à nouveau*. . . .	179	1233	33
					21433	33

Doit NANTEUIL

Sept.	10	A MARCHAND. GÉNÉR.,	*pour 80 caisses prunes d'Ante.*	149	1029	»
	24	A IDEM,	*pour 5 tonneaux vin*.	150	11019	»
					12048	»
Octob.	7	A IDEM,	*pour 200 douz. p. bas de soie.*	156	32713	88
	26	A DIVERS,	*retour de sa traite s. Londres.*	160	9754	38
	26	A CAISSE,	*remboursé sa tr. rev. protestée.*	160	9754	38
					64270	64
Déc.	31	A BALANCE DE SORTIE,	*pour solde à nouveau,*	179	6000	»
					70270	64

Avoir

18...						
Juillet.	31	Par EFFETS A RECEVOIR,	*pour son billet à mon ordre.* .	144	763	.
Août.	16	Par IDEM,	*pour sa traite sur André.* . .	146	6000	.
					6763	»
Sept.	6	Par DIVERS,	*reçu dudit en espèces sous esc.*	148	6380	»
	25	Par IDEM,	*reçu en diverses valeurs.* . .	150	20932	»
					34075	.

Avoir

Juillet.	31	Par EFFETS A RECEVOIR,	*pour son billet à mon ordre.* .	144	607	»
Août.	16	Par IDEM,	id.	146	1793	50
					2400	50
Nov.	18	Par IDEM,	*pour sa remise sur Hambourg.*	163	6990	»
					9390	50

Avoir

Sept.	4	Par EFFETS A RECEVOIR,	*pour son billet à mon ordre.* .	148	10200	»
Déc.	26	Par MARCHAN. DE Cte A 1/3,	*son 1/3 du produit net des mar.*	174	11233	33
					21433	33
Janvier	1	Par BALANCE D'ENTRÉE,	*solde du précédent.*	181	1233	33

Avoir

Sept.	13	Par DIVERS,	*pour son billet à mon ordre.* .	149	1029	»
	25	Par IDEM,	id.	151	11019	»
					12048	»
Octob.	10	Par IDEM,	*pour ses diverses remises.* . .	158	32713	88
					4761	88
Nov	1	Par CAISSE,	*pour contrepasser une erreur.*	161	9754	38
		Par IDEM,	*pour remb. de sa remise rev.*	»	9754	38
					64270	64
Déc.	21	Par DIVERS,	*qu'il m'a prêté sous escompte.*	171	6000	»
					70270	64
Janv.	1	Par BALANCE D'ENTRÉE,	*solde du précédent cte.*	181	6000	»

Doit   BOYER

18...					
Sept.	10	A MARCHAND. GÉNÉR.,	pour 100 caisses prunes d'Ante.	149	1024	»
Déc.	26	A CAISSE,	pour son 1/3 d'achat des mar. .	173	10000	»
					11024	»
	31	A BALANCE DE SORTIE,	solde à nouveau.	179	1233	33
					12257	33

Doit   VILLENEUVE

Sept.	10	A MARCHAND. GÉNÉR.,	pour 70 caisses prunes d'Ante.	149	540	»
Octob.	7	A IDEM,	pour 25 douz. bas de soie. . .	156	3376	»
					3916	»

Doit   LAFOND

Sept.	30	A EFFETS A PAYER,	à lui remis mon bill. à 3 mois.	152	1000	»
					1000	»

Doit   BULTON

Déc.	31	A BALANCE DE SORTIE,	solde à nouveau.	179	1000	»

Doit   FOISSAC

Sept.	30	A ARNAULD,	pour crédit que je lui ai ouvert.	154	1000	»

Avoir

18..						
Sept.	13	Par EFFETS A RECEVOIR,	*pour son billet à mon ordre.*	150	1024	»
Déc.	28	Par MARCH. DE Cᵗᵉ A 1/3,	*pour son 1/3 du produit net.*	174	11233	33
					12257	33
anvier	1	Par BALANCE D'ENTRÉE,	*solde du précédent.*	181	1233	33

Avoir

Sept.	13	Par DIVERS,	*reçu en espèces.*	149	540	»
Octob.	10	Par IDEM,	*pour ses diverses remises.* . .	158	3376	»
					3916	»

Avoir

Sept.	30	Par DIVERS,	*reçu en esp. s. divid. de 20 p. 0/0.*	153	200	»
	»	Par IDEM,	*perte ou remise sur cette créance.*	»	800	»
					1000	»

Avoir

Sept.	30	Par ARNAULD,	*crédit que je lui ai ouvert.* . .	154	1000	»
1843						
anvier	1	Par BALANCE D'ENTRÉE,	*solde du précédent.*	181	1000	»

Avoir

Sept.	30	Par PERTES ET PROFITS,	*mort insolvable.*	154	1000	»

Folio 9.

Doit　　　ARNAULD, S/Cte COURANT

18...							
Sept.	30	A BULTON,	pour crédit ouvert à Bulton. .	154	1000	»
»	»	A CAISSE,	payé à son sellier Guetting. .	»	2000	»
					3000	»
Octob.	18	A EFFETS A RECEVOIR,	remis une traite sur Londres. .	158	9563	12
»	»	A DIVERS,	id. . . . . sur Amsterdam.	»	6656	77
»	»	A IDEM,	mes remises diverses.	»	37721	58
					56941	47
Déc.	21	A IDEM,	remise faite à Williams. . .	167	2113	31
	28	A MARCHAND. CHEZ ARN.,	produit net de vente de mes mar.	175	28000	»
					87054	78
Janvier	1	A BALANCE D'ENTRÉE,	solde du précédent.	180	16694	58

Doit　　　ARNAULD, S/Cte DE MARCHANDISES

Nov.	30	A CAISSE,	frais à la réception des draps. .	164	200	»
Déc.	8	A ROUGEMONT,	Remise à val. sur Rougemont.	155	10000	»
	17	A ARNAULD S/Cte M.,	traite de Decliever sur lui acq.	156	7345	»
»	»	A PERTES ET PROFITS,	commission et garantie. . . .	156	1093	80
					18638	80
»	»	A ARNAULD, S/Cte C.,	solde de ce compte.	157	8706	20
					27345	»

Doit　　　　　　　DIDIER

Nov.	3	A MARCHAND. GÉNÉR.,	versement fait par Arnauld. .	162	10100	»

Doit　　　ROUGEMONT DE LOWENBERG

Déc.	3	A ARNAULD,	crédit ouv. chez ledit par Arn.	165	20000	»
					20000	»

Avoir

18...						
Sept.	30	Par CAISSE,	pour crédit ouv. à Villeneuve.	154	1000	»
	»	Par PERTES ET PROFITS,	payé pour mon cheval anglais. .	»	2000	»
	»	Par CAISSE,	reçu pour son compte de Forbin.	»	1000	»
	»	Par FOISSAC,	crédit ouvert à Foissac. . . .	»	1000	»
					5000	»
Octob.	6	Par MARCHAND. GÉNÉR.	montant de sa facture. . . .	156	53254	»
	24	Par IDEM,	mon mandat sur lui ord. Garn.	160	3400	»
					61654	»
Déc.	17	Par ARNAULD, S/Cte M.	solde de son compte de march.	167	8706	20
					70360	20
	31	Par BALANCE DE SORTIE.	pour solde à nouveau. . . .	178	16694	58
					87054	78

Avoir

Déc.	3	Par ROUGEMONT,	vente à Strekeysen de draps.	165	20000	»
	17	Par ARNAULD,	vente à Decliever de draps. .	166	7345	»
					27345	»

Avoir

Nov.	12	Par MARCHAND. GÉNÉR.	traite tirée sur lui. . . .	163	10100	»

Avoir

Déc.	8	Par ARNAULD,	ma traite sur lui ordre Arnauld.	165	10000	»
	9	Par CAISSE,	id. . . . . Péraire	165	10000	»
					20000	»

14

Folio 10.

Doivent   FRAIS DE MAISON

18...						
Nov.	1	A CAISSE,	dépenses du mois d'octobre . .	161	2200	»
	30	A IDEM,	id. . . . . . . de novembre	165	850	»
					3050	»
Déc.	31	A IDEM,	id. . . . . . de décembre	176	2100	»
					5150	»

Doivent   DÉPENSES PERSONNELLES

Nov.	1	A CAISSE,	pour celles du mois d'octobre .	161	500	»
	30	A IDEM,	id. . . . . . . de novembre	165	750	»
					1250	»
Déc.	31	A IDEM,	id. . . . . . . de décembre	176	1500	»
					2750	»

Doivent   FRAIS GÉNÉRAUX

Nov.	1	A CAISSE,	impositions, ports de lettres .	161	1000	»
	30	A IDEM,	appointements, patentes, etc .	165	700	»
					1700	»
Déc.	31	A IDEM,	frais de bureaux, gratifica., etc.	176	1800	»
					3500	»

Doit   BANQUE DE FRANCE

Déc.	9	A CAISSE,	versé à la Banque.	165	30000	»
	28	A EFFETS A RECEVOIR,	produit net d'un bordereau. .	174	8169	»
			(rappel du 18).			
					38169	»
Janvier	1	A BALANCE D'ENTRÉE	solde du précédent.	180	3228	31

Doit   MOBILIER

Nov.	1	A CAISSE,	achat d'un nouveau mobilier .	161	15000	»
					15000	»
Janvier	1	A BALANCE D'ENTRÉE,	valeur actuelle dudit. . . .	179	12000	»

Doivent   OBLIGATIONS HYPOTHÉCAIRES

Déc.	21	A CAISSE, obligation Néville à 10 ans du 1er janv. proch.	168	10000	»
Janvier.	1	A BALANCE D'ENTRÉE, obligation Néville	180	10000	»

Avoir

18... Déc.	31	Par PERTES ET PROFITS,	*solde de ce compte*	177	5150	»
					5150	=

Avoir

Déc.	31	Par PERTES ET PROFITS,	*solde de ce compte*	177	2750	»
					2750	=

Avoir

Déc.	31	Par PERTES ET PROFITS,	*solde de ce compte*	177	3500	»
					3500	=

Avoir

Déc.	21	Par RENTES SUR L'ÉTAT,	*pour mon mandat sur ellc* . . .	168	20000	»
	20	Par MARCHAND. GÉNÉR.	id.	169	2676	21
	23	Par IDEM,	id.	170	4350	»
	24	Par EFFETS A PAYER,	id.	171	2914	48
	»	Par IDEM,	id.	»	5000	»
					34940	69
	31	Par BALANCE DE SORTIE,	*solde à nouveau*	178	3228	31
					38169	»

Avoir

Nov.	1	Par CAISSE,	*vente d'une partie de l'anc. mobi.*	161	3000	»
Déc.	31	Par BALANCE DE SORTIE,	*pour solde à nouveau*	177	12000	
					15000	»

Avoir

Déc.	31	Par BALANCE DE SORTIE,	*solde à nouveau*	178	10000	»

Folio 11.

Doivent   ACTIONS DE LA Cte

18..						
Nov.	5	A CAISSE,	achat de 42 actions. et acc.	162	18500	»
Déc.	31	A PERTES ET PROFITS,	solde prés. mon bénéfice net.	176	4500	»
					23000	»
Janvier	1	A BALANCE D'ENTRÉE,	solde du précédent.	179	6000	»

Doivent   RENTES SUR L'ÉTAT

Déc.	21	A DIVERS,	achat de 2000 fr. de rente. . .	168	42000	»
	25	A CAPITAL,	rente de 10000 fr. prov. d'hérit.	172	216000	»
					258000	»
	31	A PERTES ET PROFITS,	solde de ce compte, ou bénéf. .	176	1146	»
					259146	»
Janvier	1	A BALANCE D'ENTRÉE,	solde du précédent.	179	216000	»

Doivent   MARCH. EN CONSIGNATION OU EN COMMISSION

Déc.	22	A DIVERS,	pour 10 tonneaux à lui consig.	169	4250	»
	23	A CAISSE,	pour 20 id.	170	20300	»
	»	A MARCHAND. GÉNÉR.,	pour 1 baril indigo avarié. . .	»	1000	»
					25550	»
	31	A PERTES ET PROFITS,	solde présentant mon bénéfice.	176	2450	»
					28000	»

Doit   MAISON A BORDEAUX

Déc.	23	A CAPITAL,	maison dont j'ai hérité. . . .	172	40000	»
	28	A CAISSE,	payé pour construct. d'une aile.	175	20000	»
					60000	»
	31	A PERTES ET PROFITS	pour solde prés. mon revenu. .	176	6000	»
					66000	»
Janvier	1	A BALANCE D'ENTRÉE,	valeur actuelle de ladite. . .	179	6000	»

DU SOLEIL   *Avoir*

18...					
Déc.	21	Par CAISSE,	*vendu 20 act. à 50 p. 0/0 perte.*	168	10000	»
»		Par IDEM,	*id . . 10 . . à 30 . . . . .*	»	7000	»
					17000	»
	31	Par BALANCE DE SORTIE,	*valeur des 12 actions restantes.*	177	6000	»
					23000	»

Avoir

Déc.	26	Par CAISSE,	*vente de 2000 fr. de rente. . .*	172	43146	»
	31	Par BALANCE DE SORTIE .	*valeur des rentes en portefeuille.*	178	216000	»
					259146	»

CHEZ ARNAULD   *Avoir*

Déc.	28	Par ARNAULD, S/Cte Ct,	*produit de la vente. . . . . .*	175	28000	»
					28000	»

Avoir

Déc.	31	Par CAISSE,	*loyers reçus. . . . .*	175	6000	»
	»	Par BALANCE DE SORTIE,	*valeur actuelle de cette maison.*	178	60000	»
					66000	»

Doit   CHATEAU DE C***

18...							
Déc.	28	A CAPITAL,	*château dont j'ai hérité.* . . .	172	50000	»
	25	A CAISSE,	*pour plantations, réparat., etc.*	175	10000	»
					60000	»
	31	A PERTES ET PROFITS,	*pour solde prés. mon revenu.*	176	4000	»
					64000	»
Janvier	1	A BALANCE D'ENTRÉE,	*valeur dudit.*	180	60000	»

Doivent   LÉGATAIRES ET CRÉANCIERS DIVERS

Déc.	26	A CAISSE,	*payé à Châteaubourg son legs.*	172	10000	
	31	A BALANCE DE SORTIE,	*solde à nouveau.*	178	40000	
					50000	»

Doivent   MARCHANDISES DE COMPTE 1/3 AVEC BOYER

Déc.	26	A CAISSE,	*frais auxdites.*	173	600	»
	»	A PERTES ET PROFITS,	*ma commission de 2 p. 0/0.* .		700	»
	»	A DIVERS,	*pour solder ce compte.* . . .	174	33700	»
					35000	

Doit   BALANCE DE SORTIE

Déc.	31	A DIVERS,	*pour soldes* (détail au Journal).	177	494234	95

Doit   BALANCE D'ENTRÉE

Janvier	1	A DIVERS,	*pour soldes* (détail au Journal).	180	494234	95

FIN DU GRAND-LIVRE

Avoir

18...						
Déc.	31	Par CAISSE,	vente de la coupe de bois et foins	175	4000	»
	»	Par BALANCE DE SORTIE,	valeur actuelle dudit.	178	60000	»
					64000	»

Avoir

Déc.	25	Par CAPITAL,	légat. et créanc. div. de la succ.	172	50000	»
					50000	»
Janvier	1	Par BALANCE D'ENTRÉE,	solde du précédent.	180	40000	»

ET DARNAY

Avoir

Déc.	26	Par CAISSE,	produit de la vente.	173	35000	»
					35000	»

Avoir

Déc.	31	Par DIVERS,	soldes divers (détail au Journal).	178	494234	95

Avoir

Janvier	1	Par DIVERS,	soldes divers (détail au Journal).	179	494234	95

FIN DU GRAND-LIVRE.

DES COMPTES COURANTS

RAPPORTANT INTÉRÊTS, ET DU LIVRE DES COMPTES COURANTS
D'INTÉRÊTS.

---

324. Dans les affaires de quelque importance, toutes les sommes du compte ouvert à un correspondant rapportent intérêt à 3, 4, 5 ou 6 p. 0/0, suivant les conventions faites. Quelquefois même l'intérêt est fixé à un taux qui diffère pour le débit et le crédit; ainsi, par exemple, chez un banquier le débit d'un correspondant peut être calculé à 5 p. 0/0, et le crédit à 3 p. 0/0 seulement (a).

Les comptes susceptibles de rapporter intérêt sont cependant tenus au Grand-Livre de la même manière que les autres comptes, sans qu'on se préoccupe nullement des calculs auxquels ils donneront lieu plus tard. C'est un travail tout à fait distinct, auquel on ne se livrait autrefois qu'au moment même d'envoyer à chacun des correspondants l'extrait de son compte; ce qui a lieu d'ordinaire chez les banquiers régulièrement chaque trimestre ou semestre, et chez les négociants tous les ans, ou bien à toute autre époque de l'année, lorsqu'on veut arrêter un compte.

Alors on fait le calcul des intérêts des sommes du débit et des intérêts de celles du crédit; il en résulte une balance des intérêts à la charge ou en faveur du correspondant, balance dont on passe écriture en partie double sur le Journal au débit ou au crédit de ce correspondant, par Pertes et Profits, à moins qu'il n'y ait un compte spécial ouvert à *Intérêts* sur le Grand-

---

(a) C'est payer à ce banquier 5 0/0 pour l'argent qu'il avance, et n'en recevoir que 3 0/0 pour celui qu'on laisse à intérêt chez lui.

Livre ; ce qui a lieu dans les maisons où ce genre de bénéfice est important.

325. Calculer les intérêts d'un compte, obtenir la balance entre ceux du débit et du crédit, balance dont on passe écriture sur le journal, c'est là ce qu'on appelle *arrêter les intérêts d'un compte courant,* et *solder ce compte.*

Il y a dans le commerce plusieurs méthodes de dresser les comptes courants d'intérêts, servant à abréger le long travail auquel on serait obligé de se livrer, si l'on voulait calculer séparément par les règles ordinaires de l'arithmétique, les intérêts de chaque somme figurant dans un compte. Il faut aux financiers des méthodes expéditives.

L'abréviation imaginée consiste à multiplier chaque somme par le nombre de jours qu'elle doit porter intérêt, afin d'obtenir ainsi de nouvelles sommes dont on n'a plus à prendre l'intérêt, pour toutes, que pendant un *temps égal,* pendant un jour ; ce qui permet par conséquent d'additionner les sommes du débit, d'additionner aussi celles du crédit, de déterminer la balance ou solde sur lequel il ne reste plus à prendre, une seule fois, que l'intérêt pendant un jour.

C'est là une immense abréviation ; dans ces méthodes, les comptes reçoivent un arrangement différent et des dispositions particulières. Il y a, par exemple, des colonnes dites de *capitaux,* des colonnes de *nombres,* de *jours,* etc., et même il y figure quelquefois des *nombres rouges;* on peut en voir un modèle à la fin de ce volume. (*Tableau des comptes courants d'intérêt.*)

Ces comptes courants, avec tous leurs calculs d'intérêt et leurs dispositions spéciales, doivent être inscrits sur un livre auxiliaire (en tout conforme au modèle précité), nommé le Livre des Comptes courants d'intérêts; et c'est d'après lui que sont envoyées des copies textuelles à tous les correspondants.

Comme ces calculs d'intérêt sont plus du domaine de l'arithmétique que de la comptabilité, c'est dans l'*Arithmétique commerciale et pratique* qu'ont été placées les démonstrations de ces diverses méthodes abrégées, en usage chez les financiers. Nous ne les reproduirons pas ici, et renvoyons à cet ouvrage où les questions d'intérêts sont d'ailleurs traitées dans tous leurs développements (*voir paragraphe* 839).

Il est exposé une méthode, entre autres, la plus nouvelle, que nous avons donnée pour la première fois dans notre 16° édition, pour dresser à l'avance les intérêts d'un compte sans qu'on ait besoin de connaître l'époque de la clôture ni le taux de l'intérêt (*paragraphe* 840). Cette méthode donne le moyen de préparer d'avance ce long travail et d'envoyer spontanément tous les comptes, ce qui était impossible par les méthodes anciennes.

Dans un chapitre complet sur les *Intérêts*, on y trouve aussi exposées toutes les manières préférables de les calculer par *multiplicateurs fixes*, par *diviseurs fixes*, par *formules*, dites *algébriques*, et selon toutes les méthodes usitées en finance, en employant même les tables d'intérêts (*a*).

Enfin ce chapitre est suivi de la théorie de la NOUVELLE ÉQUATION ARITHMÉTIQUE, imaginée par l'auteur et qui sert, avec plus de concision et moins d'abstraction que l'équation algébrique, à résoudre facilement les questions d'INTÉRÊTS COMPOSÉS, d'ANNUITÉS, d'AMORTISSEMENT, etc., qui ne se traitaient qu'en algèbre, questions actuelles qui acquièrent chaque jour plus d'intérêt depuis que l'amortissement et les annuités commencent à se répandre parmi nous et à s'appliquer dans les affaires privées.

Il était nécessaire de mettre ces calculs à la portée des simples arithméticiens.

(*a*) Dans ses *Tables* ou *calculs tout faits d'intérêts*, à tous les taux usités, pour toutes les époques et toutes les sommes jusqu'à 3 millions, l'auteur a donné le moyen le plus rapide et le plus sûr d'obtenir les intérêts; en effet, ces tables interrogées à l'instar d'un dictionnaire, répondent immédiatement par un résultat n'inspirant aucun doute, tandis que dans la préoccupation des affaires ou le trouble de la pratique, il faut faire appel à toute son attention, recommencer quelquefois ses calculs, et, malgré tout, sans se soustraire entièrement à la crainte de quelque erreur.

MÉTHODE ABRÉGÉE EN PARTIE SIMPLE

ET LIVRES AUXILIAIRES DIVERS.

---

326. Nous ne cesserons jamais de conseiller l'adoption, en toutes circonstances, de la méthode en partie double, comme étant la seule complète et qui renferme des contrôles permanents, sans lesquels une comptabilité est toujours imparfaite.

Dans les méthodes connues en partie simple, il serait difficile d'en trouver une qui fût convenablement abrégée. Les unes nécessitent autant d'écritures que les parties doubles; d'autres ne satisfont pas aux dispositions du Code, et aucune ne renferme en elle des moyens de contrôle.

Cependant quelques commerçants, soit dans l'espoir d'une économie de temps ou de commis, soit par un autre motif trop long à développer ici, continuent de préférer, à l'exactitude mathématique des parties doubles, la marche moins régulière et souvent aussi longue de la partie simple.

C'est pour diriger ceux qui ont cette préférence inexcusable que nous donnons la méthode suivante : elle a du moins le mérite de la simplicité, et d'introduire quelques contrôles utiles; on peut même avec un livre de plus, le *Journal Grand-Livre*, dont traite le chapitre suivant (335), par un travail de quelques heures chaque mois, traduire les écritures en partie double sur ce livre, et leur donner ainsi, si l'on veut plus tard, une certaine regularité.

327. Soit qu'on entre dans les affaires, soit qu'on ait précédemment tenu des livres, pour commencer régulièrement une comptabilité quelconque, il faut dresser son inventaire général, par *actif* et *passif* comme (289) ; on en extrait divers articles qu'on inscrit les premiers sur les livres : c'est ce que nous expliquerons bientôt (332).

DU JOURNAL-MÉMORIAL.

328. Le principal livre, qu'on pourra intituler indifférem-

Modèle de la page gauche.

DATES.	ENTRÉE DU JOURNAL-MÉMORIAL.	MÉMORIAL.		COMPTES COUR.		CAISSE.	
1°	2°	3°		(a) 4°		5°	
Mai.	1 J'ai reçu en billets de DURAND	6061	»	10 6061	»	»	»
»	2 J'ai reçu en espèces de JAMES.	»	»	17 11000	»	11000	»

Explication.

La page de gauche est l'ENTRÉE du *Journal-Mémorial,*
celle de droite en est la SORTIE ; et ces deux pages en regard sont reglées d'une manière toute semblable ; (1°) une
colonne des dates ; (2°) un large espace pour les explications,
et, à la suite, trois colonnes : la première (3°) intitulée *Mémorial,* la seconde (4°) *Comptes courants,* et la dernière (5°)
Caisse.

Tout l'argent reçu, quel qu'en soit le motif, est écrit à l'*entrée du Journal-Mémorial,* en plaçant les sommes dans la
colonne *Caisse.*

Au contraire tout l'argent payé, à quelque titre que ce soit,
est écrit à la *sortie du Journal,* et les sommes sont placées
dans la colonne *Caisse.*

Ainsi le Journal-Mémorial, au moyen de cette colonne de
Caisse, sert de *livre de Caisse.*

Tous les effets à recevoir ou à payer, qui entreront d'une
manière quelconque, seront inscrits à l'*entrée du Journal-Mémorial,* et les sommes dans la colonne intitulée *Mémorial.*

Tous les effets à recevoir ou à payer qui sortiront, on les
écrira à la *sortie,* et les sommes dans la colonne *Mémorial.*

Tous les achats que l'on a faits à terme sont écrits à l'*en-*

ment *Journal, Livre de caisse,* ou *Mémorial ;* mais que nous
nommons *Journal-Mémorial,* sera disposé comme le modèle
suivant.

Modèle de la page droite.

DATES.		SORTIE DU JOURNAL-MÉMORIAL.	MÉMORIAL		COMPTES COUR.		CAISSE	
1° Mai	7	2° J'ai expédié des fers à NELSON.	3° 2000	»	(a) 8 4° 2000	»	5° » 100	»
»	9	J'ai avancé . . . . à JEAN . .	»	»	21 100	»	100	»

trée, et les ventes ou expéditions à la *sortie,* dans la colonne
Mémorial (1).

Enfin, on a écrit tous les articles quelconques, par *entrée*
et *sortie,* sur ce journal-mémorial, de manière que les sommes soient placées, pour celles d'argent, dans la colonne
Caisse, et, pour toutes les autres, dans la colonne *Mémorial.*

Il reste à faire connaître l'utilité de la colonne *Comptes
courants.* La voici :

Après avoir écrit la somme d'un article dans la colonne de
Caisse, s'il s'agit d'argent, ou dans celle *Mémorial,* si ce n'en
est point, il faut écrire une seconde fois cette somme dans
la colonne *Comptes courants,* toutes les fois qu'un article devra être transporté au livre des comptes courants, dont nous
allons parler (330).

Exemples pour l'entrée.

1° Le 1er mai, j'ai reçu de Durand, en billets, 6061 fr.; 2° le
3, j'ai reçu de James 11000 fr. en argent.

---

(1) Cependant si les ventes exigeaient des factures trop détaillées pour être mises sur
le Journal-Mémorial, il faudrait avoir un livre accessoire de factures, où seraient consi-
gnés tous les détails de ces ventes, dont on ne porterait que le montant sur ce Journal,
en un seul article par jour, et l'on remonterait, si l'on avait besoin de détails, à ce livre
de factures ou de ventes.

J'écris ou je passe ces articles à l'*entrée du Journal-Mémorial* comme dans le modèle ci-dessus (328).

Exemples pour la sortie.

Le 7,—j'ai fait à Nelson un envoi de fers de. .   2000 fr.
Le 9,—j'ai avancé à Jean. . . . .   100 fr.

J'écris ces articles à la *sortie du Journal-Mémorial,* comme dans le modèle précédent.

Ces quatre articles devant être **portés aux comptes courants** de Durand, James, Nelson et Jean, les sommes en sont répétées et inscrites dans la colonne *Comptes courants*, établie pour y placer les sommes devant figurer au *livre des comptes courants,* et obtenir par là deux contrôles essentiels. dont nous parlerons plus bas (333).

329. Ainsi, RÈGLE GÉNÉRALE : *Toute somme qui doit figurer au compte d'un correspondant doit être inscrite dans la colonne* COMPTES COURANTS *du Journal-Mémorial, et répétée dans la colonne de* CAISSE, *si c'est de l'argent, ou dans celle* MÉMORIAL, *si ce n'en est pas.*

Du livre des comptes courants

330. Il faut tenir un livre de *Comptes courants* où l'on ouvre un compte à chaque personne avec laquelle on fait des affaires.

On y rapporte au débit : Les articles dont les sommes sont placées à la *sortie du Journal-Mémorial,* dans la colonne *Comptes courants* (a).

Ainsi, l'addition de tous les débits du livre des comptes ourants doit donner une somme égale au montant de la colonne *Comptes courants,* à la sortie du Journal-Mémorial.

Ce premier contrôle, fait tous les mois, assure que le transport au débit des comptes courants est exact.

(a) Il faut mettre aux comptes courants le folio du Journal-Mémorial où se trouve l'article, et réciproquement placer au Journal-Mémorial dans la petite colonne intérieure le folio des comptes courants. Voyez ci-dessus dans le modèle du Journal-Mémorial la petite colonne (a) des folios.

Quant au crédit du livre des comptes courants, on y rapporte : Tous les articles du *Journal-Mémorial* dont les sommes figurent à l'entrée, dans la colonne *Comptes courants.*

Ainsi, l'addition des crédits du livre des comptes courants doit donner une somme égale au montant de la colonne *Comptes courants* de l'entrée du Journal-Mémorial.

Ce deuxième contrôle assure que le transport au crédit des comptes courants est exact.

331. L'essentiel pour le livre des comptes courants est de n'y omettre aucun article; ce n'est donc que pour prévenir les erreurs que sont créées les colones *Comptes courants*, qui établissent les deux contrôles précieux dont nous venons de parler (a).

En résumé, on ne rapporte au débit ou au crédit des comptes courants que les sommes inscrites dans les colonnes du *Journal-Mémorial*, intitulées *Comptes courants;* et réciproquement, on n'écrit dans ces colonnes que ce qui doit être transporté à un compte courant.

332. Il est essentiel de prévenir ici que les premiers articles qu'il faut écrire sur le *Journal-Mémorial*, à l'entrée (ce que nous n'avons pas fait dans le petit modèle précédent), sont : 1° L'argent en caisse, suivant l'inventaire dressé, en ayant soin de placer la somme dans la colonne *Caisse.*

2° Les effets en portefeuille, d'après l'inventaire, en plaçant les sommes dans la colonne *Mémorial;* 3° enfin les créanciers par compte, détaillés sur le même inventaire, dont on sortira les sommes ou soldes dans la colonne *Comptes courants;* voilà pour l'entrée. On en trouve un exemple dans le grand modèle du Journal-Mémorial (*tableau n° 1, placé à la fin du volume*) appliqué à la comptabilité des forges.

(a) Le négociant qui aurait peu de comptes avec Divers, ou des comptes si simples, qu'il serait difficile qu'il s'y glissât des erreurs, pourra, sur son Journal, n'avoir que les colonnes *Mémorial* et *Caisse*, et supprimer celles *Comptes courants* qui n'ont été créées que comme moyen de vérification, auquel il pourrait, dans ce cas, renoncer.

Les premiers articles qu'il faut écrire à la sortie, sont :
1° Les effets à payer d'après l'inventaire, en plaçant les sommes dans la colonne *Mémorial ;* 2° les débiteurs par compte, en sortant les sommes dans la colonne *Comptes courants.*
(*Voir modèle précité, tableau n° 1,* à la fin du volume.)

Tous ces articles sont extraits de l'inventaire, comme on l'a déjà dit (327).

Ainsi, tous les livres se réduisent à deux : le *Journal-Mémorial* et les *Comptes courants.*

Nous ne comptons point le livre d'inventaire qu'il faudrait tenir pour se conformer à l'article 9 du Code, parce qu'il ne demande qu'une heure de travail par an (*a*), ni d'autres livres accessoires ordinairement en usage, tels que la copie des lettres (*b*), un livre d'entrée et de sortie des marchandises (*c*), un carnet d'échéances (*d*) ; enfin un livre de petites dépenses, pour les y noter en détail, et ne porter sur le Journal-Mémo-

---

(*a*) Ce registre doit être coté et parafé, *Voir* art. 9 du Code de Commerce ; il est exclusivement consacré à inscrire ou copier les inventaires.

(*b*) C'est la copie littérale des lettres par ordre de date, les noms du correspondant et de sa ville, placés en marge.

(*c*) Ce livre n'est possible que lorsqu'il n'y a pas des sortes trop variées de marchandises. On ouvre alors un compte à chaque sorte par entrée et sortie ; on note à la sortie au fur et à mesure, toutes marchandises qui sortent ; or, en retranchant les quantités sorties de celles entrées, on obtient les quantités qui doivent rester en magasin. Mais chez les droguistes, par exemple, où il y a 3 à 4,000 articles, ce livre est impraticable, parce qu'il faudrait dix commis pour le tenir ; on est donc réduit, dans ce cas, pour empêcher les infidélités, à exercer une surveillance active.

(*d*) Ce livre est divisé en douze parties ayant pour titre les douze mois de l'année ; sur la page gauche sont détaillés les effets à recevoir, ainsi qu'il suit :

Effets à recevoir au mois de JUIN. (PAGE GAUCHE.)

DATES D'ENTRÉE.	TIREURS ou CONFECT.	CÉDANTS.	ACCEPT. ou PAYEURS.	LIEUX de PAYEMENTS	JOURS.	SOMMES.	NÉGOCIÉS ou ENCAISSÉS.
Avril. 19	Jean.	*Idem.*	*Idem.*	Paris.	15	300	»

rial qu'en bloc, tous les huit ou quinze jours, les sommes avancées pour fournir à ces menues dépenses. Ce ne sont pas là vraiment des *livres auxiliaires*, mais seulement des *livres accessoires*, des *recueils de notes* qui ne méritent aucune étude.

Pour tirer le résultat des deux livres précédents, solder tous les comptes et connaître la perte ou le gain définitif, on dresse son inventaire général, comme on l'a déjà fait pour commencer les écritures (289) ; l'accroissement ou la diminution du nouveau capital, comparé à celui de l'inventaire précédent, détermine la perte ou le gain ; on doit inscrire cet inventaire général sur le livre des inventaires, à la suite du premier, et arrêter les additions de tous les livres et de tous les comptes. Après, on recommence les écritures par le même inventaire, ainsi qu'il a été déjà indiqué (167 et 172), absolument comme si c'étaient de nouveaux livres.

Cette manière de tirer le résultat des livres est bien loin de l'exactitude des parties doubles. On y peut commettre des erreurs difficiles à relever ; et, de plus, une erreur échappée dans la composition de l'inventaire, réagit sur le capital, qui s'en trouve mal à propos réduit ou augmenté. Mais enfin, le résultat des livres en partie simple ne peut se faire autrement, ni présenter des résultats plus rigoureux.

Tel sera donc le système de tenue des livres en partie simple ; mais, on ne peut trop le répéter, ce sont pas là des résul-

---

En regard, sur la page droite, sont inscrits les effets à payer, comme suit :

Effets à payer au mois de JUIN. (PAGE DROITE)

DATES DE SORTIES.		TIREURS ou CONFECT.	ORDRE.	JOURS.	SOMMES.		OBSERVATIONS.
Avril.	19	M/B.	Paul.	23	200	»	

tats mathématiques, comme on les obtient par la méthode en double partie, qui renferme en elle-même des contrôles et des balances continuels. Cependant, après avoir tenu les livres d'après ce système, en partie simple, avec un registre de plus, le *Journal-Grand-Livre* en partie double, que nous allons expliquer bientôt (175), on les rendra réguliers et complets, si l'on traduit, en partie double, sur ce registre, par un travail de quelques heures chaque mois, les écritures contenues dans le Journal-Mémorial précédent, et l'on pourra obtenir les renseignements aussi exacts que possible.

333. Pour satisfaire aux dispositions du Code, on aura soin de faire coter et parafer le *Journal-Mémorial;* comme il présente l'ensemble de toutes les affaires, il se trouvera ainsi conforme aux prescriptions de l'art. 8 du Code de commerce.

Méthode très-simplifiée pour tenir les Livres avec deux registres seulement, à l'usage des marchands en détail.

334. Le commerçant qui aurait peu de comptes avec divers ou des comptes très-simples (*a*) pourra, sur le premier livre, nommé Journal-Mémorial, supprimer les colonnes *Comptes courants*, et n'avoir que les deux de *Mémorial* et de *Caisse*. N'avoir pas le livre d'*achats*.

Il rangera par ordre de date (*b*) les notes d'achats qu'il reçoit, selon l'usage, du vendeur ; elles contiennent le prix et la quantité : l'ensemble de ces notes lui tiendra lieu de livre d'*achats*.

Quand le vendeur vient recevoir, on vérifie sa facture sur la note d'achats qu'on en a reçue, et l'on fait une barre sur cette note après l'avoir payée.

Le livre de *ventes* ou de *factures* est indispensable.

(*a*) C'est ce qui arrive souvent dans le commerce de détail, où avoir un compte avec une personne c'est lui fournir tout ce dont elle a besoin, et lui en remettre à de certaines époques la note qu'elle paye.

(*b*) On les passe dans un lacet.

Si, comme on l'a déjà supposé, les comptes courants sont très-simples, ou, s'il y en a peu, on pourrait supprimer le livre des *Comptes courants*, et le remplacer ainsi qu'il suit.

Les ventes qui composent le débit des comptes courants sont notées au livre de ventes; si, quand ces ventes sont payées et réglées, on fait une barre transversale sur l'article, ce qui indiquera qu'il est réglé ou payé, il s'ensuivra que les ventes non bárrées sur ce livre seront à recevoir ou à régler; ainsi, lorsqu'on voudra remettre à Pierre son compte, on relevera sur le livre, les articles vendus à Pierre, qui ne seront pas barrés, ce qui tiendra lieu du compte de Pierre. Afin de n'être point obligé de feuilleter tout le livre pour chercher les articles de Pierre, on établit un répertoire à la fin du livre de ventes (*a*).

Si l'on a reçu des à-compte, ce qui arrive très-rarement, on les trouve sur le Journal-Mémorial, à l'entrée de la colonne *Caisse*, et on les porte en déduction ou en avoir.

Le *Copie de lettres* devient à peu près inutile au commerçant en détail qui n'a point de correspondance.

Point de *livre d'entrée et de sortie de marchandises ;* il serait trop long, trop minutieux, et souvent même impossible d'en suivre les sorties.

Ainsi, le commerçant en détail, pour empêcher toute infidélité, n'a d'autre moyen que d'exercer une surveillance active sur ses employés.

Il peut également se passer d'un *livre d'échéances.* Il suffit qu'il note avec soin les échéances de ses effets à payer sur une page de son Journal réservée pour cela.

Quant aux effets à recevoir, classés par mois dans son portefeuille, les effets eux-mêmes lui en rappelleront l'échéance.

Point de *livre de dépenses.* Dans ce cas, le commerçant doit

---

(*a*) Après avoir inscrit les individus qui figurent sur le livre de ventes par ordre alphabétique, on met à la suite de leur nom les numéros des pages où se trouvent les ventes qui concernent ces personnes; lorsqu'on veut dresser un compte, on cherche à la table le nom et l'indication des pages où sont notées les ventes faites; on remonte à ces pages directement sans feuilleter tout le livre.

les passer, au fur et à mesure qu'elles auront lieu, sur son Journal-Mémorial, colonne de Caisse.

Pour satisfaire aux dispositions du Code il suffit de faire coter et parafer le *Journal-Mémorial*, et d'y inscrire chaque soir, en un seul article, les achats ; en un autre, les ventes du jour.

Ainsi, d'après les abréviations, tous les livres se réduisent à deux : le JOURNAL-MÉMORIAL et le LIVRE DE VENTES (*a*).

Nous ne comptons point de livre d'inventaire, prescrit par l'article 9, parce qu'on peut copier l'inventaire sur le Journal-Mémorial, qui serait déjà coté et parafé.

Au surplus, avec les éléments contenus dans ces deux livres, on pourra encore, au besoin, comme il a été déjà dit, dresser, au moyen du *Journal-Grand-Livre*, des livres en partie double.

Il nous reste maintenant à indiquer la manière de tenir les livres en partie double par le moyen d'un seul registre appelé *Journal-Grand-Livre*.

(*a*) On doit sentir que nous n'avons donné cette méthode, ou plutôt cette manière très-simplifiée de tenir les livres, que comme renseignement, exemple ou indication de toutes les abréviations possibles, toujours aux dépens de la régularité.

NOUVELLE MÉTHODE

POUR TENIR LES LIVRES EN DOUBLE PARTIE,

PAR LE MOYEN D'UN SEUL REGISTRE,

APPELÉ JOURNAL - GRAND - LIVRE.

---

335. Cette méthode est fort simple et présente de grands avantages en certains cas (a).

Le premier est de réduire de moitié les écritures; car le travail du Grand-Livre, qui est si considérable dans la méthode ordinaire, est presque nul dans celle-ci.

En second lieu, les livres auxiliaires en partie simple sont combinés de manière qu'ils soient absolument indépendants de la partie double, et que, sans son secours, ils fournissent tous les renseignements journellement nécessaires; il en résulte que les commis ordinaires peuvent tenir ces livres auxiliaires sans être admis à connaître le secret des affaires générales, renfermé dans le Journal-Grand-Livre en partie double, que doit seul tenir le chef de la maison ou la personne qui a sa confiance.

Il résulte encore de ce que les livres auxiliaires suffisent pour tous les détails journaliers, que les écritures en partie double, indépendantes des autres, peuvent être différées ou suspendues sans que le système de comptabilité soit en rien dérangé; ainsi, on peut les faire en tout temps, dans ses moments de loisir; et il suffit, pour ce travail, de quelques heures par mois ou de quelques semaines par année.

D'après ce système, les comptes courants des particuliers

(a) Lorsqu'on fait peu d'affaires, ou lorsqu'on en fait beaucoup de petites; car la méthode ordinaire, avec le Grand-Livre séparé, est de beaucoup préférable et la plus régulière pour les grandes maisons.

sont tenus sur les livres auxiliaires en partie simple; mais le Journal-Grand-Livre présente les comptes généraux si utiles de la partie double, et sert à résumer des écritures étendues pour en présenter succinctement les résultats précis et rigoureux.

Explication

336. Cette méthode repose sur une idée fort simple, et ne diffère de la méthode ordinaire que par l'arrangement.

Au lieu d'avoir un Journal et un Grand-Livre séparés, on n'a, pour ces deux livres, qu'un seul registre, dont le feuillet gauche est le Journal, et dont le côté droit sert de Grand-Livre, comme dans le modèle (*tableau n° 2*), à la fin du volume.

Le Journal, placé sur le feuillet gauche, est absolument tenu sur les mêmes principes et de la même manière que dans les Journaux ordinaires, excepté les dates qui sont placées en marge, au lieu de l'être en tête de chaque article.

Le Grand-Livre se trouve établi sur le feuillet droit, au moyen de colonnes, divisées chacune en débit et crédit, qui portent l'intitulé des comptes généraux et en tiennent lieu.

Pour transporter les articles du Journal au Grand-Livre, on place la somme du compte débiteur dans le débit de la colonne qui tient lieu de ce compte; et celle du compte créancier, dans le crédit de la colonne qui en tient lieu.

Au reste, il suffit de jeter les yeux sur le modèle indiqué (*tableau n° 2*), pour comprendre, à la première inspection, l'application de cette méthode.

Le feuillet droit, destiné à représenter le Grand-Livre, peut être divisé en six colonnes, dont les cinq premières sont les cinq comptes généraux, si connus, et la sixième, intitulée *Divers comptes* ou *Comptes courants*, renferme tous les autres comptes; au lieu de six colonnes, on peut en pratiquer sept, huit, neuf et plus en cas de besoin, qu'on peut intituler chacune du nom d'un compte important; l'avant-dernière colonne peut être appelée *Comptes généraux divers*, et la dernière aussi *Comptes courants*. Nous allons en donner l'explication.

Dernière colonne intitulée Comptes courants.

La colonne intitulée *Comptes courants* comprend tous les comptes courants des particuliers.

La première objection qui se présente à l'esprit, c'est que les comptes des particuliers, étant confondus dans la colonne *Comptes courants*, ne peuvent être vus séparément et par conséquent n'en présentent pas les soldes.

Cette objection serait fondée si les Comptes courants n'étaient pas tenus sur les livres auxiliaires en partie simple; mais on doit se rappeler que nous pouvons avoir le compte de chaque correspondant sur un livre séparé nommé *Livre des comptes courants* (330) (*a*).

Il y a deux manières de tenir ce livre de comptes courants : la première, c'est d'y rapporter les articles inscrits dans la colonne *Comptes courants* du Journal-Grand-Livre ; et, dans ce cas, l'on place les folios de ces comptes dans la petite colonne ménagée après les dates (*voir tableau n° 2*).

Cette manière n'est praticable que quand i. y a peu de correspondants : mais, dans le cas contraire, elle serait trop longue et l'on a recours à une seconde manière que voici :

On tient les comptes courants des correspondants sur les livres auxiliaires de la partie simple, comme on l'a indiqué (330), en rapportant au livre des comptes courants tous les articles inscrits dans les deux colonnes *Comptes courants* du Journal-Mémorial.

Il en résulte une grande abréviation; en effet, lorsqu'on passe

---

(*a*) On se rappelle aussi que ce livre concorde avec les deux colonnes intitulées *Comptes courants*, pratiquées au *Journal-Mémorial* pour servir de contrôle (331).

écriture en partie double sur le *Journal-Grand-Livre*, il n'y faut pas débiter ou créditer les correspondants chacun sous son nom particulier; car c'est déjà fait à l'aide du Journal-Mémorial; il ne reste plus qu'à le faire en bloc pour tous ensemble, sous le nom du Compte général de *Comptes courants*.

Ainsi, par exemple, si l'on a touché de trente correspondants 20000 fr., il suffit de dire : CAISSE A COMPTES COURANTS, 20000 fr., *pour autant reçu de divers dont détails au Journal-Mémorial.*

C'est ainsi que le Journal-Grand-Livre, dégagé de tout ce qui est relatif aux comptes courants des particuliers, n'offre que les comptes généraux et les résultats en grand de l'ensemble des affaires, sans s'embarrasser de détails minutieux qui restent convenablement relégués sur des livres auxiliaires.

Ayant donc sur un livre les comptes de chaque correspondant en particulier, il n'y a plus d'inconvénients à les confondre au Journal-Grand-Livre dans la colonne *Comptes courants*.

Cette colonne opère d'ailleurs le contrôle du livre des Comptes courants; car la somme totale du débit de tous les comptes qui sont ouverts sur ce livre devra être égale à celle du débit de la colonne; et la somme totale des crédits du livre devra être égale au montant du crédit de cette colonne.

Ainsi la colonne intitulée *Comptes courants* représente le livre des Comptes courants dans son ensemble; et elle fait connaître au négociant, par le solde, de quelle somme il est à découvert avec tous ses correspondants, si, toutefois, il n'y mêle pas d'autres comptes que les leurs.

Récapitulation des colonnes ou de la balance de vérification.

On additionne au bas de chaque page le débit et le crédit de chacune des colonnes, et l'on place au-dessous le total sur une même ligne pratiquée à cet effet (*voyez tableau n° 2*). Il faut transporter ensuite ces totaux dans l'espace ménagé au haut de chaque page du Journal. Enfin, il faut additionner ces totaux eux-mêmes; le montant du débit doit être égal à celui du crédit, et chacun en particulier à l'addition de la colonne du Journal.

Ces balances se font au bas de chaque feuillet. On commence la page suivante par le report du montant des articles du Journal et du montant du débit et du crédit de chacune des colonnes du feuillet précédent, et de même ainsi pour la suite.

Manière de solder la colonne intitulée Comptes divers et celle Comptes courants.

On solde la colonne des comptes courants à la fin de l'année par balance de sortie; comme suit :

1° En portant au débit le montant des soldes des comptes créanciers, soldes relevés d'après le livre des comptes courants ; — 2° en portant au crédit le montant des soldes des comptes débiteurs, soldes relevés sur le livre des comptes courants. Ce double solde est afin que chacun concorde avec le montant des débiteurs et celui des créanciers inscrits sur l'inventaire ; ce qui n'aurait pas lieu autrement.

Quant au petit nombre d'autres comptes qui sont confondus dans la colonne intitulée *Comptes Divers*, tels que capital, balance de sortie et balance d'entrée, etc., il faut dresser un compte pour chacun sur une feuille séparée, et relever tous les articles qui les concernent, écrits dans la colonne *C^{es} Divers*. Ce n'est point un travail, car ces comptes ne donnent lieu qu'à un ou deux articles dans le courant de l'année. Ces comptes distincts obtenus, on les solde par balance de sortie en débitant les comptes créanciers et créditant les comptes débiteurs chacun de son solde, comme dans la méthode ordinaire.

On porte ces articles sur le Journal-Grand Livre, et les sommes dans la colonne *Comptes Divers*, et elle se trouve soldée.

Pour rouvrir les livres sur le Journal-Grand-Livre, on commence, comme dans la méthode ordinaire, par les deux articles de balance d'entrée (295, 296).

On se rappelle qu'on peut faire disparaître les comptes de balance de sortie et de balance d'entrée par un *Divers* à *Divers*

ou par capital (297); on peut donc supprimer ces deux
comptes de balance ; dans le cas où l'on ne ferait pas ou
très-peu de billets à payer, on pourrait réunir sous le nom
d'*Effets à recevoir et à payer* ces deux comptes.

Le Journal-Grand-Livre n'ayant qu'un nombre limité de
colonnes, l'essentiel est de savoir réduire les comptes généraux, autant qu'on le peut, à ce nombre, pour n'avoir à comprendre dans la colonne de Comptes Divers, que le moins possible de comptes et notamment ceux qui ne varient presque
pas de capital, de meubles et immeubles, etc., réservant ainsi
le petit nombre de colonnes aux comptes dont on veut avoir
constamment les articles sous les yeux.

Applications de la nouvelle méthode.

337. Cette méthode est applicable à une infinité d'industries et de commerces, aux plus étendus comme aux plus cir-
conscrits, aux plus simples comme aux plus surchargés de
détails, par la raison que ces détails, fussent-ils innombrables,
peuvent toujours être inscrits, classés et totalisés dans les
colonnes des registres d'aide et que les *Comptes Courants* sont
tenus, aussi nombreux qu'ils soient, sur les livres auxiliaires
par des commis dont le nombre peut s'accroître sans aucun
embarras (a).

Toutes ces écritures premières une fois faites, qui suffisent
d'ailleurs à fournir les renseignements journellement utiles,
puisqu'elles peuvent comprendre la tenue des comptes courants des correspondants, c'est alors que commencent les
écritures en partie double. Elles n'ont pour but que de régula-
riser les précédentes et de les résumer dans les comptes généraux du Journal-Grand-Livre destiné à présenter ainsi
sommairement le tableau des résultats et l'ensemble des opérations dégagées de tous les détails minutieux qui sont inscrits et relégués sur les livres auxiliaires.

(a) Voir, à la fin du volume, la série des livres auxiliaires d'une grande maison de banque.

MANIÈRE

DE DRESSER UNE COMPTABILITÉ RÉGULIÈRE

EN PARTIE DOUBLE

D'APRÈS DES NOTES INSCRITES SUR LES LIVRES AUXILIAIRES ET SUR DES DOCUMENTS DIVERS.

---

338. Lorsqu'il s'agit de passer écriture en partie double et d'organiser des livres d'après des notes écrites sans ordre, d'après la correspondance, sur des pièces non classées et des documents épars, il faut avant tout recomposer ou dresser l'inventaire général tel qu'on aurait dû le faire à l'époque où devait commencer cette comptabilité. On recherche à cet effet sur le livre de magasin, les marchandises qui y restaient alors, en s'aidant des factures d'achats à des dates à peu près contemporaines, et secondé par le négociant dont les souvenirs sont souvent d'un grand secours, on recherche la somme qui existait alors en Caisse, les effets qui étaient en portefeuille et les soldes des comptes des correspondants alors débiteurs; on relève sur le carnet d'échéances, ou d'après les titres de Caisse, la note des effets en circulation qui restaient alors à payer, et le solde des correspondants créanciers; enfin, on détermine le capital, qu'on possédait à cette époque.

En d'autres termes, on recompose, d'après les notes, les livres, les pièces, les souvenirs même du négociant, l'inventaire général, dont on passe écriture par deux articles de balance d'entrée ou de capital ou par un article de divers à divers, comme il a été indiqué précédemment (295).

339. Après ce point de départ, souvent inexact, mais qui sera rectifié par les écritures qui suivront, après avoir rangé toutes les lettres reçues par ordre de date, ainsi que tous les titres de Caisse et autres pièces quelconques, on en passe écriture en partie double sur un *brouillon* de Journal, jour par jour, dans l'ordre de leur date, c'est-à-dire qu'on épuise et passe tous les articles portés sous la date du 1er juillet, par exemple, dans toutes les séries diverses de documents, avant de passer à ceux sous la date du 2 juillet et ainsi de suite.

310. Ce travail, qui demande beaucoup d'attention, donne lieu à de nombreuses rectifications, parce que le teneur de livres, à chaque article qu'il rédige, vérifie autant que possible l'origine, pour ainsi dire, et la suite de cet article.

Pour les marchandises, par exemple, il ne porte une vente au crédit qu'après s'être assuré que l'espèce de marchandise vendue figure déjà au débit, soit comme provenant de l'inventaire, soit comme achetée.

Quand il passe écriture du payement d'un billet, il vérifie aussitôt si cet effet était précédemment sorti ; il en est de même des autres comptes.

Mais c'est surtout lorsqu'on rapporte les articles du brouillon du Journal sur un brouillon du Grand-Livre, que les omissions et les erreurs nombreuses, commises nécessairement dans le cours de ce travail irrégulier, deviennent évidentes par l'examen des comptes généraux ; car ces comptes renferment tant de moyens de contrôle mutuels, qu'ils ne laissent aucune place durable aux erreurs.

Ainsi les sorties ou ventes de marchandises servent à retrouver les marchandises de l'inventaire et celles achetées ; et réciproquement les marchandises achetées ou existant sur l'inventaire doivent avoir été vendues ou rester en magasin à l'époque de la balance.

Au compte de la Caisse les payements ne doivent jamais excéder les recettes, et le solde du compte de Caisse doit concorder avec les bordereaux faits de temps en temps sur les espèces.

Au compte d'Effets à recevoir, il ne peut pas entrer un seul effet qu'il ne sorte plus tard par voie de négociation ou d'encaissement à son échéance.

Au compte d'Effets à payer, pas un billet n'est souscrit et ne sort que pour rentrer ou être acquitté à son échéance.

On ne manque pas d'établir à ces deux derniers comptes les doubles colonnes de numéros de rencontre indiquées et expliquées au compte d'effets à payer, page 198.

341. Enfin, lorsque les écritures sont terminées, il faut que le solde de chacun des comptes généraux concorde avec les marchandises en magasin, l'argent en caisse, les effets en portefeuille et les effets qui restent à payer, au moment où l'on se propose d'arrêter les écritures.

C'est au moyen de toutes ces concordances que l'on arrive à obtenir une régularité satisfaisante sur le Journal et le Grand-Livre faits en brouillon; alors on recopie au net le Journal brouillon sur le Journal timbré, et l'on fait ensuite le rapport au Grand-Livre.

La méthode pour tenir les livres par le moyen d'un seul registre, le *Journal-Grand-Livre*, est d'un grand secours pour ce genre de travail, qu'elle facilite et abrège singulièrement; nous avons donné l'explication de cette méthode (335).

PRINCIPES GÉNÉRAUX

POUR CRÉER LE SYSTÈME DE COMPTABILITÉ LE PLUS CONVENABLE
À UN GENRE D'INDUSTRIE QUELCONQUE.

---

342. L'opération qui, dans l'art des comptables, exige le plus d'habileté et la connaissance approfondie de la méthode en partie double, est sans contredit l'établissement d'un système de comptabilité parfaitement approprié à une vaste administration ou à une industrie nouvelle, qui sort par la nature de ses affaires des usages habituels du commerce. Il faut apporter dans ce travail difficile une expérience pratique et une certaine habileté d'invention qui ne se trouvent que chez le comptable initié dans tous les secrets de son art, et constamment exercé à en faire l'application aux industries les plus vastes et les plus dissemblables.

Un teneur de livres faible ou esclave de la routine ne sera nullement propre à une opération qui présente d'aussi grandes difficultés, parce qu'il ne pourra plus appliquer aux cas nouveaux de ces industries exceptionnelles les seuls moyens d'exécution qui lui soient connus, et qui sont à ses yeux des formules dont il ne peut pas s'écarter. Alors il lui faudra soumettre et contraindre la marche de l'administration à ses routines étroites de comptabilité, et il en résultera un système vicieux, lourd, compliqué, qui, tout en nécessitant plus de travail et d'employés, ne présentera que des résultats obscurs, péniblement obtenus, qui ne satisferont jamais complétement les intéressés.

Au contraire, un habile comptable, pénétré du véritable esprit de la méthode en partie double, dont il connaît à fond les ressources, l'appliquera facilement à la comptabilité d'une entreprise quelconque, et quoique hérissée de particularités

bizarres, il saura bien assouplir, pour ainsi dire, cette méthode ingénieuse et flexible à toutes les exigences des industries nouvelles, dont il n'omettra aucune de ces particularités
intéressantes qui influent sur les résultats, et doivent par
conséquent figurer d'une manière saillante dans les comptes
qu'il s'agit de présenter.

Il choisira avec discernement, dans tous les renseignements,
les livres auxiliaires ou les matériaux qui lui seront soumis,
ceux qu'il faut adopter en raison de leur spécialité; et, reje-
tant ce qui peut être obscur ou inutile, il fera ressortir de
cette espèce de chaos un système simple, facile et lumineux,
qui, jetant le plus grand jour sur les opérations de l'entreprise, éclairera l'administration dans sa marche, et présentera
en définitive des résultats faciles à saisir, même pour les in-
telligences les moins exercées.

Ce système une fois établi, les teneurs de livres ordinaires
pourront facilement le continuer et l'appliquer avec un petit
nombre d'employés; car tout dépend ici de la première conception et de l'établissement primitif, dont, nous le répétons,
il est de la plus haute importance de ne charger dans le principe qu'un comptable expérimenté (a).

Nous ne saurions trop insister sur ce point très-influent
pour l'avenir des sociétés industrielles, et notamment des
compagnies anonymes fondées par actions. On est beaucoup
trop indifférent sur le choix d'un système de comptabilité et
sur celui du teneur de livres chargé de l'appliquer; enfin, on
néglige trop d'indiquer ou de définir, dans les actes constitu-
tifs ou les statuts, les cas importants de comptabilité.

Il y a dans la manière de passer un article, de porter certaines dépenses à tel ou tel compte, de prélever des commissions proportionnelles, plusieurs moyens d'influer directement sur les résultats définitifs. Qu'on sache bien qu'il

---

(a) *La Comptabilité agricole* fournit un exemple frappant de cette vérité. Malgré
tous leurs efforts, les agriculteurs, médiocres comptables, qui s'en sont occupés, n'avaient
pu parvenir à créer un système satisfaisant.

est possible à un directeur ou gérant, à l'aide d'une comptabilité obscure, et de concert avec son teneur de livres, d'opérer inégalement le partage des bénéfices entre des associés. Il peut même dépouiller les actionnaires d'une partie de leurs gains, sans cependant paraître violer ouvertement les statuts, ni pouvoir être taxé d'indélicatesse matérielle; parce que, au besoin, il tient en réserve une excuse spécieuse, un mauvais prétexte qui peut bien être agréé par des hommes superficiels ou sans expérience, mais qui serait certainement rejeté par des comptables clairvoyants et exercés.

C'est vraiment un objet digne de quelque pitié que de voir cette foule d'actionnaires qui, jetant d'abord leurs fonds sans réflexion dans des entreprises qu'ils conçoivent à peine, agréent ensuite aveuglément les comptes tout à fait incomplets qui leur sont rendus, sans chercher à les vérifier, ni même à les comprendre.

Cependant ces actionnaires, étrangers aux matières de finance, qui sont si utiles à notre industrie par leurs capitaux, ne le seraient pas moins par leur concours personnel, s'ils prenaient la peine de défendre enfin leur argent, en exerçant sur l'administration une surveillance intelligente!

En matière de finance, il faut multiplier sans relâche les vérifications et les moyens de contrôle, quelles que soient d'ailleurs la probité et les garanties morales que présentent les gérants; le maniement des deniers est par sa nature essentiellement corrupteur. On trouve beaucoup trop d'exemples de caissiers publics et particuliers, de hauts fonctionnaires qui ont diverti les deniers, ou du moins changé l'emploi des fonds qui leur étaient confiés.

Un moyen simple de prévenir beaucoup d'abus de ce genre serait, nous le croyons, de faire au teneur de livres en chef une position tout à fait indépendante des gérants, et de le mettre en rapport direct et fréquent avec les intéressés ou les actionnaires.

Le chef de la comptabilité nous paraît au moins aussi important que le caissier; en effet, lui seul sait précisément, et jour par jour, les progrès croissants ou décroissants de la société, il peut éclairer les administrateurs ou les intéressés sur la véritable situation des choses, qu'on déguise et pare trop souvent de brillantes couleurs, dans des comptes rendus qui sont de véritables amorces jetées au public du dehors, mais tout à fait insuffisants pour des intéressés sérieux qui ont des fonds engagés dans l'entreprise.

Principes généraux.

343. Lorsqu'on veut organiser un système de comptabilité, on doit avant tout prendre connaissance de l'acte de société, des statuts où sont exposés les moyens et le but de l'entreprise, se faire expliquer en détail par les gérants sa marche et ses particularités importantes, ses différentes sortes de dépenses, ses diverses natures de recettes et de bénéfices, afin de se former une idée bien complète de l'ensemble et des détails de l'entreprise.

Des livres auxiliaires.

344. Ces notions acquises, il faut imaginer d'abord les livres auxiliaires destinés à recevoir les premières écritures des opérations à mesure qu'elles ont lieu, et les disposer de manière à réunir celles de même nature, afin de pouvoir les additionner et ne porter que des totaux et résumés sur le Journal et le Grand-Livre en partie double, qu'on dégage ainsi, autant que possible, de détails déjà portés sur ces livres auxiliaires.

Dans chaque industrie il y a toujours quelques livres spéciaux consacrés par un long usage, et par conséquent conçus avec une intelligence pratique qui doit les faire conserver avec soin.

345. Il en est d'autres, communs à tous les commerces, tels que le carnet d'échéances, le livre d'entrée et de sortie de marchandises, et enfin le livre de Caisse, qui est le plus important, parce que toutes les opérations se réduisent en définitive en argent et viennent y aboutir.

On peut introduire dans ce livre, qui est ordinairement divisé par entrée et sortie, d'importantes abréviations d'écritures, au moyen de colonnes intérieures dont nous avons indiqué l'emploi précédemment (330).

Nous recommandons l'emploi du *Journal-Mémorial* à colonnes (328) pour les maisons de commerce ordinaires où les employés sont en trop petit nombre.

Il est essentiel de bien fixer par quel commis et de quelle manière seront inscrites les opérations sur les livres auxiliaires à mesure qu'elles auront lieu. Dans les grandes maisons et dans les administrations, où l'importance et la multiplicité des affaires nécessitent de nombreux employés, il n'est pas possible de n'avoir qu'un petit nombre de livres auxiliaires, il faut, au contraire, en avoir un assez grand nombre. Un commis est souvent seul chargé d'un emploi spécial; il suffit à peine à tenir, par exemple, le *livre de ventes;* un autre, le *livre d'achats;* un troisième, le *livre d'entrée et de sortie de marchandises* ou le *livre d'enregistrement des remises,* de *Caisse,* de *vente à terme,* de *vente au comptant,* de *vente de Paris,* de *vente à l'étranger,* etc.

Quelquefois même il convient de subdiviser chacun de ces livres, quand plusieurs commis, travaillant au même emploi, ne peuvent écrire sur un même registre ou lorsqu'ils habitent des lieux différents. *V. pag.* 296, *livres auxili. d'un banquier.*

Dans tous ces cas, il faut bien avoir des livres auxiliaires en nombre qui suffise à la multitude des employés, à la variété de leurs occupations et à l'étendue des affaires, qu'on doit inscrire immédiatement à mesure qu'elles ont lieu.

Mais tous ces livres auxiliaires ne renfermant que des opérations de même nature et toutes classées par espèce, offrent au teneur de livres en chef un moyen naturel de simplification pour ses écritures en partie double; car les sommes y peuvent être additionnées, et il ne passe écriture, au

Journal, à la fois, que du montant des opérations de la journée, en renvoyant, pour les détails, à ces livres auxiliaires.

C'est précisément dans ces circonstances que la comptabilité en partie double montre sa supériorité et ses ressources, en résumant et en centralisant avec précision une multitude de détails dont elle ne produit, dans ses comptes généraux, que les grands résultats sommaires, mais avec toute l'exactitude mathématique.

C'est ainsi qu'au Trésor, au ministère des finances, et dans toutes les grandes administrations en France, on a fait de belles applications de la méthode en partie double, sans laquelle il serait impossible de se rendre un compte exact des nombreux mouvements de fonds et des revenus qui affluent dans les caisses de l'État, et de là se répandent, par une infinité de ramifications, jusqu'aux extrémités de l'empire.

Des registres en partie double.

346. Une fois que les livres auxiliaires sont imaginés et qu'on a bien indiqué la manière d'y noter les écritures premières, ce qui est du ressort de la partie simple et peut être considéré comme préparation, alors le teneur de livres imagine et crée les comptes généraux, dont il fera usage sur les deux registres en partie double, le Journal et le Grand-Livre. Ces comptes généraux doivent correspondre avec les livres auxiliaires, et en présenter les résultats dégagés des détails que ces livres renferment déjà.

347. On ouvre d'abord les cinq comptes généraux si connus et applicables, sauf celui de Marchandises générales, à peu près à toutes les industries; en outre on crée des comptes pour les spécialités ou circonstances particulières de l'entreprise, pour celles du moins qui influent sur les résultats;

On en crée pour les objets dont il faut rendre un compte séparé;

Pour toutes les valeurs qui présentent des recettes importantes et des bénéfices;

Pour les différentes natures de dépenses et de frais.

348. Lorsque les opérations sont très-étendues et exigeraient au Grand-Livre un grand nombre de comptes particuliers sans importance, on peut ouvrir un seul compte général qui embrasse tous ces comptes, et tenir sur un livre auxiliaire chacun d'eux en particulier, avec tous ses détails. C'est là un des moyens les plus efficaces de simplifier au plus haut degré les écritures en partie double, indiqué précédemment (336), qui réunit plusieurs avantages dont on peut profiter; excepté dans les hautes affaires, où les comptes, qui sont tous d'une grande importance, exigent que la comptabilité s'élève à la plus parfaite régularité.

349. Il faut bien se garder de multiplier le nombre des comptes généraux sans une absolue nécessité, puisque c'est multiplier le travail dans la même proportion; on doit faire choix de dénominations claires qui annoncent tout d'abord la véritable destination des comptes.

350. Enfin le comptable doit désigner par écrit les cas où il faut débiter et créditer les comptes qu'il a créés, et donner la manière de les solder à l'époque de la balance générale.

Cela fait, on peut commencer les livres par deux articles de balance d'entrée ou de capital, selon la méthode ordinaire exposée (205).

351. Tels sont les principes généraux qui doivent diriger dans l'organisation d'un système de comptabilité, et, pour fixer un peu les idées dans une matière aussi vague, nous en ferons l'application à la comptabilité d'industries tout à fait dissemblables, à celles des forges ou usines à fer en général, à celles des compagnies anonymes par actions et à d'autres sujets, et notamment dans cette édition à l'*industrie agricole*, à la comptabilité d'une maison de banque considérable, page 305, et à celle d'un grand domaine.

CRÉATION D'UN SYSTÈME DE COMPTABILITÉ

POUR

LES USINES A FER, FORGES, ETC.

352. Nous avons déjà vu (343) que pour créer un système de comptabilité applicable à une industrie quelconque, il fallait, après avoir arrêté la tenue des livres auxiliaires, imaginer les comptes généraux qu'il convenait d'ouvrir ; et déterminer les cas où ces comptes doivent être débités ou crédités, et la manière de les solder. C'est ce que nous allons faire pour les usines à fer dont nous indiquerons d'abord ce que nous appelons la nomenclature des comptes à ouvrir pour ce genre de fabrication.

Nomenclature des comptes à ouvrir pour des usines à fer.

363. Il est bon d'avertir que nous allons donner tous les comptes qu'on pourrait ouvrir dans cette usine qui embrasserait tous les genres de fabrication du fer, où l'on prendrait le fer à son état de minerai pour lui faire successivement subir toutes les préparations intermédiaires jusqu'à la tréfilerie et la tôlerie.

Mais les chefs d'usines qui n'auraient que des hauts-fourneaux, ou ceux qui n'auraient que des forges, ou enfin ceux qui n'auraient qu'une partie des fabrications dont on va s'occuper, ne prendront, dans cette nomenclature, que les comptes qui les intéressent, et détacheront sans aucun inconvénient, de cet ensemble général, les parties qu'ils pourront s'approprier.

354. Il faut ouvrir un compte à chaque correspondant; un compte de *coupe de bois de****, si l'on veut se rendre compte en particulier du produit et des dépenses de chaque coupe.

Dans le cas contraire, on aura un compte de *bois* en général, un compte de *charbon*.

Ou bien on ouvrira : un compte de *bois et charbon* pour tous les précédents : un compte de *charbon de terre*, un compte de *mines*, un de *castine*, un de *haut-fourneau*, un de *forges*; un compte de *platinerie*, de *fenderie*, de *tréfilerie*, de *tôlerie*, de *ferblanterie*, un compte de *fers divers*, d'*ouvriers*, d'*usines*, de *voitures et chevaux*.

Un compte à *chaque propriété*, étrangère au commerce. Ou bien : un compte d'*immeubles en général*.

Un compte de *frais généraux*, de *dépenses de maison*, de *Pertes et Profits*, d'*Effets à recevoir*, d'*Effets à payer*, de *Capital*, de *balance de sortie* et *balance d'entrée*.

Du compte de coupe de bois.

355. Lorsqu'on achète des bois sur pied pour les faire exploiter, et qu'on veut se rendre compte du résultat de chaque coupe; on ouvre un compte à chacune d'elle, sous la désignation de *coupe de bois de***.

On débite ce compte du prix principal d'achat, de tous les frais qu'on paye pour l'exploitation, tels que appointements des gardes-ventes, bûcherons, fendeurs, écarisseurs, scieurs.

Des frais de transports de bois en nature, dans chaque usine où il doit être employé; en un mot, de tout ce que la coupe fait dépenser.

On le crédite de tous les produits; savoir :

1° Par le débit de fenderie et autres usines, de tous les bois en nature envoyés dans chacune de ces usines et destinés à y être brûlés; — 2° Par le débit du compte de charbon, de tout celui employé à faire du charbon; 3° Par le débit de Caisse ou autre compte, de tout celui vendu à la marine ou à divers; — Par le débit de frais généraux, pour celui destiné à la charpente et entretien de l'établissement en général, et par le débit de chaque usine, pour le bois destiné seulement à la charpente de chacune.

356. Pour passer les articles ci-dessus, il faut nécessaire-ment donner un prix au bois : et comme ce compte ne doit présenter ni gain, ni pertes au maître de forges, on estime les bois au prix auquel on évalue qu'ils doivent revenir ; nous appelons ce prix le *prix coûtant présumé*. De cette manière, lorsque la coupe sera faite, le compte doit se trouver à peu près soldé, si l'évaluation a été approximative.

En effet, le débit comprenant tous les frais, et le crédit tous les produits ; si ces derniers ont été estimés exactement au prix coûtant, il est clair que, l'opération achevée, le montant des produits doit égaler le montant des dépenses faites pour les obtenir.

Mais comme il est impossible que cette évaluation soit préci-sément exacte, il y aura toujours à ce compte une différence qu'on fera disparaître par un article extrêmement simple, qu'on passera une fois par an et sur lequel on trouvera des développements dans ce qui va suivre (378).

Du prix coûtant présumé.

357. Comme dans beaucoup de comptes suivants on fera également usage de prix coûtants présumés, il est utile de dire ici qu'il importe peu, pour les résultats définitifs, que ces prix approchent ou non du prix coûtant réel, puisqu'on les rectifie par un article, qui rend, comme on le verra dans la suite, aux écritures premières, l'exactitude mathématique qu'elles doivent avoir.

D'un autre côté, si l'on éprouvait quelque embarras à met-tre un prix approximatif, ce ne pourrait être que la première année ; car, à la seconde, les calculs faits précédemment ser-viraient de terme de comparaison, en ayant égard toutefois aux circonstances particulières, qui doivent influer sur les prix de l'année.

Cette méthode des *prix coûtants présumés*, qui sont ensuite rectifiés à la fin de l'année, est avantageuse en ce qu'elle im-pose au fabricant l'obligation salutaire de reconnaître et de vérifier à combien lui reviennent *exactement* ses matières premières (a).

Du compte de bois.

358. Dans le cas où l'on ne voudrait pas ouvrir un compte sur le Grand-Livre à chaque coupe de bois, on tiendrait un compte de *bois* qui serait général pour toutes les coupes ; et dans ce cas, on aurait un livre auxiliaire où l'on ouvrirait un compte séparé à chaque coupe. Le compte de bois sera débité et crédité absolument des mêmes articles mentionnés dans le chapitre précédent.

Ce compte ne devant présenter, comme celui de coupe de bois, ni bénéfice ni perte, on estime le bois au *prix coûtant présumé*. Ainsi le compte sera à peu près soldé lorsque tout le bois sera consommé, si on a évalué les bois fournis aux différentes usines assez approximativement. Dans tous les cas, on fera disparaître la différence comme pour le compte de coupe de bois.

Du compte de charbon.

359. Ce compte doit être tenu sur le même principe que le précédent.

Du compte de bois et de charbon.

360. Ce compte n'est créé que pour remplacer et réunir les deux comptes précédents de bois et de charbon : on l'ouvrira de préférence lorsqu'on croira indifférent de savoir en particulier le prix coûtant du bois et celui du charbon ; c'est ce qui arrivera surtout dans les usines où tout le bois doit être transformé en charbon.

Il sera tenu et balancé comme les précédents.

(a) Cette marche du prix coûtant présumé est précieuse et applicable dans beaucoup d'industries, en fabrique, en agriculture, etc.

Du compte de charbon de terre et de castine.

361. Il faut débiter ce compte de toutes les dépenses et le créditer des quantités fournies aux usines.

Du compte de mine.

362. On débite ce compte : 1° De l'achat du terrain d'où l'on veut extraire la mine ou minerai, ou de la rétribution qu'on paye, soit au gouvernement, soit à un particulier, pour le terrain qu'il concède à l'extraction ; — 2° De tous les frais d'extraction, tels que triage, lavage, grillage, etc.; — 3° Du transport de la mine aux différentes usines.

363. On le crédite pour solde et par appoint, par le débit de fourneau, des quantités de mines obtenues et transportées au fourneau pour y être mises en fusion.

Du compte de haut-fourneau.

364. Ce compte doit être débité : 1° Du minerai, — 2° Du charbon, dès que ces deux matières sont transportées dans les halles de cette usine ; — 3° De la castine et autres fondants pour faciliter la fusion ; — 4° Des bois de construction ; — 5° De la paye du maître fondeur et autres ouvriers employés au fourneau ; — 6° Des frais de transport de la fonte au magasin où elle doit être déposée ; — 7° Enfin des réparations du fourneau, des machines soufflantes qui entretiennent la combustion ;

En un mot, de toutes les dépenses spéciales au fourneau.

Il doit être crédité : 1° Par le débit de forges, de la fonte en gueuse envoyée aux forges ; 2° Par le débit de fers divers, des fontes marchandes envoyées au magasin pour y être vendues.

365. Car le compte de fers divers est créé pour recevoir les produits de toutes les usines ; aussi c'est à son crédit qu'on portera les ventes ou expéditions faites à l'intérieur, au lieu d'en créditer directement les différentes usines.

Ce compte est donc seul destiné à déterminer les bénéfices de l'établissement.

Ce compte de fourneau ne devant présenter ni gain, ni perte, on évalue la fonte au prix coûtant présumé : de manière que, s'il présente une différence lorsqu'il s'agit de le solder, on la fait disparaître comme dans les comptes précédents.

Ce compte devra être soldé tous les ans, et chaque fois qu'on sera obligé de *mettre hors*, de la manière indiquée plus tard à l'article de la balance (378).

Par ce compte on saura exactement à combien ressort la fonte, en divisant le montant du débit, qui est le prix coûtant de tout le fondage, depuis la mise en feu jusqu'à la mise hors, par la quantité connue de fonte obtenue par les différentes coulées de ce fourneau : il est clair que le quotient de la division donnera le prix coûtant exact du millier de fonte.

Du compte de forges.

366. Ce compte doit être débité :

1° De la fonte en gueuse, fournie par le fourneau ; — 2° Du charbon ; — 3° De l'entretien des outils et machines de la forge ; — 4° De la paye des commis, serruriers marteleurs et ouvriers ;

En général, de tous les frais spéciaux à la forge.

Il doit être crédité :

Par le débit de fers divers, de tous les fers marchands envoyés au magasin pour être vendus ou expédiés;

Par le débit de fenderie, de ceux destinés à être fendus ou laminés ; enfin, par le débit de chaque usine, pour les fers envoyés aux autres usines de l'établissement, telles que laminerie, tôlerie, platinerie, tréfilerie, ferblanterie.

Ce compte ne devant présenter ni bénéfice ni perte, il faut évaluer les fers au *prix coûtant présumé*, et le solder de la même manière que les précédents.

On peut savoir, à ce compte, à combien revient le millier

de fer, en divisant le montant du débit par la quantité de fer obtenue.

Ce qui est dit de ce compte peut s'appliquer aux petites comme aux grosses forges.

Du compte de platinerie, fenderie, tôlerie, ferblanterie, tréfilerie.

367. Ces comptes doivent être tenus de la même manière et sur les mêmes principes que les précédents; il serait inutile de répéter à chacun ce que nous avons déjà dit. Les exemples qu'on vient de voir mettront à même d'établir et de tenir ces divers comptes de platinerie, fenderie, tôlerie, ferblanterie, etc.

Il suffit qu'on sache qu'en général il faut débiter le compte qu'on ouvre à l'usine de toutes les dépenses qu'elle occasionne et la créditer de tous les produits qu'elle donne.

Du compte de fers divers ou de magasins.

368. Ce compte représente le magasin où l'on suppose que toutes les usines envoient leurs produits pour en être expédiés ou y être vendus.

On a dû remarquer que les comptes de fourneau, forges, fenderie, etc., venaient y verser, comme dans un dépôt général, tous leurs produits évalués au prix coûtant, et qu'aucun de ces comptes ne présentait de bénéfice; c'est celui de fers divers qui est seul destiné à les faire connaître.

Ce compte doit être débité :

1° Des fontes marchandes, fournies par le fourneau; — 2° Des fers marchands, fournis par les forges; — 3° Des fers fendus ou laminés, fournis par la fenderie; 4° Et des produits des autres usines : le tout évalué, comme nous l'avons dit, au prix coûtant présumé de fabrication; 5° Des soldes provenant de différences que produisent les prix coûtants présumés : il faut avoir vu l'article sur la balance pour concevoir ce paragraphe (378).

Il doit être crédité :

De toutes les ventes ou expéditions à l'extérieur, en débitant, par contre, le compte des correspondants à qui l'on expédie ; les fers doivent être alors seulement estimés au prix de vente.

369. Le débit de ce compte présente le prix coûtant de tous les fers fabriqués dans l'usine, et le crédit le montant de ces mêmes fers au prix de vente : donc l'excès du crédit sur le débit nous donne évidemment les bénéfices. On doit se rappeler que lorsqu'il reste encore de ces fers en magasin, ce n'est pas une difficulté de déterminer les bénéfices faits sur ceux déjà vendus (266).

Ainsi, dans ce système, le compte de fers divers ou de magasin est le seul qui présente des bénéfices.

Du compte d'ouvriers.

370. Dans les forges on est obligé d'avoir un compte avec certains ouvriers à qui l'on fait des avances dans tout le courant de l'année, quoiqu'on ne règle avec eux que tous les mois ou tous les ans ; il en résulte que ces petites avances, qui ne sont nullement affectées à telle ou telle usine, ne peuvent être portées directement au débit des comptes ouverts à ces usines : cependant il faut en passer écriture en partie double ; comme il serait beaucoup trop long d'ouvrir un compte à chaque ouvrier sur le Grand-Livre, on en établit un seul pour tous (348).

Il faut le débiter par le crédit de caisse de toutes les avances faites aux ouvriers et des payements pour solde.

Il doit être crédité tous les mois ou tous les ans, lorsqu'on règle avec eux ce qui leur est dû, en débitant mine, bois, charbon, forges, fourneaux, en un mot, les comptes pour lesquels ils ont travaillé, chacun de la portion qui est à sa charge.

Comme il est indispensable d'avoir un compte particulier pour chaque ouvrier, on tiendra un livre auxiliaire où chacun aura son compte établi par débit et par crédit (voir Comptabilité spéciale des forges et des usines à fer).

Le compte d'ouvriers au Grand-Livre ne sera donc que le résumé du livre auxiliaire d'ouvriers, où seront rejetés tous les détails : il servira de contrôle à ce livre auxiliaire; car son débit devra être égal au montant du débit de tous les comptes d'ouvriers, et son crédit au montant de tous leurs crédits.

Du compte d'usines.

371. Ce compte doit être débité de la valeur des terrains, bâtiments, machines et ustensiles des usines, dont nous n'avons porté aux divers comptes que l'entretien seulement; en un mot, on le débite de la valeur du matériel de l'établissement.

Ce compte, qui représente la valeur du fonds de l'usine, reste toujours dans le même état, à moins que des accidents ne viennent en diminuer la valeur; alors on débite Pertes et Profits, ou plutôt capital, des dégâts produits par les événements imprévus, et en créditant usines, dont l'appréciation se trouve ainsi ramenée à sa juste valeur.

Si l'on fait bâtir, il faut porter au débit de ce compte les frais de la bâtisse. Quelquefois on le crédite chaque année, par le débit de pertes et profits, d'un vingtième, plus ou moins, de sa valeur, pour dépréciation annuelle du matériel.

Du compte de voitures et chevaux.

372. Ce compte doit être débité de l'achat des voitures, des chevaux, des frais de nourriture, d'entretien, etc.

373. Il doit être crédité des transports effectués par ces voitures, en débitant les comptes pour lesquels elles ont transporté, au prix qu'on payerait aux voituriers étrangers.

Des comptes de frais généraux, de dépenses de maison, de pertes et profits, de caisse, effets à recevoir, effets ou obligations à payer, de capital.

374. Pour tous ces comptes généraux, communs à toutes les comptabilités, il faut revoir le paragraphe où il est traité de chacun d'eux, dans la tenue des livres générale. (Art.20.)

Abréviations et développements.

Pour les abréviations et développements relatifs à la comptabilité des usines à fer, il faut consulter *la tenue des livres des maîtres de forges et des usines à fer.*

DES LIVRES AUXILIAIRES.

375. Outre le *Journal* et le *Grand-Livre*, qui sont les deux registres spécialement destinés aux écritures de la double méthode, il est indispensable de tenir des livres auxiliaires, pour y consigner certains détails, qu'il serait trop long ou trop minutieux d'écrire sur les livres en double partie.

Ce genre de livres varie à l'infini, selon le caprice du chef de maison; nous croyons inutile de parler de certains d'entre eux, tels que le *livre des coulées* et autres qui sont très-connus.

Nous nous occuperons seulement des livres auxiliaires les plus importants, relatifs aux premières écritures et propres à les abréger.

Du livre d'ouvriers.

376. Nous avons vu au compte d'ouvriers en partie double (370) qu'il fallait en outre ouvrir, sur un livre auxiliaire, un compte particulier à chaque ouvrier, par doit et avoir, pour y débiter chaque ouvrier, des avances qu'on lui fait et le créditer des sommes qui lui sont dues, aux époques où l'on règle avec lui.

Quand les ouvriers travaillent pour plusieurs usines, il faut les créditer d'une manière distincte de ce qui leur est dû par chaque usine, pour faciliter dès lors les écritures en partie double.

Il serait bien que chaque ouvrier eût un livret, dont il serait porteur, sur lequel on copierait son compte, établi sur le livre d'ouvriers, chaque fois qu'on règlerait avec lui.

Des livres de caisse, d'entrée et de sortie des effets à recevoir et à payer, des achats et ventes, du Mémorial.

Voilà beaucoup de livres auxiliaires qui sont en usage chez le négociant ou le banquier, et que nous remplacerons, pour le maître de forges, par un seul livre qui les réunira tous, et que nous appellerons *Mémorial général;* en voici la description.

Du Mémorial général.

377. Ce livre est divisé en deux parties bien distinctes : l'entrée qui est établie sur la page gauche, et la sortie sur la page droite.

C'est le Journal-Mémorial déjà expliqué (330), dont on peut supprimer les colonnes *Comptes courants;* voy. modèle *tableau* n° 1, à la fin de ce volume.

Ces deux pages en regard sont réglées d'une manière toute semblable : 1° une colonne des dates ; 2° un large espace pour les explications, et à la suite, deux colonnes : la première ayant pour titre *Mémorial,* et la seconde *Caisse.*

Tout l'argent reçu, quel qu'en soit le motif, sera écrit à l'*entrée*, en sortant les sommes dans la colonne *caisse*.

Au contraire, tout l'argent qu'on payera, à quelque titre que ce soit, on l'écrira à la *sortie*, et l'on placera les sommes dans la colonne *caisse*.

Ainsi le Mémorial général, au moyen de cette colonne de *caisse*, servira de livre de caisse.

Tous les effets à recevoir ou à payer qui entreront d'une manière quelconque seront inscrits à l'*entrée*, et les sommes dans la colonne *mémorial*.

Tous les effets à recevoir ou à payer, qui sortiront, on les écrira à la *sortie*, et les sommes dans la colonne *mémorial*.

On y notera également à l'entrée tous les achats que l'on fera à terme, et les ventes à la sortie, si l'on ne fait que des ventes en gros peu fréquentes, et qui exigent peu de détail.

Dans le cas contraire, on aurait un autre livre appelé indifféremment *livre de ventes* ou *de factures*. Enfin on écrira tous les articles quelconques, par entrée et sortie, sur ce Mémorial général, en plaçant les sommes pour celles d'argent dans la colonne de *caisse*, et pour toutes les autres dans la colonne *mémorial*.

Si l'on a beaucoup de correspondants, on peut tenir leurs comptes sur un livre auxiliaire de *comptes courants*, et alors on conserve les colonnes *comptes courants* au Journal-Mémorial, ainsi qu'il est expliqué (329 et 330).

Ainsi le Mémorial général comprend l'ensemble des affaires du maître de forges; c'est donc d'après ce seul registre que le teneur de livres passera les écritures en partie double sur le Journal, et après sur le Grand-Livre, où toutes ces notes, confondues dans le Mémorial général et le Journal, iront se classer avec ordre et clarté.

Pour les exemples d'opérations d'une usine, il faut consulter l'ouvrage spécial intitulé la *Tenue des livres des maîtres de forges et usines à fer,* où se trouvent tous les détails et les développements possibles.

Il faut voir aussi à la fin de ce volume, tableau n° 1, le modèle du Journal-Mémorial appliqué à la comptabilité des usines à fer, et expliqué dans l'ouvrage spécial déjà cité.

Manière de solder tous les comptes et de faire la balance définitive.

Avant tout, il faut faire l'inventaire général indiqué précédemment pour commencer les livres (327); régler les comptes de tous les ouvriers; débiter chacun des comptes pour lesquels ils ont travaillé, des sommes que ces comptes leur doivent, en créditant le compte d'ouvriers;

Et solder tous les comptes qui sont des subdivisions de Pertes et Profits, tels que frais généraux, dépenses de ménage, etc.

378. On peut aussi regarder comme une préparation de la balance la vérification des *prix coûtants présumés*, donnés dans le cours de l'année aux bois, charbon, mine, fonte, fers, etc., puisqu'il serait convenable de faire cette vérification avant de commencer à balancer ces comptes; voici comment s'opère cette vérification.

L'inventaire étant dressé, on a estimé exactement la valeur des bois, des charbons, de la mine, de la fonte et du fer qui existaient au moment de l'inventaire; or, ces données fournissent le moyen de vérifier si les évaluations adoptées de ces produits ou matières sont assez approximatives.

En effet, en ajoutant au crédit de chacun de ces comptes la valeur de ce qui reste des matières qui les concernent, ce compte devrait être à très-peu près soldé.

Si la différence est petite, on la confond dans l'évaluation de ce qui reste, pour éviter des écritures qui influeraient très-faiblement sur les résultats.

Mais, si la différence est grande, ce qui indique qu'on s'est beaucoup écarté, dans l'appréciation des *prix présumés*, du véritable prix coûtant, il faut la répartir entre les diverses usines avec lesquelles le compte a été en rapport.

Ainsi, après avoir passé ces articles de rectification, ou, en d'autres termes, après avoir fait ces préparations, lorsqu'il s'agira de solder ces comptes, il est clair qu'ils le seront par appoint, en ajoutant au crédit, par le débit de balance, la valeur de ce qui reste.

Il est essentiel d'éclaircir ceci par un exemple, puisque cette manière de solder ou de préparer le compte est commune à la plupart des comptes suivants.

Supposons que le débit de bois s'élève à 35000 fr., le crédit à 24000 fr.;

Et que l'estimation faite de ce qui reste de bois sur pied ou coupé dans le bois, non fourni aux usines, s'élève, calculs faits, à 17400 fr.; ajoutons ces 17400 fr, aux 24000 de bois fournis aux usines, nous obtenons 41400 fr. au crédit. Le compte est loin d'être soldé comme il devrait l'être. Il présente, au contraire, une différence en plus au crédit de 6400, ce qui veut dire que, dans les écritures précédentes, on a évalué trop cher les bois fournis aux usines, en portant le *prix coûtant présumé* à 5 fr. la corde. Alors, nous devons rectifier cette mauvaise évaluation en répartissant la différence 6400 ntre les deux comptes de charbon et de fenderie, auxquels les bois ont fourni du bois; et comme le charbon emploie six fois plus de bois (nous le supposons) que la fenderie, la différence sera répartie dans cette proportion, et l'article sera passé ainsi qu'il suit:

BOIS A DIVERS, fr. 6400, *pour différence provenant de l'évaluation trop élevée des bois à 5 fr. la corde*, ou encore *pour rectifier la trop grande élévation du prix coûtant présumé du bois à 5 fr. la corde.*

A CHARBON, fr. 5333.34, *somme dont ce compte a été débité par suite de cette inexacte évaluation.* .	5333.34
A FENDERIE, fr. 1066.66, *somme dont le compte de fenderie a été débité de trop.*	1066.66
	6400.00

Cet article étant rapporté au Grand-Livre, le compte de bois sera soldé, par appoint, en portant au crédit, par le débit de balance, la valeur des bois existants, 17400 fr.

Mais si la différence était petite, nous avons dit qu'il fallait la confondre dans l'évaluation de ce qui reste; en effet, si, par exemple, la différence au compte de bois, après y avoir ajouté les 17400 de bois qui restent, n'était que de 302, au lieu de passer un article pour cette faible différence, on élèverait l'évaluation des bois qui restent à 17702^f, ce qui n'aurait aucun inconvénient.

Manière de solder le compte des bois et charbon, de haut-fourneau, de forges, d'ouvriers, de fers divers, de platinerie, fenderie, tôlerie et d'usines, de voitures et chevaux, et de tous les comptes précédents.

Voir la Tenue des livres des maîtres de forges et des usines (ouvr. déjà cité).

Manière de solder le compte de haut-fourneau.

Ce compte est débité en général de tout ce que coûte cette usine, et crédité de ses produits, évalués au prix coûtant, à mesure qu'ils en sortent; donc, s'ils étaient tous sortis et s'ils avaient été exactement évalués au prix coûtant, le compte serait soldé par appoint.

Mais comme le fourneau à l'époque de la balance est souvent en travail, on ajoute au crédit, par le débit de balance de sortie, la valeur prix coûtant de tout ce qui existe dans cette usine au moment de la balance. Le compte doit être à peu près soldé par cette opération, si les prix coûtants présumés ont été approximatifs.

On passe écriture de la différence, comme nous l'avons indiqué précédemment (378), en la répartissant au compte de forges et de fers divers.

Toutes les fois qu'on est obligé de mettre hors, ce compte doit être soldé : on porte à son crédit la valeur de la fonte et des matières qui existent en ce moment, en débitant les comptes des usines auxquelles on les transporte. La différence qu'il pourrait y avoir est passée en la répartissant à forges et à fers divers.

Manière de solder le compte de forges.

Mêmes raisonnements pour ce compte et même manière de
le solder.

Manière de solder les comptes de platinerie, fenderie, tôlerie, etc.

Ces comptes, qui ont une analogie parfaite avec les précédents, se soldent de la même manière, et nous pensons inutile de la répéter à chacun d'eux.

Manière de solder le compte de fers divers.

Le débit du compte de fers divers est l'entrée des fers évalués au prix coûtant et fournis par les usines au prix exact de
fabrication ; le crédit se compose des ventes faites de ces fers
évalués au prix de vente.

On porte au crédit par le débit de balance de sortie, la valeur, au prix coûtant, des fers en magasin ; et après avoir additionné cette nouvelle somme avec le montant du crédit, on
solde le compte par Pertes et Profits. Ce solde présente le gain
sur les fers.

Manière de solder le compte d'ouvriers.

379. Nous avons dit qu'on portait au débit de ce compte
toutes les avances faites aux ouvriers, au crédit ce qui leur
était dû pour main-d'œuvre, toutes les fois qu'on réglait avec
eux ; il est indispensable à l'époque de la balance de régler
avec tous les ouvriers et de créditer ce compte de ce dernier
règlement. Ainsi le débit présente ce qui leur a été payé, et le
crédit ce qui leur est dû.

Ensuite on balance, sur le livre auxiliaire d'ouvriers, chaque compte qui y est ouvert ; on tient note des soldes des
débiteurs d'un côté, des soldes des créanciers de l'autre.

On débite le compte d'ouvriers, envers balance de sortie, du montant des soldes créanciers; on crédite ce même compte, par le débit de balance de sortie, du montant des soldes débiteurs, et le compte doit être soldé par appoint.

Si tous les soldes du livre auxiliaire d'ouvriers sont ou débiteurs ou créanciers, la différence du compte est passée par balance de sortie, et elle indique de combien on est en avance ou en retenue avec les ouvriers; mais il faut toujours que la différence qui existe au compte d'ouvriers au Grand-Livre soit égale au montant des soldes du livre auxiliaire d'ouvriers.

CONCLUSION.

Les comptes étant ainsi soldés l'un après l'autre, on obtiendra les quatre articles, deux de Pertes et Profits, deux de Balance de sortie, qui, rapportés au Grand-Livre, y solderont tous les comptes, et présenteront les résultats importants qu'on a pour but dans toute comptabilité, déjà exposés paragraphe 284.

Ce système de comptabilité, qu'on vient d'appliquer spécialement aux usines à fer, peut l'être à beaucoup d'autres usines, fabriques ou manufactures quelconques; les noms sont seulement à changer pour divers comptes, mais les principes généraux et le jeu de ces comptes entre eux sont absolument les mêmes. D'ailleurs quelques comptes sont communs à toutes les industries, tels que celui d'ouvriers, avec un livre auxiliaire, celui de voitures et chevaux, etc.

Nous recommandons surtout la méthode du *prix coûtant présumé*, innovation précieuse qui force le producteur à se rendre un compte fidèle du *prix de revient* de ses produits; ce qui n'a presque jamais lieu. Nous recommandons aussi l'emploi des livres auxiliaires le *Journal-Mémorial* et le *Livre des Comptes courants*, où l'on rapporte d'après les colonnes intérieures pratiquées au Journal-Mémorial pour servir de contrôle.

Cet expédient abrége excessivement les écritures en partie double et les réduit à fort peu de chose ; c'est là un immense avantage pour les industries ayant beaucoup de correspondants et besoin d'économiser sur le temps ou les frais de commis. En un mot, dans cette application aux forges, il y a beaucoup à puiser pour l'organisation d'une comptabilité applicable à toutes autres fabrications très dissemblables en apparence, mais qui ont en comptabilité d'évidentes analogies.

Appliquons maintenant les mêmes principes généraux à une industrie bien différente, aux compagnies anonymes d'assurances par actions, et ensuite à l'industrie agricole.

D'UNE COMPTABILITÉ

DES COMPAGNIES PAR ACTIONS.

---

380. Supposons une société par actions dont le capital serait de *six millions*, formés par 1000 actions nominatives de 6000 fr. chacune.

Supposons que les actionnaires souscrivent l'obligation de verser, s'il y a lieu, jusqu'à la concurrence du montant de leur action, mais qu'ils ne sont tenus de fournir, à titre de garantie, qu'une inscription de 45 fr. de rente 5 pour 0/0 sur l'État, ou l'équivalent en actions de la Banque ou autres valeurs.

Des comptes de capital social, d'actions et d'actionnaires.

Le fonds social devant être formé par les actions, il faut, dès le principe, créditer le compte de *capital social* de six millions, en débitant un compte qu'on ouvre à *actions*, quoiqu'elles ne soient pas encore placées, ni le capital versé.

Le capital se trouve ainsi figurer sur les livres pour la somme nominale indiquée dans les statuts, bien qu'il ne doive être jamais effectivement versé.

A mesure que les actions sont souscrites par les actionnaires, on débite successivement le compte collectif d'*actionnaires* par le crédit d'*actions* du montant de celles qu'on est parvenu à négocier.

Ainsi le compte d'*actions* présente la situation du placement successif des actions, ce qu'il y en a de négocié, et ce qu'il en reste encore dans le portefeuille.

Lorsque les actions sont entièrement placées, ce compte se trouve balancé et devient inutile.

Le compte d'*actionnaires* représente l'ensemble des actionnaires à qui l'on n'ouvre pas des comptes particuliers sur le Grand-Livre ; il doit être crédité des versements qu'ils font, par le débit du compte de *fonds de garantie* ou *de valeurs en garantie*.

De cette manière, on voit au débit du compte de fonds de garantie quelle est l'importance des valeurs fournies en garantie par les actionnaires ; et, lorsqu'il est complété, il ne varie plus.

Le compte d'*actionnaires*, lorsque toutes les actions sont placées, présente au débit le chiffre de *six millions*, montant des actions émises, et au crédit le montant des valeurs qu'ils ont données pour garantie, ou, dans certains cas, les versements qu'ils ont effectués. Il en résulte que le solde du compte d'actionnaires détermine la somme que des actionnaires se trouvent encore obligés de verser, en cas de besoin, dans la caisse de la compagnie.

De cette manière, on crédite le *capital* de la *somme nominale* indiquée dans les statuts ; c'est parce que les actionnaires se sont obligés à verser, en cas de besoin, jusqu'à la concurrence du montant nominal de leurs actions : il résulte de cette obligation qu'ils sont éventuellement débiteurs envers la société. Il faut donc les débiter, et créditer le capital de la somme pour laquelle il figure dans les statuts ; autrement ce chiffre, sans aucune réalité, deviendrait un charlatanisme blâmable.

Telles sont les premières écritures à passer pour une compagnie qui se fonde et qui n'a pas encore négocié toutes ses actions ; mais si elles étaient déjà souscrites et que les versements fussent prêts à s'effectuer, le compte d'*actions* destiné à présenter les progrès de leur négociation, deviendrait inutile, et l'on pourrait créditer le capital directement : 1° par le débit de *fonds de garantie*, pour la portion de ce capital effectivement versé en valeurs ; 2° par celui d'*actionnaires* pour l'autre portion non versée, pour laquelle ils restent encore obligés.

Dans les compagnies ou les statuts obligent les actionnaires à verser le capital intégralement et en espèces, il n'y a pas de compte de fonds de garantie, et c'est la caisse qui est débitée de l'argent qu'on y verse.

Le compte d'actionnaires se trouve tôt ou tard soldé, lorsque leur versement est accompli.

Les comptes d'actions et d'actionnaires ne reparaissent plus, n'étant utiles et n'ayant été créés que pour présenter le placement progressif des actions dans l'origine de la société.

Du livre auxiliaire des transferts.

Quand, dans la suite, les actionnaires primitifs vendent à d'autres leurs actions, ces ventes, auxquelles la compagnie est étrangère, ne causant aucun mouvement de fonds, ne donnent par conséquent lieu à aucune écriture sur les livres en partie double ; mais on inscrit seulement sur un *livre* auxiliaire *des transferts* le nouvel acquéreur d'actions à la place de l'ancien titulaire.

Ce livre auxiliaire des transferts est tenu pour les quantités, par entrée et sortie. Chaque actionnaire y a son compte ouvert séparé, portant ses nom, prénoms, qualités et demeure, la note des valeurs fournies en garantie ; enfin la quantité d'actions qu'il possède est inscrite à l'entrée.

Quand il transfère à quelqu'un tout ou partie de ses actions, on porte à la sortie de son compte la quantité d'actions cédées, qui est au même instant portée à l'entrée du compte qu'il faut ouvrir au nouvel actionnaire.

Ce livre, qu'on peut appeler *livre des transferts, des actions* ou *des actionnaires*, présente, par le relevé des divers comptes qu'il renferme, l'état nominatif des actionnaires actuels de la compagnie, et la quantité précise d'actions que chacun possède en particulier, dont l'ensemble doit nécessairement concorder avec la quantité générale des actions émises par la société; enfin on peut y noter, au compte de chaque actionnaire, les valeurs qu'il a fournies en garantie, ou les versements effectués par à-compte.

Ce livre auxiliaire concorde avec le compte général d'*actionnaires*, et fournit méthodiquement et par compte les détails résumés et confondus dans un seul compte ouvert au Grand-Livre.

Du compte d'agents ou d'agences.

Les compagnies ont, dans beaucoup de villes de France et même à l'étranger, des agents ayant pouvoir de signer les polices d'assurances, de toucher des fonds qu'ils transmettent ensuite à la compagnie; enfin, il leur est alloué certaines commissions.

Il en résulte la nécessité d'ouvrir un compte particulier à chaque agent. On abrège considérablement les écritures en partie double auxquelles donnerait lieu cette multitude de comptes, en ouvrant un seul compte général au Grand-Livre pour tous les agents sous le nom d'*agents* ou d'*agences* (a).

Mais les détails indispensables de leurs comptes courants sont inscrits sur un livre auxiliaire appelé *comptes courants des agents*, où chacun a son compte ouvert en particulier.

Ces agents envoient à la compagnie, tous les quinze jours, l'état des opérations qu'ils ont faites, le compte des recettes qu'ils ont opérées et des commissions qui leur reviennent. Ces états sont divisés par colonnes, afin de totaliser les articles de même nature et de n'avoir à passer écriture que du montant. Ainsi, il y a une colonne pour y placer les capitaux assurés, une pour le taux de la prime, une troisième pour la prime de la première année effectivement reçue, une autre pour les primes à recevoir dans la suite, etc., etc. Enfin l'agent, dans son compte, se crédite des commissions qui lui reviennent, des remises qu'il fait ou des mandats tirés sur lui, ou du solde de

---

(a) On le subdivise quelquefois en *agences de Paris, de province* et *à l'étranger*.

son compte qu'il doit envoyer tous les mois, autant qu'il est possible. Il se débite des recettes opérées.

Dans certaines compagnies, on se contente de numéroter avec soin et de classer par ordre ces comptes, ces états et les polices d'assurances ; dans d'autres, on les enregistre, en outre, sur des livres auxiliaires, à mesure que ces documents parviennent à l'administration, après en avoir fait une vérification attentive.

Enfin les commis chargés de tenir les *comptes courants* des agents rapportent au compte ouvert à chacun d'eux les articles dont ils doivent être débités et ceux dont il faut les créditer, d'après les livres auxiliaires ou les états originaux dont nous venons de parler.

Quant au teneur de livres, il passe, également, d'après ces états ou livres auxiliaires, écriture, mais chaque mois seulement, du résumé et des totaux généraux de toutes ces recettes, dépenses et opérations qui reviennent constamment de la même manière et sous la même forme.

Il évite ainsi de répéter sur le Journal des détails innombrables et insignifiants qui existent d'ailleurs déjà sur les livres auxiliaires et dans les états originaux numérotés et classés avec le plus grand soin.

Il a bien fallu céder ici à la nécessité d'abréviations et s'écarter des prescriptions du Code, qui voudrait qu'on écrivît jour par jour toutes les opérations sur le Journal. Voici comment le teneur de livres passe ses écritures en partie double.

Des comptes de primes à recevoir et d'assurances.

Pour les *assurances souscrites,* le teneur de livres débite un compte qu'il ouvre à *primes à recevoir,* du montant de toutes les primes que les assurances souscrites donnent droit à recevoir pendant toute la durée de la police, qui se prolonge souvent jusqu'à dix années, et il crédite, par contre, un compte qu'il ouvre sous le nom d'*assurances.*

Ce sont là deux comptes spéciaux aux compagnies d'assurances ; ils sont destinés à déterminer les recettes et les bénéfices de ce genre d'opérations.

Le compte de *primes à recevoir* est divisé en autant de colonnes qu'il y a d'années à courir dans la police, et l'on y classe les primes selon leur année d'échéance.

Quant aux comptes d'*assurances*, il faut en ouvrir autant qu'il y a d'années différentes : ainsi, communément, il y a dix comptes d'assurances ; chacun contient une colonne intérieure où l'on place les capitaux assurés à côté du montant des primes qu'ils produisent.

Ainsi, à chacun des comptes d'*assurances*, on voit séparément et par année la masse des risques à courir pendant cette année, et le montant des primes correspondantes à recevoir dans la même année.

Pour les *primes reçues par les agents*, le teneur de livres débite le compte général d'*agents* du total des encaissements opérés par eux ; et l'on crédite, par contre, le compte de *primes à recevoir :* colonne de l'année courante.

Ainsi le compte de primes à recevoir de l'année courante doit se trouver soldé à la fin de l'année, lorsque toutes les primes sont encaissées ; car il est tenu d'après les mêmes principes que le compte d'*Effets à recevoir*.

Pour les *remises de valeurs ou de fonds* faites par les agents on débite les comptes de *Caisse* ou d'*Effets à recevoir* par le crédit du compte général d'*agents*.

Enfin, pour les *commissions qui reviennent aux agents*, on débite un compte ouvert à *commissions*, et on crédite, par contre, le compte général d'*agents*.

Ainsi le compte général d'*agents* au Grand-Livre sert à présenter la situation de la compagnie avec tous les agents en général, et détermine par son solde de quelle somme elle se trouve en avance avec eux.

Ce compte doit correspondre parfaitement, par son solde, avec le relevé des soldes particuliers du livre des comptes courants des agents, et sert ainsi à le contrôler.

On comprend que ce livre auxiliaire et le compte général

d'agents au Grand-Livre doivent parfaitement concorder, puisque le commis chargé de tenir le livre auxiliaire des comptes courants et le teneur de livres puisent chacun aux mêmes sources, et prennent les chiffres de leurs écritures d'après les mêmes états ou les mêmes livres auxiliaires, le premier avec détails et jour par jour, autant que possible, le second par totaux et chaque mois seulement.

Des comptes de commissions et d'avances de commissions.

On escompte souvent les commissions à payer annuellement aux agents sur les polices d'assurances qu'ils obtiennent pour plusieurs années.

Il ne serait pas juste de porter en entier au compte de *commissions* de l'année courante cette dépense, qui doit être répartie entre diverses années. Il en résulte la nécessité d'ouvrir un compte sous le nom d'*avances de commissions* ou de *commissions escomptées*.

Lorsqu'on passe écriture des commissions escomptées on débite le compte de *commissions* de la portion à la charge de l'année courante, et le reste est porté au débit de ce compte d'*avances de commissions*, qui peut être divisé en autant de colonnes intérieures qu'il y a d'années différentes, où l'on porte dans chacune la portion de commission qui la concerne.

Chaque année on crédite le compte d'avance de commissions de la part des avances faites à la charge de l'année courante, par le débit du compte de *commission* de cette année.

On solde ce compte par balance de sortie.

Du compte de sinistres.

Lorsque la compagnie paye un sinistre on débite un compte que l'on ouvre à *sinistres*, dont la destination est de présenter à son débit le montant de tous les sinistres éprouvés dans l'année par la compagnie.

Il est nécessaire, à la fin de l'année, de débiter ce compte du montant de tous les sinistres connus, réglés ou à régler, *qui restent à payer*, appréciés approximativement, dont on crédite le compte de *balance de sortie.*

Cet article complète au débit tous les *sinistres* à la charge de l'année qui se termine, et fait figurer dans le passif du compte rendu, comme payements à effectuer dans un délai rapproché, tous les sinistres qui ne sont pas encore acquittés. Ce chiffre reparaît par balance d'entrée au crédit du compte *sinistres* ouvert pour l'année suivante; de manière qu'en débitant le compte de *sinistres* au moment où on les paye, cela ne change en rien l'exactitude du chiffre des sinistres de l'année qui commence.

On solde le compte de sinistres par celui de Pertes et Profits.

Du compte de polices et plaques.

La compagnie faisant payer à l'assuré la police et la plaque sur lesquelles elle fait un gain, on ouvre un compte à *polices et plaques* qu'on debite de tous les débours faits pour les confectionner, et qu'on crédite du produit qu'elles donnent.

On solde le compte par Pertes et Profits après avoir porté au crédit la valeur au prix coûtant des matières premières, ou des polices et plaques restant en magasin au moment de la balance.

Du compte de reports ou fonds placés.

Pour ne pas laisser improductifs une partie des fonds provenant des primes on fait quelquefois des placements en reports, ce qui donne lieu à un compte spécial de *reports* qui produit des bénéfices et doit être, par conséquent, soldé par Pertes et Profits.

Des comptes des frais et des dépenses.

On ouvre un compte à *frais généraux*, qui comprennent les dépenses de premier établissement, les traitements ou appointements, les frais de voyage et inspections, les loyers et impositions, les impressions et les publications, les jetons de présence, les ports de lettres et paquets, les frais de bureaux et frais divers imprévus, la moins-value annuelle sur le mobilier.

On peut ouvrir un compte séparé à quelques-unes de ces dépenses, si l'on juge qu'il y ait utilité à le faire.

Des comptes de caisse, d'effets à recevoir, de Banque de France, mobilier, immeubles et autres.

Ces comptes, communs à toutes les comptabilités, se tiennent partout de la même manière ; et, comme ils n'ont rien de spécial, nous renvoyons ceux qui pourraient avoir besoin de nouvelles explications à la Tenue des livres générale, où il est déjà traité de ces comptes.

Du compte d'appel de fonds.

Quand les besoins de la compagnie obligent le conseil d'administration à faire un appel de fonds aux actionnaires ; si cet appel de fonds n'est que provisoire et doit être remboursé, on débite la Caisse lorsque les versements s'opèrent ; et l'on crédite un compte que l'on ouvre à *appel de fonds*, comme l'on créditerait un bailleur de fonds ordinaire.

Mais, au contraire, si l'appel de fonds n'est pas remboursable et doit rester constamment dans la société, il faut créditer le compte des *actionnaires*, parce que le versement qu'ils font de cet appel diminue d'autant leur obligation de verser, dont le chiffre est inscrit en entier au débit de ce compte : leur compte exprimera ainsi, dans toute sa vérité, la situation réelle des actionnaires.

On pourrait encore ouvrir un compte à *appel de fonds* que l'on créditerait des versements successifs, afin d'avoir dans un compte distinct le détail des divers versements relatifs à cet appel.

On le solderait par le compte d'*actionnaires*, lorsque l'appel aurait été complété; de manière qu'il n'y aurait à ce dernier compte général qu'un seul article pour tout l'appel.

Du compte de fonds de prévoyance.

Quelques sociétés ont un fonds de prévoyance qui se forme à l'aide de prélèvements annuels mis en réserve; ce compte est une espèce de subdivision du capital.

On le crédite des prélèvements qui lui sont affectés, on le débite des dépenses à sa charge; on le solde par balance de sortie.

Du compte de réassurances.

Il y a encore quelques comptes spéciaux aux assurances terrestres, qui ne présentent aucune difficulté dans l'application, et n'ont aucun besoin d'explications particulières.

De la balance générale et du partage des bénéfices dans les compagnies par actions.

A la fin de l'année, lorsqu'on fait la balance générale des livres, on commence par solder par le débit de Pertes et Profits tous les comptes de dépenses, ou celui de frais généraux; le compte de sinistres, après y avoir rapporté ceux réglés ou à régler, qui restent à payer, comme nous l'avons déjà dit; le compte de commissions; enfin tous les comptes qui pourraient présenter une perte.

On crédite le compte de Pertes et Profits, du solde des comptes

d'assurances, de polices et plaques, de reports ; enfin des soldes
de tous les comptes produisant des bénéfices.

L'excédant du crédit sur le débit détermine nécessairement
le bénéfice net de l'année, qui, divisé par le nombre des actions, doit être réparti en espèces, aux actionnaires comme
dividende.

Si l'on payait aussitôt ce dividende, on débiterait pour
solde le compte de Pertes et Profits par le crédit de Caisse
du montant du dividende, et le caissier mettrait à part la
somme à répartir d'après un état à émarger, ce qui se ferait
lentement ; ou bien encore on ouvre un compte à *dividende
de telle année*, qu'on crédite de la somme à répartir, et qui
se trouve soldé lorsque le payement de la répartition est accompli.

S'il y avait perte, c'est-à-dire excès du débit sur le crédit,
on solderait le compte par balance de sortie, afin que, par
balance d'entrée, il figurât au débit du compte de Pertes et
Profits de l'année suivante, pour premier article, le déficit de
l'année précédente, qui doit diminuer d'autant les bénéfices
de l'année qui commence ; et réciproquement, si le solde en
bénéfice devait être mis en réserve pour être réparti l'année
suivante, on le passerait également par balance de sortie, afin
que, par balance d'entrée, il figurât au crédit du compte de
Pertes et Profits, pour premier article, le gain non réparti de
l'année précédente.

Ou enfin on ouvre un compte à *dividende de telle année*,
qu'on solde par balance de sortie. et qui n'est clos que l'année
suivante, lorsque ce dividende est réparti.

CONCLUSION.

La plupart des comptes dont nous venons de parler sont
applicables à toutes les compagnies par actions. On peut, dans
tous les cas, en faire l'application par analogie à la comptabilité de ces sociétés diverses ; il y aura seulement à imaginer

pour chacune quelques comptes spéciaux au genre d'industrie pour lequel elle sera constituée (a).

Nous terminerons en faisant observer que tout compte-rendu d'une société doit être basé sur un compte de balance de sortie, ou, en d'autres termes, sur le relevé général des comptes ouverts sur le Grand-Livre, et qu'il faut considérer les comptes présentés sur d'autres bases comme des aperçus spécieux, incomplets, ne présentant qu'une face des choses, afin de déguiser souvent une situation fâcheuse et d'induire en erreur les actionnaires.

On peut, sans craindre de se tromper, suspecter un directeur de mauvaises intentions, lorsqu'il oublie volontairement de se conformer aux principes consacrés d'une comptabilité régulière.

(a) Il y a des sociétés à la fois en nom collectif et en commandite par actions qui présentent des circonstances variées.

Il sera facile d'organiser leur comptabilité en prenant divers comptes dans le système des sociétés par actions, et les autres comptes dans ce qu'il en est dit au sujet des sociétés ordinaires (155) et (209).

COMPTABILITÉ

DES PROPRIÉTAIRES ET DES GENS DU MONDE.

Nous supposons un particulier dont la fortune et les revenus se composent d'immeubles, de rentes sur l'État, d'effets publics, de la propriété d'ouvrages dont il est auteur, et qu'il veut se rendre compte de ce que lui produit en particulier chacune des parties de son avoir, reconnaître à combien s'élèvent ses dépenses de toute nature, qui consistent en frais d'entretien de propriétés, d'impression de ses œuvres, en dépenses personnelles, de sa maison, de ses équipages et chevaux, enfin s'assurer, chaque année, de quelle somme précise il a augmenté ou diminué son capital.

Pour organiser une comptabilité dans des circonstances et des conditions semblables, il faut, selon les principes généraux, que nous avons établis précédemment, page 238, et qu'il est utile de lire de nouveau pour mieux comprendre ce qui va suivre, d'abord imaginer les livres auxiliaires qui sont destinés à recevoir les premières écritures des recettes ou payements à mesure qu'ils ont lieu.

On a vu précédemment qu'on doit disposer ces livres auxiliaires de manière à réunir les recettes ou dépenses de *même nature,* afin de pouvoir les additionner et n'en porter que les totaux sur le Journal en partie double, qui reste ainsi dégagé de détails minutieux.

Comme application de ce principe, nous n'aurons qu'un seul livre auxiliaire appelé *mémorial-caisse,* mais renfermant diverses colonnes abréviatives dont nous donnerons le modèle et l'explication, pour plus d'intelligence, après la nomenclature des comptes généraux qu'on doit ouvrir sur le Grand-Livre en partie double.

Des comptes généraux à ouvrir.

On prend d'abord, au nombre des cinq comptes généraux si connus, ceux qui sont applicables à toutes les comptabilités, tels que :

1° Celui de Caisse ;

2° Celui de Pertes et Profits ; on supprime celui de Marchandises générales, si l'on ne se livre à aucune spéculation en marchandises ; celui d'Effets à payer, si l'on n'en souscrit jamais ; enfin, celui d'Effets à recevoir, si l'on n'en reçoit pas en payement.

Mais il faut ouvrir :

Un compte à *immeubles* pour toutes les propriétés qu'on possède, à moins qu'on ne préfère tenir un compte séparé pour chacune d'elles : on doit revoir ce qui a déjà été dit, à ce sujet, paragraphe 121, au compte d'immeubles, où sont indiquées les subdivisions de *maison à****, de *château de****, de *ferme de****, etc.

3° Un compte d'*effets publics* dans lequel on comprendra les rentes sur l'État, les effets étrangers, les actions de la banque, les obligations de la ville de Paris, etc., etc. — Voir les développements donnés à ce compte (117).

Pour y comprendre les *actions industrielles*, on pourrait intituler ce compte *valeurs diverses de portefeuille*, ou de telle autre désignation générale qu'on jugera le plus convenable.

4° Un compte d'*ouvrages* ou d'*œuvres* que l'on débitera de tous les frais d'impression, gravures, annonces et autres frais relatifs à la confection et publication de ces ouvrages, et il sera crédité du produit des ventes.

Un homme de lettres ou un auteur de profession, au lieu d'un seul compte général ouvert à ses œuvres, pourrait en ouvrir un séparé pour chacun de ses ouvrages, s'il voulait savoir ce que lui produit chacun d'eux en particulier.

5° Un compte de *meubles* ou *mobilier*, si c'est une dépense importante et qu'on renouvelle souvent ; car, autrement, si la valeur du mobilier doit rester à peu près toujours la même, on pourrait en placer le chiffre dans le compte d'*immeubles*, qui prendrait alors l'intitulé de *meubles et immeubles*. — Voir ce qui est dit du compte de mobilier, paragraphe 122.

6° Un compte de *capital*, qui, comme on sait déjà, représente le chiffre net de sa fortune, déduction faite de toutes charges ou dettes. Il faut revoir les développements donnés sur ce compte, paragraphe 148.

7° En un mot, on crée un compte pour chaque valeur importante ou circonstance particulière de sa fortune qu'on juge assez intéressante, par les bénéfices ou les mouvements de fouds qu'elle occasionné, pour motiver un compte séparé.

8° Quant aux dépenses, nous les diviserons ici simplement en trois comptes de *frais de maison*, de *dépenses particulières*, d'*équipages et chevaux*. On sait que les comptes de dépenses sont les plus susceptibles de subdivisions. Ainsi, l'on pourrait ouvrir un compte de *dépenses personnelles*, de *menus plaisirs*, de *vêtements*, de *dépenses de ma femme*, de *jeux et paris*, etc., comme il a été dit paragraphe 142.

Mais il faut se garder de trop multiplier les comptes généraux sans une utilité positive, parce que les écritures s'en trouvent augmentées dans la même proportion.

Dès que le nombre, les dénominations et l'emploi des comptes généraux sont bien arrêtés, on commence les écritures par un inventaire, et les livres en partie double par les deux articles de capital ou de balance, comme il est indiqué paragraphe 296.

Revenons maintenant au livre auxiliaire de Mémorial-Caisse.

Du Mémorial-Caisse.

On tiendra un seul livre auxiliaire appelé *Mémorial-Caisse*, ou plus simplement *Mémorial*, semblable au modèle placé à la fin de ce volume (*tableau n° 3*).

On inscrit sur le côté gauche, qui est l'ENTRÉE du *Mémo-*

rial, tout ce qu'on reçoit en espèces ou en valeurs quelconques; et sur le côté droit, qui est la SORTIE, tout ce qu'on donne en argent ou en valeurs diverses.

A l'entrée comme à la sortie du *Mémorial,* il existe plusieurs colonnes, dont la dernière, intitulée CAISSE, est destinée à inscrire exclusivement toutes les sommes reçues ou payées en argent.

Quant aux autres colonnes qui précèdent celle de Caisse, on les intitule du nom des comptes généraux qu'on vient d'imaginer. Mais comme il y a beaucoup moins de colonnes que de comptes, il faut choisir ceux qui occasionnent le plus de détails pour leur réserver une colonne ; nous avons ici fait choix des comptes de *meubles et immeubles,* d'*œuvres,* de *valeurs de portefeuille,* d'*équipages et chevaux,* pour les colonnes de l'entrée; et pour celles de la sortie, de *meubles et immeubles,* de *dépenses particulières,* d'*équipages et chevaux* et de *frais de maison.*

Enfin, la première colonne, intitulée *divers,* est créée pour y écrire les sommes qui ne peuvent être classées dans les autres colonnes.

Dès qu'un payement est fait pour une dépense de maison, d'immeubles ou pour tout autre cause, il faut d'abord porter la somme dans la colonne CAISSE, puis en outre placer une seconde fois cette somme dans la colonne d'*immeubles,* de *frais de maison,* ou dans toute autre colonne enfin qui porte l'intitulé de la nature de dépense dont il s'agit.

Il en est de même pour l'entrée où l'on inscrit les recettes en argent, non-seulement à la colonne de Caisse, mais encore dans l'une des autres.

A la fin du jour, de la semaine ou du mois, on additionne es colonnes; les montants qu'on obtient indiquent évidemment à combien s'est élevée pendant cet intervalle chacune des espèces de recettes ou de dépenses, et ils servent à passer écriture en bloc au Journal de tous les articles renfermés dans ces colonnes.

C'est ainsi que par des colonnes intérieures, où l'on inscrit les chiffres des recettes et dépenses de même nature, on peut les totaliser et abréger infiniment les écritures en partie double qu'on dégage, par ce moyen, de détails insignifiants et minutieux qui les surchargeraient sans aucune utilité.

On pourrait renoncer à ces colonnes et se contenter, comme dans la méthode ordinaire, de celle de Caisse, parce qu'en passant les écritures en partie double au Journal, on classe par le fait chaque article au compte qui lui est ouvert au Grand-Livre; l'emploi de ces colonnes n'est qu'une abréviation, une classification anticipée, immédiate, sur le livre auxiliaire, qui se trouve résumé lui-même dans ses détails par des totaux de colonnes où ces détails se trouvent classés.

Sans supprimer toutes les colonnes, on peut en réduire le nombre plus ou moins inégalement, à la sortie et à l'entrée; enfin, on peut les supprimer entièrement d'un seul côté, à sa volonté, parce que ces colonnes ne correspondent pas entre elles.

En effet dans le modèle les colonnes de l'entrée ne correspondent nullement avec celles de la sortie; les comptes de dépenses, qui donnent ordinairement lieu à des articles multipliés de sortie, ne peuvent pas avoir de colonnes à l'entrée; le compte d'*immeubles*, qui peut avoir des recettes aussi fréquentes que les dépenses de leur entretien, a, pour cette raison, une colonne à l'entrée comme à la sortie; enfin, le compte d'*œuvres*, qui a beaucoup de recettes et de rares débours, n'a de colonne qu'à l'entrée.

En un mot, ces colonnes, qui ne sont pas indispensables et ne correspondent pas entre elles, peuvent être réduites en nombre, supprimées totalement, soit à l'entrée, soit à la sortie, et doivent être considérées seulement comme un moyen de résumer, par les totaux qu'elles font obtenir, des détails infinis qui embarrasseraient les hautes écritures.

Des écritures en partie double.

Avec le livre auxiliaire de Mémorial, on peut se contenter de passer les écritures en partie double toutes les semaines ou tous les mois.

Les écritures ne donneront lieu qu'à des articles principaux : l'un où la Caisse sera débitée de toutes les recettes du mois, et où l'on créditera les comptes de *meubles et immeubles,* d'*œuvres,* de *valeurs diverses,* etc., chacun du montant de sa colonne au Mémorial.

L'autre où la Caisse sera créditée de tous les payements du mois et où l'on débitera les comptes de *frais de maison,* de *dépenses personnelles,* d'*équipages et chevaux,* etc., chacun du montant de sa colonne au Mémorial.

Enfin, on passera également un article pour les sommes diverses placées dans la colonne *divers;* car, on l'a déjà dit, c'est dans cette colonne que sont inscrits tous les articles extraordinaires qui ne peuvent être placés dans les autres colonnes.

Voici les articles auxquels donnent lieu les exemples donnés au Mémorial.

——————   **DU 31 JUILLET.**   ——————

CAISSE A DIVERS fr. 61000, recettes du mois.

A PERTES ET PROFITS fr. 3000, gains et paris aux courses. .   3000

A MEUBLES ET IMMEUBLES fr. 42000, reçu pour le bail de mes terres et loyers de ma maison, coupe de bois et vente de mobilier 42000

A ŒUVRES fr. 1500, produit de la vente de mes ouvrages, suivant détail au Mémorial 1500

VALEURS DIVERSES fr. 12000, semestre de mes rentes et dividende de mes actions; *détails au Mémorial.* 12000

A ÉQUIPAGES ET CHEVAUX fr. 2500, vente d'une jument, d'une calèche et d'un harnais; *détails au Mémorial.* 2500

                                                     ————
                                                   61000

DU 31 JUILLET.

DIVERS A CAISSE fr. 54850, payements du mois.

ŒUVRES fr. 200, frais d'impression de ma brochure . . .   **200**

VALEURS DIVERSES fr. 43200, achat de 2000 fr. de rente 4 0/0. 43200

MEUBLES ET IMMEUBLES fr. 4000, payé aux couvreur et maçon, acheté un meuble de salon ; *détails au Mémorial.*   4000

DÉPENSES PARTICULIÈRES fr. 2600, présent d'un châle à ma sœur, compte du tailleur et argent de poche ; *détails au Mémorial*   2600

ÉQUIPAGES ET CHEVAUX fr. 4200, gages du cocher, livrées des domestiques, achat d'un cheval anglais ; *détails au Mémorial.* 4200

FRAIS DE MAISON fr. 650, payé le cuisinier pour son compte de dépenses et fournitures   650
                                                                    ———
                                                                  54850

DU 31 JUILLET.

DÉPENSES PARTICULIÈRES A ÉQUIPAGES ET CHEVAUX fr. 1000, fait présent à Henri de mon cheval de selle.   1000

Tous ces articles seront inscrits sur un Journal et rapportés sur un Grand-Livre, selon la méthode ordinaire ; mais si l'on veut simplifier encore le travail, on adoptera la méthode pour tenir les livres en partie double par le moyen d'un seul registre, le Journal-Grand-Livre, expliqué page 229 ; et ce Journal-Grand-Livre, sur lequel on inscrira les articles précédents, est divisé en onze colonnes qui représenteront les onze comptes généraux auxquels on se réduira, savoir : Caisse, Pertes et Profits, immeubles, œuvres, valeurs diverses, frais de maison, dépenses personnelles, équipages et chevaux, meubles, capital, divers comptes.

De la manière de solder tous ces comptes et de la balance générale.

1° Le débit du compte de *Caisse* étant l'argent reçu, et le crédit l'argent payé, on solde ce compte par balance de sortie en portant au crédit les espèces qui restent en Caisse, comme il a été expliqué au chapitre de la balance générale (parag. 259), où il faut revoir l'article de la Caisse (267).

2° Les comptes de meubles et immeubles, d'œuvres, de valeurs diverses, qu'on a débités de toutes les dépenses faites à leur occasion et crédités de toutes les recettes, ne sont que des subdivisions du compte de Marchandises générales et se soldent par conséquent comme lui (265), en portant au crédit par le débit de balance de sortie la valeur au prix coûtant des meubles et immeubles, des œuvres, des valeurs diverses qui restent encore au moment où on le balance.

Puis on solde chacun de ces comptes par Pertes et Profits.

Ce solde indique ce qu'on a gagné ou perdu dans chacune de ces branches.

3° Les comptes de *dépenses personnelles, frais de maison,* qu'on a débités de tous les débours faits à leur occasion, sont soldés par Pertes et Profits, parce que ces dépenses sont de pures pertes (257).

4° Mais au compte d'*équipages et chevaux,* où tout n'est pas dépensé en pure perte, on porte d'abord au crédit, par le débit de balance de sortie, la valeur des équipages et des chevaux qu'on possède alors et qui doivent figurer dans l'actif; puis on le solde par le compte de Pertes et Profits.

5° On solde également les *divers comptes* qu'on a pu ouvrir selon les principes analogues à ce qui a été dit au sujet de chacun d'eux dans la Tenue des livres générale.

6° Le compte de Pertes et Profits, où viennent se réunir d'un côté toutes les dépenses de l'année, de l'autre tous les revenus ou produits divers, indique de combien les dépenses ont surpassé les revenus ou réciproquement de combien les revenus ont excédé les dépenses; dans les deux cas il est soldé par capital (275). En effet, si l'on a épargné ou dépassé ses revenus, il en résulte une augmentation ou une diminution du capital, qu'on solde lui-même par balance de sortie, comme il est dit parag. 279.

Pour comprendre parfaitement cet exposé rapide de la balance générale, de la comptabilité des gens du monde, il convient de lire avec attention le chapitre traitant de la balance générale, dans tous ses développements (258).

Conclusion. — C'est ainsi qu'avec une comptabilité simple et régulière, composée de deux registres seulement, le Mémorial et le Journal-Grand-Livre (*a*), l'un pour les écritures premières, le second pour celles en partie double, un propriétaire pourra se rendre un compte complet et mathématiquement exact de l'administration de sa fortune, par un travail qui n'exigera que quelques heures par mois pour les écritures en partie double, et le soin d'écrire sur le *mémorial*, avec exactitude et au moment même, tout ce qu'il recevra et donnera en espèces ou en valeurs diverses.

Certes, il n'y a là ni difficulté grande, ni travail considérable ; c'est au contraire un bien léger sacrifice de temps, surtout lorsqu'on réfléchit à l'utilité qu'on en tire. Ainsi, l'on sait précisément à combien s'élève chacune des dépenses, ce que produit en particulier chacune des branches de sa fortune, et en définitive combien chaque année on a augmenté ou diminué son capital.

Sans parler de la satisfaction intérieure que procure l'esprit d'ordre et la certitude de reconnaître constamment l'état réel de sa fortune, les propriétaires et les gens du monde en tireront des renseignements bien précieux pour réprimer leurs dépenses malentendues, ou pour accroître au contraire leurs placements productifs.

Dans tous les cas, n'est-il pas de la plus haute importance, pour l'homme qui possède, de se rendre un compte sévère de ses dépenses, de connaître les accroissements ou les décroissements de son capital ; décroissements dont l'ignorance mène quelquefois à la ruine des plus belles fortunes ?

APPLICATION

DE LA MÉTHODE EN PARTIE DOUBLE

A L'INDUSTRIE AGRICOLE.

L'agriculture, qui est la première et la plus féconde des industries, mérite à beaucoup de titres que tout ce qui tend à sa prospérité fixe l'attention générale. Mais s'il est du devoir du gouvernement d'encourager l'agriculture, il faudrait, à son tour, que le cultivateur s'aidât lui-même et répondît par ses propres efforts à ceux de l'administration. Or, en France, la classe des agriculteurs est en grande partie, il faut en convenir, sans aucun goût pour l'instruction et pour l'étude; il semble que la pratique des travaux extérieurs leur rende insupportable toute occupation sédentaire qui les retiendrait quelques heures dans leur cabinet.

Par exemple, croira-t-on que, dans une industrie aussi complexe que la grande culture, qui a tant besoin d'éclaircissements et de contrôles, les agriculteurs, par insouciance ou par tout autre motif, ne se soient pas encore créé une comptabilité quelconque de nature à les éclairer, ainsi que l'ont fait depuis si longtemps les commerçants qui en ont cependant moins besoin qu'eux, si l'on considère la simplicité relative de leurs opérations?

C'est là un mal très-grave, qui affecte profondément notre agriculture et qui n'est pas une des moindres causes de la lenteur de ses progrès.

Il n'est malheureusement que trop vrai que les petits cultivateurs ne se rendent aucun compte de leur gestion, et que les hommes d'éducation, qui, sans faire leur profession habituelle de la culture, s'y livrent depuis quelque temps avec intérêt, sont les seuls qui ne partagent pas cette insouciance générale. Ils recherchent, au contraire, soigneusement les causes de perte pour s'en préserver, et les sources de gain pour les rendre plus abondantes. Ces esprits judicieux ont compris les premiers la nécessité absolue d'une comptabilité régulière pour les éclairer dans leurs recherches et les diriger dans leur administration.

De leur côté, les sociétés d'agriculture et le gouvernement lui-même, pour provoquer la création d'un livre spécial de comptabilité agricole, proposèrent des prix, qui, nous le croyons, n'ont pas été décernés. C'est qu'il ne suffit pas d'être un excellent agriculteur et un médiocre comptable pour composer un bon livre élémentaire et pour concevoir un système de comptabilité parfaitement applicable à une industrie tout exceptionnelle, et qui semble même, au premier aperçu, se montrer rebelle à toute application de la méthode en partie double. Aussi les agriculteurs distingués qui ont écrit sur ce sujet des livres, dont quelques parties ne sont pas sans mérite, pêchent-ils tous par la clarté et ne nous paraissent-ils pas avoir atteint le but qui leur était proposé.

Epris à cette époque d'un goût très-vif pour l'agriculture, et m'y livrant moi-même dans une propriété de famille, située dans une province fertile et au milieu des plus belles fermes de la France, je me suis senti parfaitement bien placé pour puiser aux meilleures sources les renseignements qui pouvaient personnellement me manquer sur la grande culture. D'ailleurs l'occasion me parut belle de faire une nouvelle application de ma méthode de prédilection à cette industrie, qui ne ressemble à aucune autre. Je l'ai saisie, je puis le dire, avec joie, heureux d'apporter à mon tour à l'agriculture, que j'aime, mon tribut de lumières spéciales.

J'ai donc publié un Traité complet de comptabilité agricole faisant la matière d'un volume in-8°, et renfermant des développements les plus circonstanciés.

Malgré cette publication, je n'ai pas cru devoir résister au désir d'augmenter la nouvelle édition de ce *Traité de comptabilité générale* d'un chapitre exposant très-succinctement la plus intéressante et la plus difficile application qu'on puisse faire de la méthode en partie double.

On ne doit pas s'attendre à trouver ici, dans les limites étroites que nous nous sommes tracées, les développements étendus que cette riche matière comporte, ni la description faite, dans l'ouvrage précité, de livres auxiliaires nombreux entièrement dissemblables à ceux, connus et infiniment curieux par eux-mêmes, qu'il a fallu créer pour dégager le Journal et le Grand-Livre des détails minutieux et abondants qui les auraient encombrés.

Nous donnons simplement un résumé rapide de cette nouvelle application, parce qu'elle renferme un nouveau sujet d'études, de réflexions et d'imitations par analogies à introduire dans l'organisation d'autres comptabilités.

Au surplus ce système repose sur une idée fort simple.

Tous les comptes y auront pour but constant de faire connaître à l'agriculteur le prix exact auquel lui revient chacun de ses produits.

Il en résulte ce premier avantage que, dans les écritures, on n'attribuera plus aux denrées, comme le faisaient tous les écrivains sur cette matière, des prix arbitraires et fixés selon le caprice ou l'opinion plus ou moins juste d'un comptable ou d'un agriculteur; circonstance décourageante qui seule enlevait à leur comptabilité tout caractère sérieux d'exactitude et de vérité.

On ne verra figurer au contraire dans les écritures que de véritables prix coûtants, ou que des prix réels de revient.

Telle est l'idée-mère, tel est l'esprit dominant dans lequel ce nouveau système a été conçu et qu'on peut résumer en quelques mots : la découverte du prix de revient des produits agricoles.

Le prix de revient, ce problème si difficile à résoudre en agriculture, excepté pour le comptable, cette inconnue que cherchent depuis si longtemps les agronomes, les statisticiens, les économistes, et en général tous les hommes sensés, dans les industries complexes, où l'on se propose de réaliser un gain.

Ce système ne pouvait se produire dans un moment plus opportun que celui où l'attention générale, réveillée par les troubles nés de la cherté des subsistances, se reporte avec plus d'ardeur et de prédilection sur tout ce qui a trait à la prospérité de l'agriculture, cette question essentielle et vitale de tout gouvernement prévoyant.

Application.

Nous avons déjà dit que lorsqu'on se propose d'organiser un système de comptabilité pour une industrie quelconque, il faut, après s'être bien pénétré de toutes les circonstances qui la caractérisent, reconnaître d'abord quelles sont les branches productives de gain, pour leur ouvrir à chacune un compte indispensable; ensuite faire distinction des diverses natures de dépenses importantes qui exigent un compte séparé, enfin rechercher avec soin toutes les particularités de cette industrie qui méritent qu'on leur consacre un compte spécial, parce qu'elles influent puissamment sur les résultats, ou qu'elles sont de nature à faire ressortir des enseignements utiles.

Appliquons ce principe général à l'organisation d'une comptabilité agricole.

Nous trouvons d'abord comme source première des bénéfices, le sol, c'est-à-dire les terres de l'exploitation.

Puis, comme branches productives de gain, le troupeau, la vacherie, la basse-cour, l'élève ou l'engraissement des bestiaux et les autres industries analogues.

Nous distinguons ensuite comme dépenses importantes à constater la main-d'œuvre des ouvriers, dont on fait un si grand emploi, les frais des attelages, ce puissant moyen de culture et de transport, enfin les engrais, le plus onéreux, mais le plus efficace de tous les agents de production, dont la quantité obtenue et le prix de revient sont très-intéressants à connaître.

Nous observons, en outre, une circonstance particulière à l'industrie agricole, c'est qu'une partie des produits se consomme dans l'exploitation et que l'autre se vend au dehors, mais tantôt dans son état primitif, tantôt après avoir subi une ou plusieurs transformations par une industrie intérieure ou par quelques opérations intermédiaires.

Ainsi, par exemple, les terres produisent le blé; celui-ci, battu, se divise en paille et en grain; chacune de ces parties est vendue au dehors ou consommée au dedans; ce grain, par la mouture, prend la forme de farine ou de son, qui se vendent aussi et se consomment à l'intérieur; le son, comme les autres substances alimentaires des bestiaux, se change en chair, et cette chair alimentera les employés de l'exploitation ou sera transformée en argent par la vente; ajoutez qu'il en est de même pour les autres céréales, pour les plantes fourragères, pour le lait et pour tous les produits, petits ou grands, dont la culture abonde.

Eh bien, ces ventes, ces consommations partielles, ces transformations successives doivent être notées dans une comptabilité complète, et il convient que les écritures retracent cette espèce de rotation continuelle des produits d'un compte à l'autre, et même qu'elles en révèlent les résultats intermédiaires et distincts.

C'est là une des difficultés du sujet, et qui avait fait regar-

der comme impossible de trouver un système régulier, parfaitement applicable à l'industrie agricole, par la raison surtout que ces mouvements intérieurs s'opèrent en matières, ou
sur des objets en nature dont aucune vente réelle ne fixe le
prix, et qu'il y a nécessité, dès lors, pour les faire figurer
dans les écritures de la comptabilité-espèces, de leur en attri-
buer un qui, purement arbitraire, est très-difficile à déterminer judicieusement.

Une autre circonstance exceptionnelle et caractéristique,
ce sont les emblavures ou ces avances au sol qu'on fait si souvent en culture, à la fois une année, mais qui doivent être
réparties sur plusieurs. Il en est de même des engrais et
amendements enfouis dans la première année, quoique destinés à féconder la terre pendant plusieurs, selon l'assolement,
et qui doivent être mis à la charge de chaque récolte, dans
des proportions inégales, selon la nature plus ou moins ab-
sorbante de chacune.

Mais ces difficultés insolubles en partie simple, quand on
veut trouver les résultats de ces transformations ou répartir
annuellement ces avances au sol, sont aisément résolues par
la méthode en partie double, dont les comptes ingénieux se
prêtent merveilleusement à toutes ces exigences, quand on
sait à propos créer des comptes, s'aider de livres auxiliaires
assez habilement conçus pour se permettre d'y reléguer ou
classer les détails minutieux, de manière à simplifier à l'excès
les écritures, inventer enfin des expédients de comptabilité
pour remédier à ces difficultés qui n'embarrassent que le
comptable insuffisamment expérimenté.

Sans entrer dès les premiers pas dans plus de détails, ce
rapide coup d'œil jeté sur l'industrie agricole nous a déjà fait
entrevoir qu'il faudrait d'abord ouvrir un compte au sol ou
plutôt aux terres de l'exploitation.

Mais comme on veut des renseignements ou des résultats
moins généraux, nous partagerons le sol total de la ferme en
autant de portions qu'on en veut tirer de natures différentes
de récolte et nous ouvrirons à chacune un compte intitulé
terres à blé, terres à seigle, terres à fourrages, etc., ou plus
brièvement, sous le nom de *blé, seigle, fourrages*, etc.

A chacun de ces comptes ouverts à une portion du sol, seront portés d'un côté au débit les dépenses de main-d'œuvre,
engrais, labours, semences, et toutes autres faites pour la
culture; et de l'autre, au crédit, toutes les récoltes qu'elle
aura données.

De ce tableau comparatif il sera facile de tirer le prix de revient exact de la récolte, et par conséquent de conclure la perte ou le gain particulier qui doit en résulter.

On ouvrira sur les mêmes principes, un compte à *troupeau*, où l'on rapportera au débit, sans aucune exception, toutes les dépenses qu'il nécessite, et en regard, au crédit, tous les produits qu'il donne, de manière que la différence du débit au crédit, ou le solde, déterminera le gain net provenant du troupeau ou la perte qu'il pourrait occasionner.

Il en sera de même pour la vacherie, pour la basse-cour, pour le moulin, la poste aux chevaux ou telle autre industrie semblable produisant des bénéfices.

Comme dépenses importantes à constater isolément, nous ouvrirons d'abord un compte à *main-d'œuvre* pour savoir exactement tout ce qu'elle coûte et pour en faciliter la répartition à la charge des différentes industries qui en profitent.

Nous aurons un compte d'*attelages* qui comprend: l'instrument aratoire, les animaux qui le mettent en mouvement et leur conducteur, afin de reconnaître à combien s'élèvent les dépenses, de découvrir le prix de revient d'une journée d'attelages, la somme de travaux utiles produite par eux, et d'en faciliter l'exacte répartition à la charge des cultures qui les ont occupés.

Enfin pour les circonstances spéciales à la culture nous ouvrirons le compte d'*engrais* destiné à constater les quantités produites, à répartir la portion fournie à chaque récolte, et à faire découvrir, nous ne disons pas leur effet utile, mais leur prix de revient, problème jusqu'à présent non résolu.

Nous imaginerons aussi un compte de *magasins* pour y réunir au débit tous les produits des terres ou des industries qu'on suppose les lui verser au prix de revient; produits qui n'en sortiront, au crédit, que lorsqu'ils seront vendus, ou consommés, ou livrés à quelque industrie intérieure pour subir une modification.

C'est avec le secours de ce compte qu'on aplanira en partie, et sans surcharger les écritures, la difficulté déjà signalée de la triple sortie des denrées par vente au dehors, consommation au dedans, ou simple transformation.

Tels sont les comptes principaux et exceptionnels qu'il faudra créer pour l'application de la tenue des livres en partie double à l'agriculture; mais il va sans dire qu'il faut y ajouter les comptes généraux bien connus et indispensables dans toutes les industries, tels que ceux de Caisse, effets à recevoir ou à payer, pertes et profits, capital, etc.

C'est ici le lieu de faire observer qu'on peut, à son gré, multiplier ou restreindre le nombre des comptes spéciaux à la culture, en adoptant pour l'intitulé de ces comptes des dénominations plus ou moins générales ; mais il faut ajouter qu'il est toujours mieux d'en diminuer autant que possible le nombre, en se contentant d'en ouvrir aux choses ou aux circonstances sur lesquelles on a le plus l'intérêt à s'éclairer ; car le grand nombre de comptes accroît proportionnellement le travail des écritures et y répand une certaine confusion, quoi qu'en ait dit Mathieu de Dombasle, dont l'opinion, si excellente et si respectable en beaucoup de points, se trouve ici par hasard contraire et en défaut.

Mais c'est toujours après de mûres réflexions qu'il faut procéder à la création de ses comptes, et qu'on choisit leur intitulé selon les conditions du domaine, ses vues particulières, ou les renseignements plus ou moins circonstanciés qu'on se propose d'en tirer.

Nous donnerons la nomenclature des comptes à ouvrir dans une grande exploitation qu'on suppose embrasser tous les genres d'industries (a), et nous indiquerons les cas où ces comptes doivent être débités ou crédités.

SOL.	INDUSTRIES.	COMPTES DIVERS.
CÉRÉALES D'HIVER.	VACHERIE.	Défrichements.
Blé, seigle, etc.	TROUPEAU.	Dessèchements.
CÉRÉALES DE PRINTEMPS.	BASSE-COUR.	Plantations.
Avoine, orge, etc.	Porcherie,	Magasins.
PRAIRIES ARTIFICIELLES.	Poulailler,	Attelages.
Trèfle, sainfoin, luzerne.	Lapinière,	Engrais et amendements.
FOURRAGES ANNUELS.	Pigeonnier,	Emblavures.
Vesce, bisaille, etc.	Rucher.	Dépenses de maison.
RACINES		Frais généraux.
Pommes de terre, betteraves, navets, carottes.	ÉLÈVE DE BESTIAUX.	Divers débiteurs.
PLANTES COMMERCIALES.	BESTIAUX A L'ENGRAIS.	Créanciers divers.
Colza, chanvre, lin, garance, pavots, etc.	FÉCULERIE.	Meubles et immeubles.
PRÉS NATURELS.	MOULIN.	Caisse.
BOIS.	POSTE AUX CHEVAUX.	Effets à recevoir.
Haute futaie, taillis.	FOUR A CHAUX.	— à payer
VERGERS.	TUILERIES.	Pertes et Profits.
Jardins, potagers.	CARRIÈRES.	Capital.
ÉTANGS.		Inventaire d'entrée.
Rivières.		Inventaire de sortie.

(a) Les cultivateurs qui ne se livrent qu'à quelques-unes de ces industries pourront extraire de cet ensemble et choisir les seuls comptes qui les intéressent.

Nous nous arrêterons à cet endroit de l'application de la méthode en partie double à l'industrie agricole, sans indiquer les cas où les comptes précédents doivent être débités ou crédités. Ces développements n'intéressent que les agriculteurs auxquels ils sont déjà donnés dans le Traité spécial de comptabilité agricole, où ces sujets sont complètement exposés; ces détails seraient donc une répétition sans intérêt général. Il ne s'agissait ici que de faire sentir les difficultés de cette application à une industrie aussi complexe et surchargée de circonstances exceptionnelles, mais que l'ingénieuse méthode, appliquée avec intelligence, a parfaitement surmontées.

DE LA COMPTABILITÉ

D'UNE GRANDE MAISON DE BANQUE

Nous croyons utile de placer ici un **extrait du chapitre** de notre Traité de correspondance commerciale sur la comptabilité, parce qu'il contient des renseignements utiles pour l'organisation ou l'amélioration de la comptabilité d'une maison de banque ou de commerce considérable.

On y trouve entre autres des notions sur les livres auxiliaires qu'il convient d'adopter et sur les moyens pratiques de partager entre un très grand nombre d'employés le travail de ces livres essentiels qui reçoivent les écritures des opérations à mesure qu'elles ont lieu.

Marseille, le... 18...

Messieurs G. Caccia et Cie.

Nous sommes très reconnaissants, Messieurs, de l'obligeant accueil fait à notre circulaire, et de vos offres de bons offices dans toutes les occasions où nous aurions, dites-vous, à les réclamer.

Encouragés par ces offres, nous venons dès aujourd'hui, Messieurs, solliciter vos conseils sur un objet d'administration intérieure, fort important pour la bonne gestion de notre nouvelle maison de banque.

Il s'agit du choix que nous voulons faire du système de comptabilité le plus convenable à notre genre d'affaires.

Notre associé, spécialement chargé de surveiller les écritures, nous propose une comptabilité d'après les principes ordinaires; mais notre sieur Abrial, de son côté, insiste pour que nous lui préférions un autre système qui abrégerait, selon lui, considérablement les écritures en partie double, et présenterait en outre d'autres avantages essentiels ; il veut parler de la méthode de tenir les livres par le moyen d'un seul registre, dite du *Journal grand-livre* et surtout *d'une manière très simple de tenir les comptes courants.*

Il paraîtrait qu'on y remplace le grand-livre simplement par des colonnes placées sur le feuillet droit, en regard du journal, qui est tenu sur le feuillet gauche, et qu'on évite, à l'aide de quelques modifications aux livres auxiliaires, opérées par de simples colonnes, la majeure partie du travail qu'occasionnent, sur le journal et le grand-livre en partie double, les écritures relatives aux comptes courants des correspondants.

Précisément, dans la maison dont nous prenons la suite, il existe une quantité considérable de comptes courants destinée encore à s'accroître indéfiniment ; le travail qui en résulterait serait donc immense par la méthode ordinaire et si nous ne trouvons pas un expédient pour y remédier.

A ce point de vue, l'innovation dont il s'agit nous serait précieuse et conviendrait parfaitement à nos vues de simplifications.

Notre sieur Abrial croit se rappeler que ce genre de comptabilité était en usage dans la maison que l'un de vous, Messieurs, dirigeait autrefois au Havre. — S'il est vrai que cette méthode, qui diffère de celle généralement adoptée, vous soit connue par sa pratique, nous vous serions très reconnaissants de nous dire votre sentiment sur ses inconvénients et ses avantages.

Votre avis, éclairé par l'expérience, sera d'un grand poids à nos yeux pour fixer notre indécision et nous guider dans le choix définitif qu'il nous reste à faire.

Ce serait ajouter au prix du service que vous allez nous rendre par vos bons avis, en nous les transmettant aussitôt que vos affaires vous le permettront.

Dans cette attente, et désirant que notre demande ne vous semble pas trop indiscrète, nous vous prions d'agréer, Messieurs, la nouvelle assurance de nos sentiments dévoués.

ABRIAL et Cie.

Paris, le... 18...

Messieurs Abrial et Cie, à Marseille.

Nous nous empressons, Messieurs, de répondre à la lettre que vous nous avez fait l'honneur de nous écrire le 7 du courant, réclamant nos conseils sur le choix d'une comptabilité nouvelle que vous vous proposez d'organiser dans la maison de banque dont vous venez de prendre la suite.

Vous nous demandez notre opinion sur les inconvénients et les avantages que pourrait présenter un mode abrégé de tenir les livres par le moyen d'un seul registre : le journal grand-livre, et sur une *manière très abrégée de tenir les comptes courants.*

Nous vous dirons d'abord, Messieurs, que dans notre maison nous avons cru devoir suivre la marche ordinaire, et tenir un journal et un grand-livre séparés, sans prétendre à une économie de temps et de commis trop sévère. Nous avons pensé que l'étendue de nos affaires et surtout l'importance de nos comptes courants, moins nombreux que considérables par les sommes élevées qu'ils comprennent, ne nous permettaient pas d'abandonner la méthode généralement adoptée.

Il est bien vrai que beaucoup de grandes maisons de commerce anglaises ont des systèmes de comptabilité très variés, et nous dirions presque de fantaisie ; à ce point que les uns ont des journaux sans grand-livre ; d'autres ont des grands-livres sans journal, auquel ils suppléent en rapportant directement des mains courantes au grand-livre ; ils ont enfin divers autres procédés toujours dans le but d'abréger le travail de la tenue des écritures. Mais nous n'en avons pas saisi les avantages assez nettement pour nous décider à abandonner la marche universellement usitée.

Quant à la méthode française par le moyen d'un seul registre, déjà répandue dans le commerce de Paris, elle est régulière et présente des avantages réels dans les maisons surchargées de détails et de comptes courants. Il est bien certain qu'elle y introduit une économie notable de travail, et par conséquent de commis dans la tenue des écritures relatives aux comptes courants, qui est, sans contredit, la partie la plus développée et la tâche la plus onéreuse d'une comptabilité. Cette abréviation provient de ce qu'on rapporte directement aux comptes des correspondants les articles qu'on extrait des livres auxiliaires tenus par les commis subalternes, qui peuvent eux-mêmes effectuer ce travail de report sans le besoin des livres en partie double ni le concours des teneurs de livres de la comptabilité centrale.

C'est là un grand avantage parce qu'on évite des travaux qui deviennent excessifs lorsqu'on a des correspondants nombreux, et que les écritures des comptes particuliers sont tenues sur le journal et le grand-livre en partie double.

Telle est, Messieurs, notre opinion rapide sur cette méthode ; et pour remédier à ce qu'elle pourrait vous laisser encore de vague dans l'esprit, nous avons invité notre chef de comptabilité, qui l'a pratiquée lui-même, à vous adresser directement toutes les instructions qu'il croira devoir vous intéresser.

Nous terminerons, Messieurs, en vous remettant, sous ce pli, la note des livres auxiliaires que nous avons adoptés dans notre maison de banque ; c'est sur ces livres que les affaires sont inscrites à mesure qu'elles ont lieu.

Vous le savez, Messieurs, lorsque ces livres premiers sont disposés avec intelligence, ils contribuent puissamment à la précision de la comptabilité centrale en partie double.

Nous désirons que vous y trouviez quelques notions qui vous soient utiles, et nous vous prions d'agréer nos bien affectueuses salutations.

G. CACCIA et Cie.

LIVRES AUXILIAIRES D'UNE MAISON DE BANQUE.

1º *La copie des lettres*. — Toutes les lettres y sont copiées dans l'ordre de leur date, et si l'on fait usage d'une presse, les épreuves doivent être rangées dans l'ordre chronologique et reliées tous les mois, plus ou moins.

On classe aussi les lettres qu'on reçoit par ordre alphabétique, selon l'initiale du nom du correspondant dans un casier; et toutes celles du même correspondant sont rangées entre elles par ordre de date.

2º *Le livre d'inventaire*. — Il est prescrit par le Code, et doit être timbré, coté et paraphé.

La caisse. — Ce livre, tenu par entrée et sortie, et par ordre de date, peut être divisé en deux livres : l'un de *Recettes* et l'autre de *Payements*, ce qui permet à deux employés d'y travailler à la fois.

Chacune de ces mains courantes se subdivise en deux, l'une des jours *pairs* et l'autre des jours *impairs*, afin que les teneurs de livres puissent se servir des livres de la veille, tandis que ceux du jour restent à la disposition des commis qui les tiennent.

Dans les moments de presse ou de surcroît d'opérations, on peut démembrer une branche de recette ou de payement à laquelle on affecte un guichet particulier et une main courante spéciale.

A la fin du jour toutes ces feuilles particulières et ces mains courantes sont remises à la comptabilité centrale qui en passe écriture en partie double, comme s'il n'y avait qu'un seul livre de caisse.

Dans une maison très importante, le caissier principal a un seul livre par recette et dépense, présentant le solde en caisse à la fin de la journée.

Ce caissier remet à la comptabilité :

1º Des feuilles de *recettes* du jour avec des bordereaux à l'appui, qui sont exigés de ceux qui viennent verser ou payer.

2º des feuilles de *payements* du jour avec pièces justificatives.

D'après ces feuilles de caisse, la comptabilité dresse le *journal des recettes* et le *journal des dépenses* dont il sera parlé plus loin

Quant aux titres de caisse, l'archiviste classe : 1º ceux de recette dans un paquet portant la date du jour.

2º Ceux de payements, qui sont beaucoup plus nombreux, sont classés alphabétiquement en deux paquets, l'un de A à K, et l'autre de L à Z, selon l'initiale du correspondant débiteur.

4° *Le livre des comptes courants et d'intérêts*. — C'est la copie littérale ou plutôt l'original des extraits de compte envoyés à chaque correspondant.

Ce livre n'est autre chose que la répétition, avec détails, des comptes ouverts sur le grand-livre; il existe entre eux cette différence qu'au grand-livre les remises et les explications sont portées très sommaires, tandis que sur le livre auxiliaire, l'arrangement est différent à cause du calcul des intérêts qui nécessite des colonnes spéciales d'échéances, de jours et de nombres; mais ces comptes courants, si différents par la forme de ceux du grand-livre, doivent cependant concorder exactement par le solde, avec ces derniers.

Nota. Dans la méthode abrégée du *Journal grand-livre*, le double emploi ci-dessus des mêmes comptes au grand-livre et au livre des comptes courants disparaît. On n'ouvre pas de comptes de correspondants sur le grand-livre en partie double ; un seul compte général intitulé *comptes courants*, les représente tous. Mais les écritures relatives aux comptes courants des ayants-compte sont extraites directement des livres auxiliaires pour être rapportées sur le livre des comptes courants et d'intérêts, sans l'intermédiaire des livres de la partie double. On verra plus loin que ce rapport direct s'opère avec des contrôles satisfaisants.

Ce *livre des comptes courants et d'intérêts* est divisé en quatre livres, plus ou moins, où les comptes sont classés alphabétiquement par l'initiale du nom des correspondants, par exemple de A à D, de F à L, de N à R et de S à Z. Il est clair que ces divisions du registre des comptes courants pourraient être plus nombreuses et se subdiviser autant qu'on le voudrait.

Quant au calcul des intérêts, on y suit la méthode des intérêts négatifs, autrement dite des intérêts *rétrogrades*, généralement adoptée, et rendue encore plus prompte à l'aide des nouvelles tables d'intérêt (1) où les *nombres* et les intérêts se trouvent tout calculés.

On ne calcule plus les intérêts par *nombres* maintenant dans certaines maisons; et l'on chiffre en francs et en centimes les intérêts calculés par la voie des parties aliquotes (2).

Voici la disposition de ce livre qui est divisé en colonnes : la 1re celle des dates ; la 2e des sommes totales; la 3e intérieure des sommes; la 4e, très étroite, du taux des commissions et changes; la 5e du produit desdits; la 6e, large, des explications; la 7e des échéances; la 8e du nombre des jours, et la 9e des *nombres* ou, si l'on veut, des intérêts exprimés en francs.

La même disposition et le même nombre de colonnes existent au crédit.

5° Le *livre d'entrée des effets*, appelé quelquefois *livre des numéros*, sur

---

(1) Tables ou calculs tout faits d'intérêts, à tous les taux usités, pour toutes les époques et toutes les sommes, depuis 1 franc jusqu'à 30,000 et même 3 millions, avec les *nombres* ou produits de la multiplication des capitaux par les jours, *du même auteur*.

(2) On a l'aide des tables déjà citées · voir *Arithmétique commerciale et pratique*.

lequel on enregistre immédiatement, par ordre de date, toutes les valeurs qui entrent. Chaque effet reçoit un numéro *d'entrée*, et doit être décrit par la désignation succincte qu'on en fait dans les colonnes intitulées : *dates de création, tireurs d'ordre, cédants, payeurs, lieux de payement, échéance, sommes.*

Quelques maisons font copier textuellement les effets; c'est un soin dont on ne reconnaît l'utilité que rarement.

Les dispositions de ce livre occupent les deux feuillets en regard ainsi qu'il suit :

Outre les colonnes intitulées comme ci-dessus que nous supposons au nombre de six seulement; car les cédants sont mis en vedette, en tête de chaque remise, composée de plusieurs effets; il y a :

a. Une étroite colonne pour placer le *nombre* d'effets de chaque remise;

b. La colonne, intitulée *sommes*, pour les y inscrire en détail;

c. Une autre pour y placer le *total* des sommes précédentes composant chaque remise.

Ces deux dernières colonnes se contrôlent mutuellement et doivent donner la même somme.

Enfin à la suite et comme complément, il y a des colonnes ci-après relatives à la sortie des effets qui viennent d'entrer;

d. Une colonne intitulée *à qui cédés*;

e. Une étroite colonne des *folios* de sortie;

f. Une colonne des *sommes* où doit être répétée la somme de l'entrée;

g. La dernière colonne où l'on place l'un sur l'autre les nets produits et l'agio de la remise pour faciliter le rédacteur du journal.

Sont occupés à ce livre essentiel, un *coteur*, 8 employés pour enregistrer les effets et deux *pointeurs* pour inscrire au livre d'entrée la sortie des effets.

Ce livre d'entrée des effets sera divisé en quatre livres, plus ou moins, où les remises seront classées alphabétiquement, par l'initiale des *cédants* ou correspondants, de A à E, de F à K, ainsi de suite.

De plus, il y a des séries désignées par lettres, et enfin chacun de ces livres se *subdivise* en jours *pairs* et *impairs.*

Quelquefois même, dans certains jours, comme les 15 ou 31, il y a des employés qui viennent en aide, et qui inscrivent sur des feuilles supplémentaires. Elles sont reliées à la fin du mois.

6° Le *livre de sortie des effets*, où sont inscrits par ordre de dates toutes les valeurs qui sortent. On donne à chaque effet un numéro d'ordre de *sortie* en encre *rouge*; on décrit l'effet en l'inscrivant par des désignations sommaires dans les colonnes comme à l'entrée, mais moins nombreuses.

Toutes les divisions par entrée et sortie, par ordre alphabétique, par jours *pairs* et *impairs*, sont employées pour le livre de sortie, comme pour le livre d'entrée précédent.

Ces deux livres auxiliaires correspondent exactement par les additions, l'entrée avec le débit du compte d'effets à recevoir au grand-livre, et la sortie avec le crédit de ce compte.

On place les numéros d'ordre de sortie d'un effet à côté de son numéro d'entrée ; il en résulte que tous les effets qui n'ont pas, à côté de leur numéro d'entrée celui *en rouge* de sortie, sont ceux qui restent dans le portefeuille.

7° Le *livre de rentrée des effets à payer.* — Ce livre est tenu dans le même système que l'entrée des effets à recevoir ; chaque valeur acquittée reçoit un numéro de *rentrée.*

8° Le *livre de sortie des effets à payer.* — Sur lequel on enregistre, au moment même où on les souscrit, les effets ou les acceptations, et dès qu'on reçoit l'avis de mandats ou de traites, en donnant à chacun des effets à payer un numéro d'ordre, et les décrivant succinctement dans des colonnes avec des intitulés à peu près semblables à ceux des précédents auxiliaires, pour l'entrée et la sortie des effets à recevoir. On échange également les numéros d'entrée et de sortie, comme aux effets à recevoir.

Ces deux livres d'entrée et de sortie des effets à payer peuvent être, en certains cas, réunis en un seul, et dans d'autres, où la nécessité du travail l'exige, ils sont, au contraire, susceptibles de toutes les subdivisions indiquées pour les effets à recevoir.

Ce livre auxiliaire doit concorder parfaitement, pour les sommes, avec le débit et le crédit du compte général ouvert sur le grand-livre en partie double, aux effets à payer.

9° *Le livre de dépenses et bénéfices.* — On peut tenir une main-courante ou journal spécial dans lequel on classerait les dépenses de toute nature, telles que, appointements, loyers, ports de lettres, etc. ; et d'un autre côté les gains, provenant d'escomptes, commissions, etc. ; ce livre qu'on peut diviser en deux, *dépenses* d'une part et *bénéfices* de l'autre, se subdiviserait encore au besoin. Mais dans tous les cas il correspondrait pour les résultats avec le compte de pertes et profits du grand-livre.

Nous avons supprimé cet auxiliaire, les comptes généraux de la partie double en tenant lieu suffisamment.

9° *bis.* Le *Mémorial de Correspondance* ; toutes les écritures qui ne proviennent pas des feuilles de caisse, des livres d'entrée et sortie des effets à recevoir et à payer et qu'on extrait de la correspondance, sont portées sur ce livre ; toujours divisé en jours *pairs* et *impairs*, il donne lieu à une subdivision du journal appelé *Journal de Correspondance.*

10° Le *livre* ou *carnet d'échéances.* — Ce livre d'ordre important doit être partagé en autant de divisions qu'il y a de jours d'échéance dans l'année. Dès qu'un effet est inscrit sur un des livres d'entrée ou de sortie des effets à recevoir ou à payer, il faut le rapporter à son jour d'échéance, avec sa description sommaire faite dans des colonnes qui y sont pratiquées, et intitulées à peu près semblablement aux livres dont ils proviennent.

Il peut y avoir le carnet d'échéances à recevoir, et un autre d'échéances à payer; mais on peut, en certains cas, réunir ces livres en un seul, et cela sans aucun inconvénient, puisque c'est simplement un livre d'ordre, d'arrangement, d'où l'on ne tire aucun article d'écritures.

11° *Le livre des renseignements.* — On écrit sur ce livre les renseignements recueillis sur chacun des ayants compte, afin qu'en l'absence du chef, son suppléant puisse l'interroger au besoin et se diriger d'après les notes qu'il renferme.

On peut tenir en outre un *livre des signatures.*

12° *Le livre des bilans.* — Dans certaines maisons et aux époques où les affaires prennent des développements considérables, on tient un livre de *bilans*, où le chef de comptabilité établit l'état de situation générale chaque semaine, chaque quinzaine, tous les mois.

REGISTRES DE LA PARTIE DOUBLE.

13° *Le journal.* — Comme un seul commis ne peut pas tenir les écritures qu'il nécessite, surtout lorsqu'on ouvre les comptes des correspondants sur le grand-livre, il faut diviser le journal en plusieurs parties, sous les noms de *Journal de caisse, Journal des effets à recevoir, Journal des effets à payer, Journal de correspondance*, etc.; de plus on peut subdiviser chacun en deux parties; journal des *recettes* et journal des *dépenses*, journal *d'entrée* des effets et journal de *sortie*, et ainsi de suite; enfin en journaux pour les jours pairs et les jours impairs, par le motif déjà énoncé, qu'une partie des employés écrivent sur les livres pairs, tandis que l'autre partie des employés travaillent d'après les livres impairs.

14° *Le grand-livre.* — Un seul registre ne suffit pas; on le divise, si l'on veut, en autant de parties différentes qu'il y en a au journal; en général on peut se contenter d'un grand-livre pour les comptes généraux et d'un autre pour les comptes des correspondants; mais on subdivise ce dernier en quatre registres, plus ou moins, de A à E, de F à K et ainsi de suite, selon le plus ou moins de comptes à ouvrir.

Chaque compte est classé alphabétiquement d'après l'initiale de son nom. L'ensemble de ces comptes s'appelle quelquefois le *petit grand-livre.*

Telle est la série des livres que la nécessité ou les exigences du travail nous ont conduits à créer; ils sont combinés ou subdivisés de manière à faire opérer sans trouble et sans embarras un immense travail par une grande quantité de commis qui ne restent jamais dans l'inaction.

Mais, dans une maison qui embrasse moins d'affaires, au lieu de subdiviser ces auxiliaires, on peut au contraire les concentrer et en réunir plusieurs, jusqu'à ce point de n'en avoir qu'un seul; ainsi dans certaines maisons, opérant en grand, mais exemptes de détails, on fait usage de l'*auxi-*

liaire général (1) qui, au moyen de colonnes, remplace tous les autres livres que nous venons d'énumérer.

13° (bis) *Le Chiffrier* (nous avons omis en son rang ce livre d'aide). — Ce sont des feuilles divisées en colonnes par débit et crédit, sur lesquelles, au fur et à mesure qu'on rapporte les articles au grand-livre, on inscrit une seconde fois seulement la somme dans la colonne du débit ou du crédit du chiffrier.

A la fin de chaque jour, on fait la balance des sommes qui y ont été rapportées; si elle n'est pas juste, on trouve facilement l'erreur dans un intervalle assez court; et l'on comprend que ce travail journalier assure l'exactitude de la balance de vérification à faire chaque mois ou au moins chaque trimestre.

———————

Marseille, le... 18...

Messieurs J. C. Caccia et Cⁱᵉ.

Nous sommes très reconnaissants des précieuses indications que le sieur Caccia a pris la peine de tracer de sa propre main dans la lettre que vous nous avez fait l'honneur de nous adresser le 21 du mois courant et de la note sur les auxiliaires qui y était jointe.

Nous voudrions pouvoir adopter la méthode suivie par vous et qui convient parfaitement à une maison comme la vôtre, et qui n'a qu'un nombre limité de comptes importants.

Mais, bien loin d'être dans les mêmes conditions, notre maison est appelée à tenir une quantité illimitée de comptes pour des affaires sans importance qui se renouvellent chaque jour.

Il nous faudrait une légion d'employés, si nous n'avons pas recours à un système abrégé, mais régulier, tel que celui dont vous nous entretenez dans votre dernière lettre; à la première vue et sur ce que vous nous en dites sommairement, il nous paraît devoir répondre à nos vues, sous le rapport de l'économie de temps et de commis, économie que la nature de nos affaires nous commande de rechercher par tous les moyens.

Nous apprenons donc avec plaisir l'invitation, par vous faite au chef de votre comptabilité, de nous adresser un exposé de ce système; vous nous rendez, Messieurs, un véritable service.

Nous serons reconnaissants des renseignements que votre chef de comptabilité prendra la peine de nous donner avec développement, sur un sujet qui nous intéresse à un si haut degré.

Agréez, Messieurs, la nouvelle expression de toute notre gratitude.

ABRIAL ᴇᴛ Cⁱᵉ.

(1) Voir le livre déjà cité, paragraphe 328, 24ᵉ édition, ou page 220.

Paris, le... 18...

Messieurs Abrial et Cie, à Marseille.

Messieurs T. et Cie m'ont fait connaître que vous désiriez avoir quelques renseignements sur le système de comptabilité en partie double, par le moyen d'un seul registre. Je dois avant tout vous prévenir, Messieurs, qu'il en est parlé dans divers auteurs, que notamment l'inventeur en a fait l'exposition avec un certain développement dans son livre (1).

Au surplus cette innovation, qui n'en est plus une aujourd'hui, puisqu'elle est répandue dans le commerce, ne repose que sur une idée fort simple, et que voici :

Le journal et le grand-livre sont en regard sur le même registre ; le journal est tenu selon les règles ordinaires, sur le feuillet gauche, et le grand-livre est remplacé par des doubles colonnes pratiquées sur le feuillet droit, en nombre égal à celui des comptes généraux figurant au journal ; ces colonnes doubles, c'est-à-dire partagées en débit et crédit, portent chacune l'intitulé d'un compte dont elle tient lieu, de manière qu'on n'a besoin de rapporter dans ces colonnes, que les sommes de l'article du journal, sans aucunes explications, puisqu'elles sont en entier, sur la même ligne dans le feuillet du journal.

Le travail du report au grand-livre disparaît donc ici presque entièrement ; mais ce n'est encore là qu'une abréviation secondaire.

Le plus grand format d'un feuillet de registre ne pouvant tout au plus contenir que 10 à 12 colonnes, on est forcé de restreindre le nombre des comptes généraux à ce nombre limité, qui suffit par la raison qu'outre les cinq comptes généraux, de caisse, effets à recevoir, effets à payer, marchandises générales, de pertes et profits, qui sont le plus souvent indispensables, on se contente d'ouvrir :

Une *sixième* colonne intitulée *comptes divers*, dans laquelle sont confondus et rapportés les articles des autres comptes généraux, forts courts, tels que capital, balance d'entrée, etc., qui n'ont ordinairement qu'un seul article dans le courant de l'année.

Et enfin une *septième* colonne, qu'on intitule *comptes courants* à l'aide de laquelle s'accomplira l'abréviation la plus importante ; en effet, elle est destinée à remplacer tous les comptes particuliers des correspondants ou des ayants compte, quel qu'en soit le nombre. On y rapporte, au débit et au crédit, en bloc et par totaux, tous les articles qui doivent aller au débit ou au crédit des comptes particuliers.

Il faut tenir à part, bien entendu, un livre de comptes courants, où l'on

(1) Traité déjà cité.

ouvre un compte particulier, indispensable, à chaque ayant compte, par débit et crédit, sous son nom propre, et qu'on tient constamment à jour comme il sera expliqué plus loin, en y rapportant directement les articles extraits des autres livres auxiliaires.

Il suffirait donc à la rigueur de 7 colonnes, et il en resterait 4 à 5 disponibles pour ouvrir les comptes qu'on veut tenir isolément, tels que effets publics, usines spéciales, navire, propriété, ou tout autre qui peut intéresser particulièrement.

Cet expédient de n'ouvrir en partie double qu'un seul compte général pour tous les comptes des correspondants, permet de passer en un seul article fort simple, la recette en argent opérée dans le jour, la semaine ou le mois, de plusieurs centaines de correspondants ; ainsi :

Caisse a comptes courants fr. 30,260 reçus de divers dans le jour, la semaine ou le mois, dont détail à l'entrée de la caisse f⁰　.

On passe un article analogue de comptes courants a caisse, pour les payements, deux autres pour l'*entrée* et la *sortie* des effets à recevoir, deux pour les effets à payer et ainsi de suite pour les auxiliaires.

On comprend qu'on parvient ainsi au plus haut degré de simplification des écritures en partie double, le journal et le grand-livre ne présentant plus que des totaux sommaires et des résultats généraux ; toutes les écritures relatives aux comptes courants en ont presque entièrement disparu et sont tenues, sans le concours de la partie double, d'après les livres auxiliaires, avec un contrôle qu'il nous reste à expliquer.

Ce contrôle s'opère simplement à l'aide d'une colonne intitulée *comptes courants* qu'il faut ajouter dans chacun des auxiliaires, d'où l'on extrait les articles du débit et du crédit des comptes. Cette colonne une fois pratiquée, lorsqu'on inscrit les articles sur l'auxiliaire, après avoir placé la somme d'abord dans la colonne ordinaire, il faut avoir le soin de l'inscrire une seconde fois dans la nouvelle colonne dont nous venons de parler, intitulée *comptes courants*, pour, de là, être rapportée au débit ou au crédit du compte particulier qu'elle concerne.

Il en résulte nécessairement que les additions de ces colonnes intitulées *comptes courants* doivent concorder exactement avec les additions des comptes du livre auxiliaire qu'on fait tous les mois ; car rien n'est rapporté a ce livre qui ne soit extrait de ces colonnes : tel est le contrôle qu'on obtient mensuellement et qui remplace la balance de la vérification ordinaire.

Cette manière de tenir les comptes courants réduit sans contredit infiniment le travail. On peut la suivre dans la méthode ordinaire, sans adopter le journal-grand-livre et en conservant un grand-livre séparé du journal. Il suffit de pratiquer une colonne dans chaque livre auxiliaire, et d'ouvrir un seul compte général des *comptes courants*.

Je désire, Messieurs, que vous trouviez dans ces renseignements rapides, des notions suffisantes pour vous guider dans le choix de l'organisation de votre comptabilité ; vous pouvez en outre avoir recours à l'ouvrage déjà cité, et, dans tous les cas, je me tiens à votre disposition pour éclaircir les points obscurs ou aplanir les difficultés d'exécution que vous pourriez rencontrer.

J'ai l'honneur d'être, avec un entier dévouement, Messieurs, votre très humble serviteur.

BENIS.

Marseille, le... 18...

Messieurs J. Caccia et Cie,

Nous vous remercions des renseignements que vous nous avez donnés et fait donner par votre chef de comptabilité sur le système d'écritures qui avait attiré notre attention. Nous ne sommes pas certains qu'il soit, en entier, parfaitement applicable à la nature de nos opérations.

Mais nous emprunterons probablement à chacune des deux méthodes une partie de ce qu'elle a d'avantageux pour en composer un système mixte suffisamment abrégé, et qui ne s'éloignera pas trop de l'usage admis.

Ainsi, nous adopterons l'abréviation relative à la tenue des comptes courants sur les livres en partie simple, parce qu'elle offre trop d'avantages pour être négligée, et qu'elle n'exige, pour être applicable, que quelques modifications de colonne, aux livres auxiliaires quels qu'ils soient.

En ajoutant à l'entrée et sortie de nos auxiliaires une colonne intitulée *comptes courants*, pour y placer la somme de chaque article et la rapporter ensuite directement au débit ou au crédit du compte particulier, ouvert sur le livre auxiliaire des comptes courants, nous obtiendrons le contrôle recherché, c'est-à-dire la concordance qui doit exister entre les additions du livre et celles des colonnes.

Ce qui nous plaît, c'est que les commis subalternes suffiront pour tenir constamment à jour le compte courant de nos ayants compte et que les écritures en partie double de la comptabilité centrale se trouvent réduites à fort peu de chose, puisqu'au lieu de milliers de noms à débiter et créditer, et sur le journal et sur le grand-livre, on ne débite ou crédite que le seul compte de comptes courants ; c'est là la grande abréviation.

Voilà, si nous l'avons bien compris, à quoi se réduit le mécanisme nouveau et les simplifications principales qu'il introduit.

Quant à nos comptes généraux du grand-livre, ils sont trop nombreux et trop intéressants à nos yeux, pour ne pas les tenir, avec quelques détails, sur un grand-livre séparé, selon la méthode ordinaire. Nous nous arrêterons donc sans doute à ce terme moyen, sans user du journal-grand-livre.

Nous adoptons aussi pour le calcul des intérêts, la méthode des intérêts négatifs ou rétrogrades qui est si commode, et à mesure qu'on rapportera les articles à l'auxiliaire des comptes courants, on placera de suite, dans leur colonne respective, le chiffre des jours, les nombres ou les intérêts que nous trouvons tout calculés dans les tables d'intérêts que vous nous avez indiquées ; ceci nous évitera encore des lenteurs, beaucoup de travail et de erreurs.

Agréez de nouveau nos remerciements sincères, et les témoignages réitérés de notre gratitude.

J. ABRIAL et Cⁱᵉ.

SOCIÉTÉ RAYMOND ET BÉRARD

GRAND-LIVRE

Nota. — *Le lecteur a vu que la partie du Journal, de la page 181 à la page 190, n'est accompagnée d'aucune référence au Grand-Livre; notre intention a été que l'élève s'exerçât lui-même à en faire la translation, et nous nous bornons ici à relever sommairement les comptes ressortant dudit Journal, sans plus de références, de manière seulement à fournir à l'élève un contrôle de son travail.*

Doit   CAPITAL

Doit   NOTRE SIEUR

Janvier	2	A CAPITAL............................	600000	»

Doit   NOTRE SIEUR RAYMOND

Janvier	2	A CAPITAL.........................	300000	»
»	2	A DIVERS...........................	81787	86
			381787	86

Doit   NOTRE SIEUR RAYMOND

Avoir

Janvier	2	Par DIVERS........................	900000	»

BÉRARD *Avoir*

Janvier	2	Par CAISSE.......................	400000	»

SON COMPTE DE MISE DE FONDS *Avoir*

Janvier	2	Par DIVERS........................	362234	95
»	8	— —	19552	91
			381787	86

SES VERSEMENTS A 6 % *Avoir*

Janvier	8	Par ENTREPRISE NAVIRE *Duc de Bordeaux*..	18447	09

Doit   CAISSE

Janvier	2	A NOTRE SIEUR BÉRARD...............	400000	»
»	2	A NOTRE SIEUR RAYMOND, *mise de fonds*.	44427	68
»	20	A DIVERS.........................	113000	»
»	27	A DIVERS.........................	39724	»
Mars	3	A INTÉRESSÉS SUR LE NAVIRE *le Pactole*.	75000	»
Août	31	A EXPÉDITION A BOURBON............	141000	»
Sept.	2	A EXPÉDITION A LA MARTINIQUE.......	301500	»
			1114651	68

Doit   EFFETS A

Janvier	2	A NOTRE SIEUR RAYMOND, *mise de fonds*.	15884	38
»	2	A C^to *de R*, *ses billets à un an*...........	26908	»
			42792	38

Doit   RENTES SUR

| Janvier | 2 | A NOTRE SIEUR RAYMOND, *mise de fonds*.. | 216000 | » |

Avoir

Janvier	8	Par ENTREPRISE NAVIRE *Duc de Bordeaux* .	41000	»
»	10	Par EXPÉDITION A BOURBON...............	92000	»
»	10	Par ENTREPRISE NAVIRE *Duc de Bordea x* .	24000	»
»	20	Par EXPÉDITION A BOURBON............	8000	»
Février	28	Par EXPÉDITION A LA MARTINIQUE.......	114000	»
»	5	Par ENTREPRISE SUR LE NAVIRE *le Pactole*.	70000	»
Août	31	Par EXPÉDITION A BOURBON............	12000	»
Sept.	2	Par EXPÉDITION A LA MARTINIQUE.......	7500	»
			368500	»

RECEVOIR   *Avoir*

L'ÉTAT   *Avoir*

Doit   MARCHANDISES

Janvier	2	A NOTRE SIEUR RAYMOND, *mise de fonds.*	50000	»

Doit   ACTIONS DE LA COMPAGNIE

Janvier	2	A NOTRE SIEUR RAYMOND, *mise de fonds..*	6000	»

Doit   BANQUE

Janvier	2	A NOTRE SIEUR RAYMOND, *mise de fonds..*	3228	»

Doit   OBLIGATIONS

Janvier	2	A NOTRE SIEUR RAYMOND, *mise de fonds..*	10000	»

GÉNÉRALES

Avoir

LE SOLEIL

Avoir

DE FRANCE

Avoir

HYPOTHÉCAIRES

Avoir

Doit   ARNAUD

Janvier	2	A NOTRE SIEUR RAYMOND, *mise de fonds*..	16694	58

Doit   EFFETS

Doit   LEBRUN

Doit   DARNAY

Avoir

A PAYER

Avoir

Janvier	2	Par NOTRE SIEUR RAYMOND, *mise de fonds*..	68321	20
»	10	Par EXPÉDITION A BOURBON.	8000	»
Février	28	Par EXPÉDITION A LA MARTINIQUE......	10200	»
Juillet	1	Par EXPÉDITION A BOURBON...........	1300	»
			87821	20

Avoir

Janvier	2	Par NOTRE SIEUR RAYMOND, *mise de fonds*.	4000	»

Avoir

Janvier	2	Par NOTRE SIEUR RAYMOND, *mise de fonds*.	1233	33

Doit NANTEUIL

Doit BOYER

Doit BULTON

Doit ENTREPRISE SUR LE

Janvier	8	A DIVERS........		79000	»
»	10	A CAISSE.		24000	»
»	27	A PERTES ET PROFITS...............		7000	»
				110000	»

Avoir

Janvier	2	Par NOTRE SIEUR RAYMOND, *mise de fonds*.	6000	»

Avoir

Janvier	2	Par NOTRE SIEUR RAYMOND. *mise de fonds*.	1233	33

Avoir

Janvier	2	Par NOTRE SIEUR RAYMOND, *mise de fonds*.	1000	»

NAVIRE *DUC DE BORDEAUX*   *Avoir*

Janvier	8	Par EXPÉDITION A BOURBON, ...	110000	»
			110000	«

Doit   EXPÉDITION

Janvier	8	A ENTREPRISE SUR NAVIRE *Duc de Bordeaux.*	110000	»
»	10	A DIVERS	100000	»
»	20	A DIVERS	14540	»
Juillet	1	A EFFETS A PAYER	1300	»
Août	31	A CAISSE	12000	»
»	31	A DIVERS	127700	»
			365540	»

Doit   VILLEBOGARD

Janvier	27	A EXPÉDITION A BOURBON	44908	»
			44908	»

Doit   GAUTIER ET

Janvier	27	A EXPÉDITION A BOURBON	44908	»
			44908	»

A BOURBON *Avoir*

Janvier	27	Par DIVERS............................	224540	»
Août	31	Par CAISSE............................	141000	»
			365540	»

Avoir

Janvier	20	Par CAISSE............................	35000	»
»	27	Par CAISSE............................	9908	»
			44908	»
Août	31	Par EXPÉDITION A BOURBON............	25540	»

RAMSAY *Avoir*

Janvier	20	Par CAISSE............................	30000	»
»	27	Par CAISSE............................	14908	»
			44908	»
Août	31	Par EXPÉDITION A BOURBON............	25540	»

Doit   GÉNÉRAL

Janvier	27	A EXPÉDITION A BOURBON...............	44908	»
			44908	»

Doit   COMTE DE R.

Janvier	27	A EXPÉDITION A BOURBON	44908	»
			44908	»

Doit   PERTES ET

Doit   INTÉRÊTS SUR LE NAVIRE

Janvier	27	A EXPÉDITION A BOURBON.............	44908	»

COMTE D'H. *Avoir*

Janvier	20	Par CAISSE...........................	30000	»
»	7	Par CAISSE...........................	14908	»
			44908	»
Août.	31	Par EXPÉDITION A BOURBON...........	25540	»

Avoir

Janvier	20	Par CAISSE...........................	18000	»
»	27	Par EFFETS A RECEVOIR..............	26908	»
			44908	»
Août.	31	Par EXPÉDITION A BOURBON...........	25540	»

PROFITS *Avoir*

Janvier	20	Par EXPÉDITION A BOURBON............	6540	»
Février	28	Par EXPÉDITION A LA MARTINIQUE......	6651	»
Sept.	2	Par ENTREPRISE SUR NAVIRE *Duc de Bordeaux*	7000	»
			20191	»

LE *DUC DE BORDEAUX* *Avoir*

Août.	31	Par EXPÉDITION A BOURBON...........	25540	»

Doit   ENTREPRISE SUR

| Février | 5 | A CAISSE............................. | 70000 | » |

Doit   INTÉRÊT SUR

| Février | 28 | A EXPÉDITION A LA MARTINIQUE........ | 48531 | » |

Doit   EXPÉDITION A

Février	28	A DIVERS.............................	228351	»
Sept.	2	A CAISSE.............................	750	»
»	2	A DIVERS.............................	294000	»
			529851	»

Doit   INTÉRESSÉS SUR

| Février | 28 | A EXPÉDITION A LA MARTINIQUE........ | 180000 | » |
| | | | 180000 | » |

LE NAVIRE LE *PACTOLE*   *Avoir*

Février	28	Par EXPÉDITION A LA MARTINIQUE......	97500	»

LE NAVIRE LE *PACTOLE*   *Avoir*

Sept.	2	Par EXPÉDITION A LA MARTINIQUE......	62282	40

LA MARTINQUE   *Avoir*

Février	28	Par INTÉRESSÉS SUR LE NAVIRE *le Pactole*.	180000	»
»	28	Par INTÉRÊTS SUR LE NAVIRE *le Pactole*...	48351	»
Sept.	2	Par CAISSE....................	301500	»
			529851	»

LE NAVIRE LE *PACTOLE*   *Avoir*

Mars	3	Par CAISSE........	75000	»
Sept.	2	Par EXPÉDITION A LA MARTINIQUE....	231717	60
			306717	60

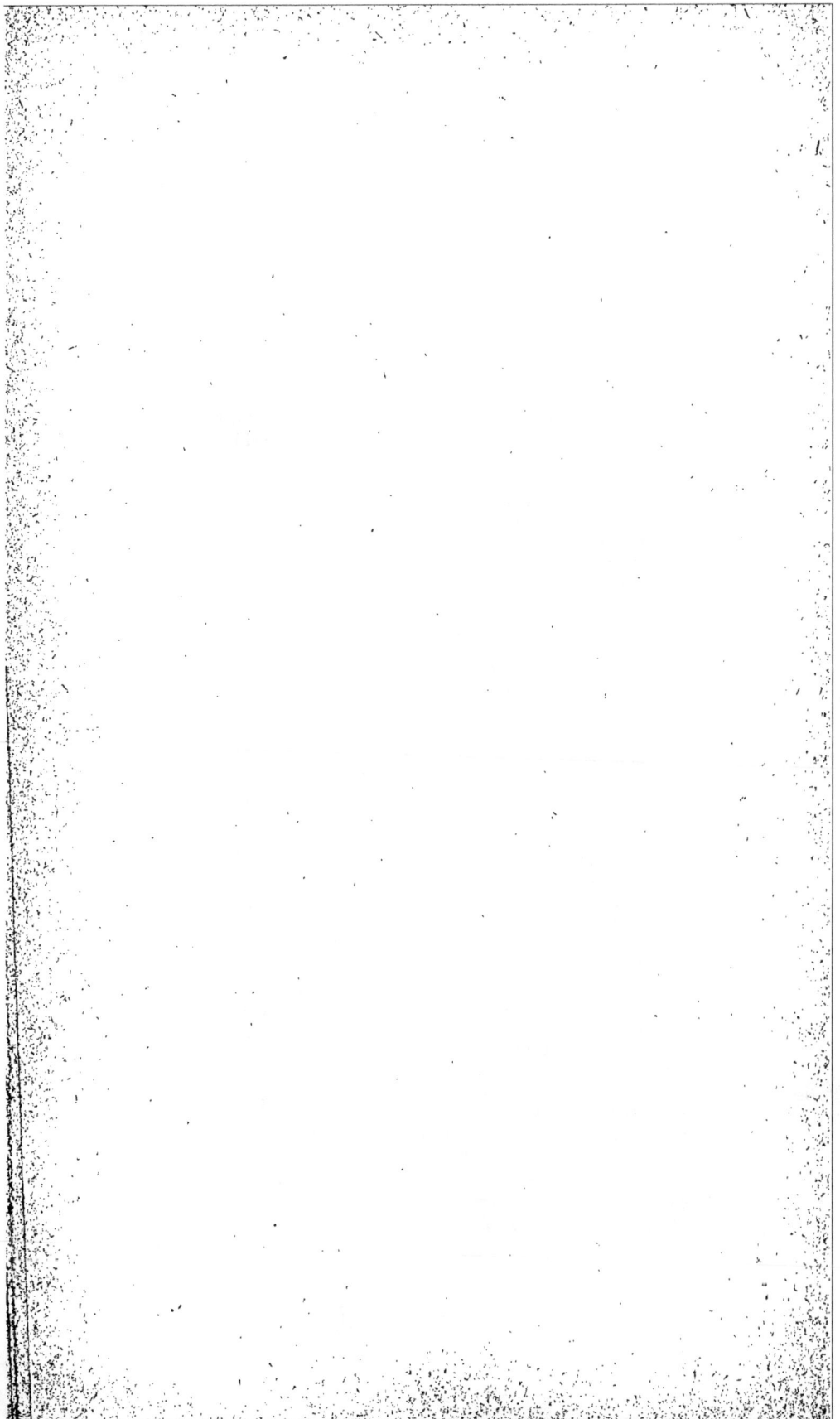

TABLE DES MATIÈRES

FIN DE LA TABLE DES MATIÈRES.

Paris. — Typ. Chamerot et Renouard, 19, rue des Saints-Pères.

TABLEAU N° 2. — Modèle du JOURNAL-GRAND-LIVRE, selon la Méthode pour tenir les Livres en partie double, par le moyen d'un seul Registre (1), exposée dans le *Traité de Comptabilité générale*, paragraphe 335, page 229.

TABLEAU N° 3. — Modèle du Livre auxiliaire de Mémorial-Caisse (2), expliqué dans la *Tenue des Livres* (3), chapitre de la *Comptabilité des gens du monde*, page 275.

DES COMPTES COURANTS RAPPORTANT INTÉRÊT.

Modèle A

Expliqués paragraphe 639 de l'Arithmétique commerciale et pratique.

Un compte courant et d'intérêts n'est autre chose, en comptabilité, que la copie du compte qui est ouvert à un correspondant, sur le grand livre ; il n'existe de différence que dans les dispositions ou l'arrangement du compte qui consiste à placer les capitaux immédiatement après les dates, et à tracer plusieurs colonnes nécessaires pour le calcul des intérêts, par nombre, ainsi qu'il suit :

Doit Roy de Lyon, son C/e C' et d'intérêts, à 6 h. %, avec Paul de Paris, arrêté au 3l déo. 18.   Avoir

18 (a)	(b)	(c)	(d)	(e)	18 (a)	(b)	(c)	(d)	(e)
Juillet. 1	1000	» Solde du compte précédent, valeur du 30 juin.	184	184000	Juillet. 30	1000	» Ma traite sur lui.	au 21 décembre.	10	10000
Aoùt. 5	3000	» Ma fact. de march. pay. à 3 mois, valeur du 31 octobre.	61	61000	Septemb. 3	4000	» Sa facture de march., valeur à 3 mois,	du 30 novembre.	31	124000
Octobre. 10	1000	» Payé pour mon compte à Guetting, le 30 septembre.	92	276000	Octobre. 17	6000	» Sa remise s/ Paris,	au 31 décembre.		20000
Novemb. 6	2000	» Sa traite s/ moi o/ Jonajones, au 30 novembre.	31	31000			Nombres rouges du débit.			154000
Décemb. 10	1000	» Ma remise sur Lyon, au 10 décembre.	21	42000						440000
		» Ma remise sur Nantes, (k) au 20 janvier (1).	20	20000			Balance des nombres.			
	73 33	Intérêts sur 440,000, balance des nombres.								
	9073 43									
31	1926 67	Solde en sa faveur à nouveau.				11000				
	11000 »	(1) 20 et 20,000 devraient être en encre rouge.		594000	18 Janvier. 1	1926 67	Solde du précédent, valeur du 31 décembre 1841.			594000

Sauf erreur ou omission.   Paris, le 3 janvier 18

Signé, PAUL.

Même compte courant et d'intérêt que le précédent, calculé d'après la nouvelle méthode.

Modèle B

Doit Arnauld de Lyon, son C/e C' et d'intérêts, fixés à 6 p. %, avec Raimond de Paris, arrêté au (époque inconnue)(*) Avoir

18		(a)			18				
Juillet. 1	1000	» Solde du compte précédent, valeur du 30 juin.	0	0	Juillet. 30	1000	» Ma traite sur lui,	au 21 décembre.	174 174000
Aoùt. 31	1000	» Ma facture de march. pay. à 3 mois (b), du 31 octobre.	123	123000	Septemb. 3	4000	» Sa facture de march., valeur à trois mois,	du 30 novembre.	153 612000
Octobre. 5	3000	» Payé pour mon compte à Guetting, le 30 septembre.	92	276000	Octobre. 17	6000	» Sa remise sur Paris,	au 31 décembre.	184 1104000
Novemb. 10	1000	» Sa traite sur moi O/ Jonajones, au 30 novembre.	153	153000					1890000 »
Décemb. 6	2000	» Ma remise sur Lyon, au 10 décembre.	163	326000		11000			
	1000	» Ma remise sur Nantes, au 20 janvier.	204	204000					
	9000	(o) 2000. Balance des capitaux. . . . . (d)	184	368000					
				1456000					
	73 32	Intérêts. Balance des nombres. . (g)		440000					
	9073 33								
	1926 67	Solde à nouveau.							
	11000 »			1890000	18 Janvier. 1	11000 » 1926 67	Solde du précédent,	valeur du 31 décembre.	1890000 »

(*) On suppose que l'époque était inconnue quand on a commencé le compte, et qu'au moment de l'envoyer, on a pris le 31 décembre.

Sauf erreur ou omission.   Paris, le 31 décembre 18

OBSERVATION ESSENTIELLE : Il y a une autre manière plus prompte et plus sûre de calculer les intérêts d'un compte, c'est de placer les vrais intérêts de chaque somme à la place des nombres, en se servant de notre *Table de calculs tout faits d'intérêts* ; elle évite bien du travail et les erreurs de calcul. (Voir ci-après les comptes ci-dessus dressés par cette manière.)

Modèle du JOURNAL-GRAND-LIVRE, selon la Méthode pour tenir les Livres en partie double, par le moyen d'un seul Registre (1).
exposée dans le *Traité de Comptabilité générale*, paragraphe 335, page 229.

NOTES
ET OBSERVATIONS SUR LE JOURNAL-GRAND-LIVRE.

C'est dans le volume n° 2, intitulé *Comptes courants*, que l'on trouvera toutes les matières relatives aux comptes des correspondants, et tels sont les renseignements, puisqu'il faut tenir en dehors un livre auxiliaire de comptes courants, où figurera un compte particulier, il y a deux manières de tenir le livre des comptes courants :

TABLEAU N° 3.

Modèle du Livre auxiliaire de Mémorial-Caisse (1), expliqué dans la *Tenue des Livres* (1), chapitre de la *Comptabilité des gens du monde*, page 275.

DES COMPTES COURANTS RAPPORTANT INTÉRÊT.

Modèle A

Expliqués paragraphe 839 de l'Arithmétique commerciale et pratique.

Un compte courant et d'intérêts n'est autre chose, en comptabilité, que la copie du compte qui est ouvert à un correspondant, sur le grand livre ; il n'existe de différence que dans les dispositions ou l'arrangement du compte qui consiste à placer les capitaux immédiatement après les dates, et à tracer plusieurs colonnes nécessaires pour le calcul des intérêts, par *nombre*, ainsi qu'il suit :

Doit Roy de Lyon, son Cte C^t et d'intérêts, à 6 h. %, avec Paul de Paris, arrêtés au 31 déc. 18. Avoir

18 (a)		(b)		(c)	(d)	(e)		18 (a)		(b)			(d)	(e)
Juillet.	1	1000	» Solde du compte précédent, valeur du 30 juin.	184	184000		»	Juillet.	30	1000	» Ma traite sur lui,	au 21 décembre.	10	10000 »
Août.	5	1000	» Ma fact. de march. pay. à 3 mois, valeur du 31 octobre.	61	61000		»	Septembre.	3	4000	» Sa facture de march., valeur à 3 mois,	du 30 novembre.	31	124000 »
Octobre.	10	3000	» Payé pour mon compte à Guetling,	le 30 septembre.	92	276000	»	Octobre.	17	6000	» Sa remise s/ Paris,	au 31 décembre.		»
Novemb.	6	1000	» Sa traite s/ moi o/ Jonajones,	au 30 novembre.	31	31000	»				Nombres rouges du débit.		20000 »
Décemb.	10	2000	» Ma remise sur Lyon,	au 10 décembre.	21	42000	»						154000 »
		1000	» Ma remise sur Nantes,	(k) au 20 janvier (1).	20	20000	»				Balance des nombres.		440000 »
		9073	33								11000	»			
	31	1926	67 Solde en sa faveur à nouveau.					18						
		11000	»		594000		»	Janvier.	1	1926	67 » Solde du précédent, valeur du 31 décembre 1841.		594000 »

(1) 20 et 20,000 devraient être en encre rouge.

Sauf erreur ou omission.   Paris, le 3 janvier 18

Signé, PAUL.

Même compte courant et d'intérêt que le précédent, calculé d'après la nouvelle méthode.

Modèle B

Doit Arnauld de Lyon, son Cte C^t et d'intérêts, fixés à 6 p. %, avec Raimond de Paris, arrêté au (époque inconnue) Avoir

18				(a)				18						
Juillet.	1	1000	» Solde du compte précédent, valeur du 30 juin.	0	0	»		Juillet.	30	1000	» Ma traite sur lui,	au 21 décembre.	174	174000 »
Août.	5	1000	» Ma facture de march. pay. à 3 mois (b), du 31 octobre.	123	123000	»		Septembre.	3	4000	» Sa facture de march., valeur à trois mois,	du 30 novembre.	153	612000 »
Octobre.	10	3000	» Payé pour mon compte à Guetling,	le 30 septembre.	92	276000	»	Octobre.	17	6000	» Sa remise sur Paris,	au 31 décembre.	184	1104000 »
Novemb.	6	1000	» Sa traite sur moi o/ Jonajones,	au 30 novembre.	153	153000	»				11000	»		
Décemb.	20	2000	» Ma remise sur Lyon,	au 10 décembre.	163	326000	»						
		1000	» Ma remise sur Nantes,	au 20 janvier.	204	204000	»						
		9000	(c) 2000. Balance des capitaux. . . . . (d)	184	368000	»							
					1450000	»							
	73	33	Intérêts. Balance des nombres. . . (g)		440000	»							
	9073	33											
	1926	67	Solde à nouveau.										
	11000	»			1890000	»		18		11000	»		1890000 »
								Janvier.	1	1926	67 Solde du précédent,	valeur du 31 décembre.	

(*) On suppose que l'époque était inconnue quand on a commencé le compte, et qu'au moment de l'envoyer, on a pris le 31 décembre.

Sauf erreur ou omission.   Paris, le 31 décembre 18

OBSERVATION ESSENTIELLE : Il y a une autre manière plus prompt et plus sûre de calculer les intérêts d'un compte, c'est de placer les vrais intérêts de chaque somme à la place des nombres, en se servant de notre *Table de calculs tout faits d'intérêts* ; elle évite bien du travail et les erreurs de calcul. (Voir ci-après les comptes ci-dessus dressés par cette manière.)

DÉNOMINATION des COMPTES.	FOLIOS du Grand-Livre.	JUILLET. DÉBIT.	JUILLET. CRÉDIT.	AOUT. DÉBIT.	AOUT. CRÉDIT.	SEPTEMBRE. DÉBIT.	SEPTEMBRE. CRÉDIT.	OCTOBRE. DÉBIT.	OCTOBRE. CRÉDIT.	NOVEMBRE. DÉBIT.	NOVEMBRE. CRÉDIT.	DÉCEMBRE. DÉBIT.	DÉCEMBRE. CRÉDIT.
		fr. c.	fr. c.	fr. c.	fr. c.	fr. c.	fr. c.	fr. c.	fr. c.	fr. c.	fr. c.	fr. c.	fr. c.
Marchandises générales...	1	10805 »	11035 »	51792 40	42838 50	92858 40	91932 50	154312 40	190905 38	172867 40	213055 38	198213 61	221058 38
Caisse...	2	1100 »	1000 »	27629 »	26981 »	66511 80	42681 »	93158 01	58564 80	151766 82	109219 80	327084 02	272656 34
Effets à recevoir...	3	2570 »	.... »	18579 50	7370 »	59258 50	47789 50	138297 38	87151 88	115287 38	126356 38	170563 92	115679 54
Effets à payer...	4	....	1915 »	....	16688 40	945 »	25688 40	6773 92	64159 60	17273 92	64159 60	25188 40	102509 60
Pertes et Profits...	5	....	....	....	....	8125 70	13607 50	8365 72	13922 03	8530 20	13922 03	8821 52	17760 52
Paul...	6	5425 »	4000 »	24384 40	24384 40	24384 40	24384 40	24384 40	24384 40	21384 40	24384 40	24384 40	24384 40
Durand...	»	4400 »	3500 »	7900 »	7900 »	7900 »	7900 »	7900 »	7900 »	12960 »	12960 »	12960 »	12960 »
Lebrun...	»	....	360 »	21157 »	21157 »	60123 »	60123 »	33748 »	8161 »	98461 »	98161 »	98161 »	102461 »
Garnier...	7	540 »	....	16080 »	18203 »	18203 »	18203 »	33748 »	33718 »	33748 »	33748 »	34075 »	33748 »
Ménard...	»	763 »	763 »	6763 »	6763 »	31075 »	31075 »	31075 »	31075 »	34075 »	34075 »	9390 50	9390 50
Beaufond...	»	607 »	607 »	2400 50	2400 50	2400 50	2400 50	2400 50	2400 50	9390 50	9390 50	20200 »	21433 33
Darnay...	»	....	....	....	....	10200 »	10200 »	10200 »	10200 »	19200 »	10200 »	61270 64	70270 64
Nanteuil...	8	....	....	....	....	12048 »	12048 »	61270 64	44761 88	64270 64	64270 64	11024 »	12257 33
Boyer...	»	....	....	....	....	1024 »	1024 »	1024 »	4024 »	1024 »	1024 »	3916 »	3916 »
Villeneuve...	»	....	....	....	....	540 »	540 »	3916 »	3916 »	3916 »	3916 »	1000 »	1000 »
Lafond...	»	....	....	....	....	1000 »	1000 »	1000 »	1000 »	1000 »	1000 »	67054 78	70360 20
Arnauld S C. Cⁱ...	9	....	....	....	....	3000 »	5000 »	56911 47	61654 »	56911 47	61654 »	....	....
Buiton...	8	....	....	....	....	....	1000 »	....	1000 »	1000 »	1000 »	1000 »	1000 »
Foissac...	9	....	....	....	....	1000 »	1000 »	1000 »	1000 »	1000 »	1000 »	27315 »	27315 »
Arnaud S C. de marchandises...	9	....	....	....	....	....	....	....	....	200 »	....	5150 »	»
Dépenses de maison...	10	....	....	....	....	....	....	....	....	3050 »	....	2750 »	»
Dépenses personnelles...	»	....	....	....	....	....	....	....	....	1250 »	....	3500 »	»
Frais généraux...	»	....	....	....	....	....	....	....	....	1700 »	....	15000 »	3000 »
Mobilier...	»	....	....	....	....	....	....	....	....	15000 »	3000 »	10100 »	10100 »
Didier...	9	....	....	....	....	....	....	....	....	10100 »	1010 »	1850 »	17000 »
Actions de la Comp. du Soleil...	11	....	....	....	....	....	....	....	....	18500 »	....	20030 »	20000 »
Rougemont de Lowemberg...	9	....	....	....	....	....	....	....	....	....	....	38169 »	31940 69
Banque de France...	10	....	....	....	....	....	....	....	....	....	....	254000 »	43146 »
Rentes sur l'Etat...	11	....	....	....	....	....	....	....	....	....	....	10030 »	»
Obligations hypothée. à recev...	10	....	....	....	....	....	....	....	....	....	....	25550 »	28000 »
March.en comm.chez Arnauld...	11	....	....	....	....	....	....	....	....	....	....	60000 »	6000 »
Maison à Bordeaux...	»	....	....	....	....	....	....	....	....	....	....	60000 »	4090 »
Château de C***...	12	....	....	....	....	....	....	....	....	....	....	....	50000 »
Légataires et créanciers divers...	»	....	....	....	....	....	....	....	....	....	....	35000 »	35000 »
March. de C° à 1/3 avec B. et D...	5	....	....	....	....	....	....	....	....	....	....	50000 »	331000 »
Capital...	5	....	....	....	....	....	....	....	....	....	....	....	....
		26210 »	26910 »	174685 80	174685 80	403597 30	403597 30	740228 47	740228 47	896896 73	896896 73	1770449 47	1770449 47

AUTRE MANIÈRE PLUS PROMPTE ET PLUS SURE DE DRESSER LES MÊMES COMPTES D'INTÉRÊT.

Modèle A.

Elle consiste simplement à remplacer les *nombres*, dans leur colonne, par les intérêts vrais de chaque capital, exprimés en francs et centimes, avec l'aide de notre *Table d'intérêts* où on les trouve *tout calculés*, en les y cherchant comme on le fait, pour des mots, dans un dictionnaire.

Les deux comptes qui suivent sont dressés par cette manière toute simple et qui se répand beaucoup ; on voit qu'ils donnent exactement le même résultat que les comptes d'intérêts précédents. Mais le travail a été bien plus rapide et surtout beaucoup plus sûr avec l'aide de ces tables d'intérêts.

Doit Roy de Lyon, son Cte C^t et d'intérêts à 6 p. % , avec Paul de Paris, arrêtés au 31 déc. 18 . Avoir

1P (a)	(b)			(c)	(d)	(e)	18 (a)	(b)			(c)	(d)	(e)
Juillet.	1	1000	» Solde du compte précédent, valeur du 30 juin.	184	3	06	Juillet.	30	1000	» Ma traite sur lui.	au 21 décembre.	10	1 66
Août.	31	1000	» Ma fact. de march. pay. à 3 mois, valeur du 31 octobre.	61	10	16	Septemb.	3	4000	» Sa facture de march., valeur à 3 mois, du 30 novembre.	31	2 66
Octobre.	5	3000	» Payé pour mon compte à Guetting, le 30 septembre.	92	46	»	Octobre.	17	6000	» Sa remise s/ Paris.	au 31 décembre.	1 »
Novemb.	10	1000	» Sa traite s/ moi o/ Jonajones, au 30 novembre.	31	5	16				Nombres rouges du débit.		5 33
Décemb.	6	2000	» Ma remise sur Lyon, au 10 décembre.	21	7	»						
	10	1000	» Ma remise sur Nantes, (k) au 20 janvier (1).	20	3	33				Balance des intérêts		73 43
		73 33	» Intérêts									25 05
		9073 33										
	31	1926 67	Solde en sa faveur à nouveau.		98	98	18		11000	»		98 98
		11000	»				Janvier.	1	1926 67	Solde du précédent, valeur du 31 décembre 18		

(1) 20 et 3.33 devraient être en encre rouge.

Sauf erreur ou omission.   Paris, le 3 janvier 18

Signé, PAUL.

Même compte courant et d'intérêt que le précédent, calculé d'après la méthode indirecte.

Modèle B

Doit Arnauld de Lyon, son Cte C^t et d'intérêts, fixés à 6 p. % , avec Raimond de Paris, arrêté au (époque inconnue) (*) Avoir

18				(a)			18						
Juillet.	1	1000	» Solde du compte précédent, valeur du 30 juin.	0	0	»	Juillet.	20	1000	» Ma traite sur lui.	au 21 décembre.	174	29 »
Août.	31	1000	» Ma facture de march. pay. à 3 mois (b), du 31 octobre.	123	26	50	Septemb.	3	4000	» Sa facture de march., valeur à trois mois, du 30 novembre.	153	102 »
Octobre.	5	3000	» Payé pour mon compte à Guetting, le 30 septembre.	92	46	»	Octobre.	17	6000	» Sa remise sur Paris,	au 31 décembre.	184	184 »
Novemb.	10	1000	» Sa traite sur moi o/ Jonajones, au 30 novembre.	133	26	50			11000	»			315 »
Décemb.	6	2000	» Ma remise sur Lyon, au 10 décembre.	163	54	33						
	20	1000	» Ma remise sur Nantes, au 20 janvier.	204	34	»						
		9000	» (c) 2000. Balance des capitaux. . . . . (d)	184	61	84						
					241	67						
		73 33	Intérêts. Balance des intérêts. . . (g)		73	33						
		9073 33										
		1926 67	Solde à nouveau.				18		11000	»		
		11000	»		315	00	Janvier.	1	1926 67	Solde du précédent, valeur du 31 décembre.		315 »

(*) On suppose que l'époque était inconnue quand on a commencé le compte, et qu'au moment de l'envoyer, on a pris le 31 décembre.

Sauf erreur ou omission.   Paris, le 31 décembre 18

Paris. — Typ. Chamerot et Renouard, 19, rue des Saints-Pères. — 33750-6,96.

www.ingramcontent.com/pod-product-compliance
Lightning Source LLC
Chambersburg PA
CBHW070344200326
41518CB00008BA/1132